自己动手写 Python 虚拟机

海 纳 编著

北京航空航天大学出版社

内 容 简 介

本书按内容分为六个部分,第一部分介绍语言虚拟机的基本概念,并实现字节码解释器;第二部分,实现内嵌类型,如整数、字符串、列表和字典等;第三部分,实现了函数;第四部分,实现自定义类、对象和方法;第五部分,实现垃圾回收,也就是自动内存管理;第六部分,模块和迭代。本书的章节内容之间都有很强的依赖性,后面的章节内容都是在前面章节的基础上去实现的,所以读者必须按部就班地从前向后阅读,才能保证阅读的流畅。

本书适合的人群包括:在校大学生(可以通过本书掌握很多计算机工作运行的核心知识),以及对编译器、编程语言感兴趣的人。

图书在版编目(CIP)数据

自己动手写 Python 虚拟机 / 海纳编著. -- 北京:北京航空航天大学出版社,2019.6
ISBN 978-7-5124-2975-8

Ⅰ.①自… Ⅱ.①海… Ⅲ.①软件工具-程序设计 Ⅳ.①TP311.561

中国版本图书馆 CIP 数据核字(2019)第 055841 号

版权所有,侵权必究。

自己动手写 Python 虚拟机

海 纳 编著

责任编辑 剧艳婕

*

北京航空航天大学出版社出版发行

北京市海淀区学院路 37 号(邮编 100191) http://www.buaapress.com.cn
发行部电话:(010)82317024 传真:(010)82328026
读者信箱:emsbook@buaacm.com.cn 邮购电话:(010)82316936
三河市华骏印务包装有限公司印装 各地书店经销

*

开本:710×1 000 1/16 印张:21.25 字数:453 千字
2019 年 6 月第 1 版 2020 年 2 月第 2 次印刷 印数:2 001~4 000 册
ISBN 978-7-5124-2975-8 定价:79.00 元

若本书有倒页、脱页、缺页等印装质量问题,请与本社发行部联系调换。联系电话:(010)82317024

前 言

编程语言是每个程序员每天都要使用的基本工具,现代的主流编程语言以 Java、javascript 和 Python 为代表,都是运行在语言虚拟机之上的,很多人都很想知道语言虚拟机的内部构造。我从 2017 年开始在知乎撰写专栏《进击的 Java 新人》,专栏中对 Java 语言虚拟机的字节码和垃圾回收做了一些简单的介绍,很多读者发私信给我,表示非常想知道更多的细节。在这样的背景下,我开始了本书的写作。我希望在这本书中和读者一起从零开始构建一个完整的编程语言虚拟机,它将会涉及到字节码的解析执行、对象系统、语言内置功能和垃圾回收等多个主题。

本书适合的人群包括:

1. 在校大学生,大一大二的同学可以通过本书掌握很多计算机工作运行的核心知识。

2. 对编译器和编程语言感兴趣的人。相比起直接将一门语言编译成机器码,将其编译为虚拟机上的字节码文件会简单很多,所以掌握一门虚拟机字节码,甚至自己实现一个虚拟机对学习编译器、了解编程语言特性有很大的帮助。

本书的内容虽然很新颖,但是对读者门槛的要求并不高。读者只要简单地掌握一些 Python 或者某一门类 C 语言(例如 Java)即可。在本书中,我选择了使用 C++ 来实现语言虚拟机。这主要是由于在内存操作方面,C++ 可以更精准地表达作者的意图。C++ 是一门很难的语言,相比起 Java、Python 和 PHP 等语言,流行度也不高,但是读者不必有畏难情绪,本书在使用 C++ 的时候是比较克制的。本书并没有使用很多 C++ 的高级技巧,最多只涉及到类和一点点的模板编程的知识。C++ 是一门多范式的编程语言,我们不可能在一个工程中使用所有的编程范式。本书中所涉及的代码,读者只需要有任何一门面向对象的语言的编程经验即可顺利阅读。

如何使用本书:

本书共分为六个部分,第一部分介绍语言虚拟机的基本概念,并实现字节码解释器;第二部分,实现了内嵌类型,如整数、字符串、列表和字典等;第三部分,实现了函数;第四部分,实现自定义类、对象和方法;第五部分,实现垃圾回收,也就是自动内存管理;第六部分,模块和迭代。其中第二、第三和第四部分的实现并不是完全独立的,而是相互嵌套依赖的。比如完整的对象系统必然依赖函数,而 Python 中的函数本身也是对象,这就产生了循环依赖,解决这个问题的办法是先实现一套相对简单的对象系统,然后基于此也实现一套简单的函数系统,再回过头来补充完善对象系统……这样螺旋式地上升,最终完成整个系统的搭建。

本书章节的内容之间都有很强的依赖,后面章节的内容都是在前面的章节的基础上去实现的。所以读者必须按部就班地从前向后阅读,才能保证阅读的流畅。本书为了节约篇幅,对于一些逻辑比较简单的代码,就都省略了。读者可以在 https://gitee.com/hinus/pythonvm 里找到全部的代码,包括该项目最近的更新以及各种提交记录。在提交记录中,读者可以清晰地看到本项目的进化过程。

感谢出版社编辑剧艳婕的耐心审校,尤其还要感谢专栏《进击的 Java 新人》的读者,是你们的精彩评论和学习反馈引发了这本书的创作。

实现一个高效的编程语言虚拟机是一个十分复杂的问题,从 Hotspot 虚拟机的发展过程中就可以看出来。书中难免有讹错纰漏之处,欢迎读者及时指出。书中如果有描述不清的地方,也欢迎读者来信交流,可发至邮箱:hinus@163.com。

作　者

2019 年 4 月

目 录

第1章 编程语言虚拟机 ·· 1
  1.1 编程语言的发展 ·· 1
  1.2 编程语言虚拟机 ·· 2
  1.3 开发环境 ·· 5

第2章 编译流程 ·· 6
  2.1 Python 字节码 ·· 6
  2.2 词法分析 ·· 7
  2.3 文法分析 ··· 10
  2.4 抽象语法树 ··· 13
    2.4.1 构建 AST ·· 14
    2.4.2 递归程序的本质 ·· 16
    2.4.3 访问者模式 ·· 21
    2.4.4 用 Visitor 重写 AST ······································ 29

第3章 二进制文件结构 ·· 32
  3.1 pyc 文件格式 ·· 32
  3.2 加载 CodeObject ··· 34
    3.2.1 准备工具 ·· 36
    3.2.2 创建 CodeObject ··· 41
  3.3 整理工程结构 ··· 47
  3.4 执行字节码 ··· 49

第4章 实现控制流 ·· 55
  4.1 分支结构 ··· 55
    4.1.1 条件判断 ·· 56

- 4.1.2 跳　转 ··· 59
- 4.1.3 True、False 和 None ··· 60
- 4.2 循环结构 ··· 62
  - 4.2.1 变　量 ··· 62
  - 4.2.2 循环内的跳转 ·· 67

第 5 章　基本的数据类型 ··· 75

- 5.1 Klass-Oop 二元结构 ··· 75
- 5.2 整　数 ··· 78
- 5.3 字符串 ··· 82

第 6 章　函数和方法 ·· 85

- 6.1 函　数 ··· 85
  - 6.1.1 栈　帧 ··· 86
  - 6.1.2 创建 FunctionObject ·· 89
  - 6.1.3 调用方法 ·· 92
- 6.2 变量和参数 ··· 96
  - 6.2.1 LEGB 规则 ·· 96
  - 6.2.2 函数的参数 ··· 104
  - 6.2.3 参数默认值 ··· 107
- 6.3 Native 函数 ·· 111
- 6.4 方　法 ·· 115

第 7 章　列表和字典 ··· 122

- 7.1 列　表 ·· 122
  - 7.1.1 列表的定义 ··· 122
  - 7.1.2 操作列表 ··· 126
- 7.2 字　典 ·· 154
  - 7.2.1 字典的定义 ··· 154
  - 7.2.2 操作字典 ··· 157
- 7.3 增强函数功能 ··· 165
  - 7.3.1 灵活多变的函数参数 ··· 165
  - 7.3.2 闭包和函数修饰器 ·· 172
- 7.4 总　结 ·· 179

第 8 章　类和对象 ·· 180

- 8.1 类型对象 ··· 180
  - 8.1.1 TypeObject ··· 180
  - 8.1.2 object ··· 185

8.1.3 通过类型创建对象 189
8.2 自定义类型 191
8.3 创建对象 196
8.4 操作符重载 206
8.5 继承 215

第9章 垃圾回收 223

9.1 自动内存管理 223
9.1.1 概念定义 223
9.1.2 引用计数 224
9.1.3 图的知识 226
9.1.4 Tracing GC 231
9.2 复制回收 234
9.2.1 算法描述 234
9.2.2 算法实现 235
9.2.3 建堆 237
9.2.4 在堆中创建对象 243
9.2.5 垃圾回收 247

第10章 模块和库 261

10.1 import 语句 261
10.1.1 ModuleObject 262
10.1.2 加载模块 264
10.1.3 from 子句 266
10.2 builtin 模块 268
10.3 加载动态库 271
10.3.1 定义接口 272
10.3.2 实现 math module 277

第11章 迭代 281

11.1 异常 281
11.1.1 finally 子句 281
11.1.2 break 和 continue 287
11.1.3 Exception 291
11.2 自定义迭代器类 306
11.3 Generator 309
11.3.1 yield 语句 309
11.3.2 Generator 对象 311
11.4 总结 317

附录 A　Python2 字节码表 ·· 318

附录 B　高级算法 ·· 321
  B.1　字符串查找 ·· 321
  B.2　排序算法 ·· 325
    B.2.1　快速排序 ·· 325
    B.2.2　选择排序 ·· 328
    B.2.3　堆排序 ·· 329

第 1 章

编程语言虚拟机

本章简单地介绍一下编程语言的发展历史，什么是编程语言虚拟机，以及为什么要引入虚拟机的概念。

1.1 编程语言的发展

计算机技术发展至今，已经有很多编程语言了，这些语言的工作原理各不相同。根据它们与硬件平台的远近关系，可以把编程语言粗略地划分为以汇编语言为代表的底层语言和以 C++、Java 为代表的高级语言。

汇编语言的特点：直接与硬件平台提供的寄存器、内存和 IO 端口打交道，功能十分强大。早期操作系统镜像的加载和初始化经常使用汇编来实现；语言助记符（例如 mov、add）几乎与 CPU 指令一一对应，使用汇编语言几乎可以不考虑编译器的影响，这就让编程人员对代码有绝对的控制权。但是汇编语言表达能力不强，开发效率低。

为了提高应用程序的开发效率，人们发明了高级语言。C 语言是非常重要的一种语言，保留了内嵌汇编，并且可以通过链接器将汇编语言开发的模块与 C 语言开发的模块链接在一起；同时 C 语言的指针也保留了汇编语言中内存操作的逻辑。它是一门承上启下的语言，大多数操作系统都是用 C 语言开发的，说 C 语言是计算机行业的基石也不过分。

随着应用软件的规模越来越大，面向对象的编程思想开始流行，面向对象的语言也应运而生，典型的代表就是 C++。面向对象的编程方式可以让开发者以模块化、对象化的思想进行设计和开发，大大提高了编程语言的抽象能力。到目前为止，面向对象的编程方式仍然是当今世界的主流编程方法。

然而使用 C++ 的时候，编程人员要十分小心地使用内存，因为稍不注意就容易引起内存泄漏，例如以下代码：

```
1   void foo() {
2       Data * data = new Data();
3       //...
```

```
4        //many other codes
5        if (some_condition())
6            return;
7
8        //...
9        //many other codes
10       delete data;
11       return;
12   }
```

在 some_condition 条件满足的情况下，foo 方法就直接返回了，漏掉了 delete 语句。这一块内存没有被释放，但却没有任何变量引用它。也就是说，应用程序再也无法正常访问这块内存了，这就是内存泄漏。如果函数体比较小，逻辑相对简单，程序员一般不会犯这种错误，但如果逻辑比较复杂，尤其是多人多版本维护同一份代码的情况下，自己添加的 return 逻辑将别人添加的 delete 跳过去的情况就非常常见。

还有一个痛点是跨平台。当前主流的体系结构包括 x86 和 arm，操作系统包括 Windows、Linux、Android 等，跨平台是指同一份代码可以在多种不同的体系结构和操作系统上正确执行。C/C++ 这类语言是静态编译的，它们编译完成后就是直接可执行的程序（例如 Windows 系统上的 exe 文件），可执行程序中的代码段里的内容是与平台直接相关的，在 x86 系统上，就会产生 x86 的机器指令，在 arm 平台上，就会产生 arm 的机器指令。另外，还要考虑编译器和操作系统以及运行时库的影响。同样的 C++ 代码，不同版本的编译器和操作系统会产生不同的代码，同时应用程序所依赖的动态链接库也会有不兼容的情况。静态编译为应用程序的分发和部署带来了困难。

为解决这些问题，编程语言虚拟机应运而生。

1.2 编程语言虚拟机

1. 屏蔽硬件差异

编程语言虚拟机的一个重要功能就是屏蔽硬件差异。以 Java 为例，Java 源代码文件会被 Javac 先编译生成 class 文件，多个 class 文件可以集中在一起，生成一个 jar 文件。通常，一个模块会压缩成一个 jar 文件，而应用程序就以 jar 包的方式分发和部署。

class 文件的格式是固定的，它的代码段里全部是 Java 字节码。不管在什么硬件环境下，相同的字节码得到的执行结果一定是相同的。字节码的设计类似于 CPU 指令，它有自己定义的数值计算、位操作、比较操作和跳转操作等。因此，这种专门为某一类编程语言所开发的字节码及其解释器被合并称为编程语言虚拟机。

可以借助一个例子来了解Java虚拟机的工作原理,如以下Java代码:

```
1  void foo() {
2      int a = 2;
3      int b = 3;
4      int c = a + b;
5  }
```

它编译的Java字节码如下所示:

```
1  0: iconst_2
2  1: istore_1
3  2: iconst_3
4  3: istore_2
5  4: iload_1
6  5: iload_2
7  6: iadd
8  7: istore_3
9  8: return
```

这个字节码的的执行过程如图1.1所示。Java的执行过程可以通过高级数据结构的栈来实现,而不必关心CPU的具体体系结构。

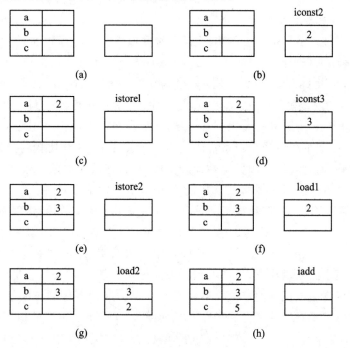

图1.1 JVM执行过程示意图

对字节码文件进行加载、分析和执行的逻辑都封装在 Java 语言虚拟机里。在不同的硬件平台和不同的操作系统上，Java 语言虚拟机的实现各不相同，但是，它提供的字节码执行器的功能是完全相同的。Java 早期推广的时候，曾经以"write once, run everywhere"作为重要的特性进行宣传，主要就是指 Java 语言虚拟机屏蔽硬件差异的能力。

2. 自动内存管理

使用 C++ 进行开发时，开发人员要十分注意内存的使用，避免不合理的内存分配和内存泄漏问题。如果能够自动对不被引用的内存进行回收和整理，就可以彻底避免内存泄漏，这就是垃圾回收机制。

编程语言自动内存管理的研究开始得比较早，在当今主流的带有垃圾回收的编程语言（例如 Java、Python、ruby 和 Go）被开发出来之前，垃圾回收的算法就已经非常成熟了。

大体上，垃圾回收可以分为引用计数和 Tracing GC 两大类，其中引用计数的代表就是 CPython，也就是平常最常使用的社区版 Python。而大多数编程语言虚拟机都使用 Tracing GC。Tracing GC 的家族非常庞大，这里不再展开讨论。在本书的自动内存管理一章，将会深入地讨论这个问题。

3. 编译和执行

在屏蔽硬件差异小节，只举了 Java 字节码的例子。其实，编程语言还可以有更多的实现，此处选择几个代表来介绍。

第一类，是以 Java 为代表的有字节码的虚拟机。这种虚拟机前边已经介绍过了，这里不再详细介绍。

第二类，是以 v8 为代表的 Javascript 虚拟机。v8 是 Google 公司开发的，用于执行 Javascript 的虚拟机，chrome 里的 js 都是由 v8 解释执行的。网页上的 js 代码都是以源代码的形式由服务端发送到客户端，然后在客户端执行。相比 Java 的执行过程，这一过程中缺少了编译生成字节码的步骤。实际上 v8 是比较特殊的，根本不需要生成字节码，而是直接将源代码翻译成树形结构，称其为抽象语法树。然后，v8 的执行器就通过后序遍历这棵树，在访问语法树上的不同结点时，执行与该结点相对应的动作，最终完成代码的解释执行。这种做法是把源代码的编译和程序的执行直接绑定在一起。

第三类，是以 Go 为代表的静态编译类型。如果使用 Go 语言进行编译的话，会发现即使是很小的一段代码，编译的可执行程序的体积也很大。这是因为，Go 在编译的时候直接将虚拟机与用户代码链接在一起了。这种直接静态编译的好处是，既能通过虚拟机实现对硬件平台和操作系统的屏蔽，又能提供很好的执行效率。

可见，在编译策略和执行器的选择上，编程语言的实现是有多种选择的。没有哪一种选择是十全十美的，开发者只能根据编程语言所面临的场景以及所要解决的问题来决定。

4. Python 的策略

Python 比较灵活，一方面它规定了自己的字节码，但又不要求程序必须以字节码文件(pyc)来发布；它完全支持源代码的直接执行。

本质上，在 Python 虚拟机内部，源代码也是先编译成字节码然后再执行的，也就是说，Python 的编译器是 Python 虚拟机的一部分。它不像 Java 虚拟机，Javac 用于编译，和执行是相分离的。可以回忆一下 Python 中的 eval 功能，eval 就是调用了 Python 内置的编译器来对字符串进行编译的。

另外，Jython 是一种 Java 实现的 Python 语言，它的原理与 CPython 大不相同。它放弃了 Python 的原生字节码，直接将 py 源代码文件翻译成了由 Java 字节码组成的 class 文件。而 class 文件是可以直接在 Java 虚拟机上执行的，这样一来，Python 代码就可以自由地使用各种强大的 Java 类库。通过编译，Jython 实现了 Python 与 Java 的无缝衔接。

1.3 开发环境

可见，仅仅依赖编译技术，也可以很好地实现执行 Python 代码的能力；所以，编译技术在 Python 虚拟机中占据非常重要的地位。但是，考虑到编译器的开发，学习曲线陡峭，许多人在没有体会到乐趣之前，就淹没在各种抽象的概念里了，所以本书先不关注编译的过程(只在第 2 章简单地介绍一下词法分析、文法分析以及抽象语法树等基本概念)，而只将注意力集中在实现一个字节码文件的执行器。在这个过程中，采取小步快走的方式，让读者可以快速地看到成果，可以看到每一点改进，这样的方式才有利于坚持学习下去。

本书选择使用 C++ 实现 Python 虚拟机，不使用 C 或者 Java。主要是考虑到，C++ 比 C 的表达能力更强，开发速度更快；相比 Java，C++ 直接操作内存的能力更强，对整个程序的内存使用更好、更精细，这是开发一个内存管理系统的必要条件。

我所用的平台是 x86 64 位的 ubuntu，读者完全可以使用其他体系结构的其他操作系统来进行实验。因为代码使用了 cmake 来进行管理，即使读者使用 Windows 系统或者 MacOS 都不会有太大的问题。

第 2 章

编译流程

本章先通过一个小的类 C 语言来讲解编译的流程。这个编译的流程与 Python 中的编译流程是完全一样的,此处通过这个例子了解编译的过程。

由于本书以实战为主,因此在这里不打算讲解各种严肃的名词,尽量使用最直观的方式来描述每一步要做的事情。

回忆我们写的程序,不管是 Java 文件,还是 Python 源代码文件,本质上都是一种文本文件。编译的过程就是把文本文件翻译成一个可以被 Java 虚拟机或者 Python 虚拟机打开、识别和执行的文件。例如,Java 文件通过 Javac 可以翻译为 class 文件,而 py 文件经过提前编译,也会生成 pyc 文件。class 文件是由 Java 字节码组成的,pyc 文件是由 Python 字节码组成的,所以也称这两种文件为字节码文件。

2.1 Python 字节码

在开始研究编译流程之前,先大概了解一下 Python 字节码的设计。与 Java 字节码非常相似,Python 字节码的执行也是基于栈的。对于第一章 Java 的例子,此处可以验证一下 Python 是什么样的。

在命令行运行 Python,然后就可以交互式地执行 Python 代码了。执行以下代码,可以看到如下结果:

```
1   >>> def foo():
2   ...     a = 2
3   ...     b = 3
4   ...     c = a + b
5   ...     return c
6   ...
7   >>> import dis
8   >>> dis.dis(foo)
9         2           0 LOAD_CONST               1 (2)
10                    3 STORE_FAST               0 (a)
11
```

12	3	6 LOAD_CONST	2 (3)
13		9 STORE_FAST	1 (b)
14			
15	4	12 LOAD_FAST	0 (a)
16		15 LOAD_FAST	1 (b)
17		18 BINARY_ADD	
18		19 STORE_FAST	2 (c)
19			
20	5	22 LOAD_FAST	2 (c)
21		25 RETURN_VALUE	

对比 1.2 节的 Java 虚拟机的例子，可以看到 Python 的字节码与 Java 的字节码非常相似。执行的过程也如图 1.1 所示的那样，使用一个变量表和一个操作数栈来完成所有字节码的执行。第 1 章中已详细介绍过这个执行过程，这里不再重复。

dis 模块的功能是反编译 Python 字节码。在上面的例子中，通过 dis 反编译了 foo 这个函数。Python 字节码有两种类型，一种带参数，一种不带参数。在真实的内存中，每个字节码都有一个编号，这个编号叫做操作码（Operation Code），只占 1 个字节。不带参数的字节码只有操作码，所以它的大小就是 1 个字节；带参数的字节码，最多也只能带一个参数，而每个参数占 2 个字节，所以带参数的字节码就占 3 个字节。例子中的 LOAD_CONST 和 STORE_FAST 就是带参数的字节码，而 BINARY_ADD 则是不带参数的字节码。

粗略地了解了 Python 字节码以后，再来讨论 py 文件是如何被翻译成这些字节码的。

2.2 词法分析

如何把文本文件翻译成字节码文件呢？第一个步骤就是从文本文件中逐个字符地去读取内容，然后把字符识别成变量、数字、字符串、操作符和关键字等。这些变量、字符串和数字是组成程序的基本元素，它有一个专用的名字，叫 token。

把文本文件中的一串字符识别成一串 token，就是我们要解决的第一个问题。先看一个例子，创建一个文本文件，例如叫 test_token.txt，其中只包含一行表达式：

```
12 * 48 + 59
```

这个表达式是由 5 个 token 组成的，分别是数字 12、乘号（*）、数字 48、加号（+）和数字 59。针对这个文本文件，可以写一个程序，不断地读入字符，并把其中的 token 识别出来。代码如下：

```c
1   #include <stdio.h>
2
3   #define INIT 0
4   #define NUM 1
5
6   int main() {
7       FILE * fp = fopen("test_token.txt", "r");
8       char ch;
9       int state, num = 0;
10
11      while ((ch = getc(fp)) != EOF) {
12          if (ch == ' ' || ch == '\n') {
13              if (state == NUM) {
14                  printf("token NUM : %d\n", num);
15                  state = INIT;
16                  num = 0;
17              }
18          }
19
20          else if (ch >= '0' && ch <= '9') {
21              state = NUM;
22              num = num * 10 + ch - '0';
23          }
24
25          else if (ch == '+' || ch == '-' || ch == '*' || ch == '/') {
26              if (state == NUM) {
27                  printf("token NUM : %d\n", num);
28                  state = INIT;
29                  num = 0;
30              }
31
32              printf("token operator : %c\n", ch);
33              state = INIT;
34          }
35
36      }
37
38      fclose(fp);
39      return 0;
40  }
```

在上面的程序中，遇到加、减、乘、除操作符时，就可以直接输出这个操作符。唯一需要注意的是，当遇到数字的时候要进行转换，并且在数字字符结束的时候将其输出。使用 state 变量来标识数字字符是否结束。

编译并执行的结果如下：

```
1    token NUM : 12
2    token operator : *
3    token NUM : 48
4    token operator : +
5    token NUM : 59
```

可见，此处正确地将表达式中的各个 token 分析出来了。

词法分析的思路大体上如上文所介绍。除了数字和字符串，token 的类型还包括关键字、各种操作符和变量等。要写一个完整的词法分析程序，是一件虽然没有太高技术含量，但却十分繁琐的事情。我们不想在这种体力活上浪费太多精力，我直接偷了个懒，使用 Python 中的词法分析模块来完成词法分析的任务。

Python 的词法分析器

Python 语言提供了一个非常好用的词法分析工具，叫 tokenize。代码如下：

```
1    import tokenize
2
3    f = open("test_token.txt")
4    tk = tokenize.generate_tokens(f.readline)
5
6    for toknum, tokvalue, _, _, _ in tk:
7        print toknum, tokvalue
```

执行这个 Python 脚本，得到的结果如下：

```
1    2 12
2    51 *
3    2 48
4    51 +
5    2 59
6    4
7
8    0
```

如果去查看 toknum 定义的话，就会发现，在 Python 的源代码里定义如下：

```
1    ENDMARKDER = 0
2    NAME = 1
3    NUMBER = 2
4    STRING = 3
```

```
5    NEWLINE = 4
6    ...
7    OP = 51
```

这就解释了,为什么12,48和59所对应的toknum是2,而"*""+"所对应的toknum是51。在接下来的章节里,就使用Python的tokenize来作为词法分析器。

2.3 文法分析

从文本文件中分析出程序的基本元素——token以后,编译器就要尝试着去理解这些token之间的关系。我们知道token之间是有其内在的逻辑关系的,例如加法符号的前后都必须是一个可以执行加法操作的目标,可以是一个数字,也可以是一个变量,但加号后面却一定不能紧跟一个乘号。编译器要分析这些token组成的序列是否有意义,是由文法分析完成的。

文法分析主要有两大类算法,一种是自顶向下的分析方法,一种是自底向上的分析方法。其中,自顶向下的分析方法的算法简单直接,易于理解和编写。因此,这里就以自顶向下的分析方法为主来介绍文法分析器是如何工作的。自顶向下的分析方法也被称为递归下降的分析方法。

做软件设计的时候,一直在做的一件事情,就是把一个大的问题化解为各个小的问题。比如,设计一个网站服务器,也是把它分成不同的模块,然后每个模块下面再设计各个不同的组件,组件下面再进行更细的划分。这就是一种自顶向下的任务分解。在文法分析中,本质上也采用了同样的分析思路。

1. 拆分化简问题

最顶部的任务,算一个表达式。一个表达式,也就是多项式,是由每个项求和(差与和的原理一样,为了描述方便,只说和的情况)得到的。可以简化为一个expression如下:

```
expression := term + term + ... + term
```

等式右边的term是一个求和式中的各个加数。例如,2+3*4+5,可以把这个式子看成2与3*4与5的求和。其中,2是一个term,3*4也是一个term,5也是一个term。

同样的,拆分term,term可以看成是多个因子的积。按上面的方法,可以化简term的规模如下:

```
term := factor * factor ... * factor
```

左边的term是一个规模比较大的积,而右边的一个factor代表一个因子。这样,就把term这个结构拆成了规模更小的因子了。因子factor又怎么定义,从而进行规模的化简呢？factor 定义如下：

```
facotr := NUMBER | (expression)
```

中间的竖线表示"或"的关系，也就是说，一个 factor 可以是一个整数，也可以是一个包在括号里的表达式。反过来说，当遇到一个整数，就可以认为它是一个 factor，或者用括号括起来的表达式也是一个 factor。

注意，尝试使用 term 去解构 expression，使用 factor 去解构 term，结果又发现 factor 还要 expression 去解构，绕了一圈又绕回来了。**这种用自己的定义来定义自己的情况就是递归。**

但是递归不能没有终止，要使得递归的定义变得完整，就必须满足以下两个条件：
① 子问题必须与原始问题同样性质，且规模更小，更简单；
② 不能无限制地调用本身，须有个出口，化简为非递归状况处理。

例子中，子问题的规模是不断缩小的，这一点没有问题。第二点，必须有个出口，这个出口是什么呢？其实就是 factor 的定义，当把问题拆到只有一个整数的时候，递归就终止了，也就是条件②中所说的出口。

2. 转换成代码

定义这样的三个函数：expr、term 和 factor，expr 表示对表达式求值，term 表示对表达式中的某一项求值，factor 表示对某一个因子求值。

表达式求值代码如下：

```
1   import sys
2   import tokenize
3
4   class Token:
5       def __init__(self, tok_num, tok_value):
6           self.toknum = tok_num
7           self.tokvalue = tok_value
8
9   global current_token
10
11  def current():
12      global current_token
13      return current_token
14
15  def next(tk):
16      toknum, tokvalue, _, _, _ = tk.next()
17      global current_token
18      current_token = Token(toknum, tokvalue)
```

```
19
20   def expr(tk):
21       s1 = term(tk)
22       toknum = current().toknum
23       tokvalue = current().tokvalue
24
25       value = s1
26
27       while tokvalue == "+" or tokvalue == "-":
28           print "expr tokvalue is %s" % tokvalue
29           next(tk)
30
31           s2 = term(tk)
32           if tokvalue == "+":
33               value += s2
34           elif tokvalue == "-":
35               value -= s2
36           toknum = current().toknum
37           tokvalue = current().tokvalue
38
39       print "expr value is %s" % value
40       return value
41
42   def term(tk):
43       f1 = factor(tk)
44       toknum = current().toknum
45       tokvalue = current().tokvalue
46
47       value = f1
48
49       while tokvalue == "*" or tokvalue == "/":
50           print "term tokvalue is %s" % tokvalue
51           next(tk)
52
53           f2 = factor(tk)
54
55           if tokvalue == "*":
56               value *= f2
57               print "term value is %s" % value
58           elif tokvalue == "/":
59               value /= f2
60               print "term value is %s" % value
```

```
61
62              toknum = current().toknum
63              tokvalue = current().tokvalue
64
65          print "term return is % s" % value
66          return value
67
68      def factor(tk):
69          if current().toknum == tokenize.NUMBER:
70              value = current().tokvalue
71              next(tk)
72          elif current().tokvalue == "(":
73              next(tk)
74              f = expr(tk)
75
76              if current().tokvalue ! = ")":
77                  print "parse error! value = % s" % current().tokvalue
78              value = f
79              next(tk)
80
81          return int(value)
82
83      if __name__ == "__main__":
84          f = open(sys.argv[1])
85          tk = tokenize.generate_tokens(f.readline)
86          next(tk)
87          print expr(tk)
```

在这段程序里，定义了三个函数：expr、term 和 factor。这三个函数分别用于匹配表达式、加数和因子。expr 函数里的主要结构就是 while 循环，用于处理多个加号和减号的情况。遇到一个加号以后，就会调用 term 函数去处理多项式中的某一项。term 函数的结构与 expr 函数的结构是相同的，factor 函数则使用了分支结构来表示数字和小括号两种情况。这个过程中，从 expr 下降到 term，再下降到 factor，有明显的自上而下的解析过程，因此这种方式就被称为自上而下的递归下降式文法分析。

2.4 抽象语法树

2.3 节在进行文法分析的同时，也把表达式的值求了出来。但我们的目标更远，需要把这种表达式的运算翻译成字节码，而不是把它的值算出来。为了达到这个目的，需要引入一种中间的数据结构，通过这个结构，方便地产生字节码，这个结构就是抽象语法树(AST，Abstract Syntax Tree)。

抽象语法树对编译器有非同寻常的意义，大多数编译器都会实现抽象语法树这个数据结构，这是因为语法树在表达程序结构方面有非常直观的形式。例如，"12 * 48 + 59"的抽象语法树如图2.1所示。

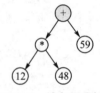

图 2.1 抽象语法树

这样的树有很多作用，可以直接后序遍历 AST 来对表达式进行求值，也可以在 AST 上做很多编译器的优化，还可以通过 AST 来生成字节码。接下来就用一个例子来展示如何通过 AST 产生字节码。

2.4.1 构建 AST

在文法分析的过程中，如果不采取直接计算的方式，而是将每一个分析结果转化成一个 AST 的内部节点，就可以在文法分析过程中构建 AST 了。

先来定义 AST 结点，代码如下：

```
1   class AddNode(object):
2       def __init__(self, left, right):
3           self.left = left
4           self.right = right
5   
6       def visit(self):
7           lvalue = self.left.visit()
8           rvalue = self.right.visit()
9           self.value = lvalue + rvalue
10          return self.value
11  
12  class MulNode(object):
13      def __init__(self, left, right):
14          self.left = left
15          self.right = right
16  
17      def visit(self):
18          lvalue = self.left.visit()
19          rvalue = self.right.visit()
20          self.value = lvalue * rvalue
21          return self.value
22  
23  class ConstNode(object):
24      def __init__(self, value):
```

```
25          self.value = value
26
27      def visit(self):
28          return self.value
```

在上面的例子中,只展示了代表加法的结点 AddNode、代表乘法的结点 MulNode 和代表整数的结点 ConstNode。减法与加法,除法与乘法是相同的,就不再展示了,请读者自行补充。

定义了这些结点以后,就可以在文法分析阶段,只生成 AST,而不计算。计算的过程可以保留到对树根结点调用 visit 方法时才执行。

生成 AST 的代码如下:

```
1   def expr(tk):
2       s1 = term(tk)
3       toknum = current().toknum
4       tokvalue = current().tokvalue
5
6       value = s1
7
8       while tokvalue == "+" or tokvalue == "-":
9           next(tk)
10
11          s2 = term(tk)
12          if tokvalue == "+":
13              value = AddNode(value, s2)
14          elif tokvalue == "-":
15              value = SubNode(value, s2)
16          toknum = current().toknum
17          tokvalue = current().tokvalue
18
19      return value
20
21  ...
22
23  def factor(tk):
24      if current().toknum == tokenize.NUMBER:
25          value = current().tokvalue
26          next(tk)
27          return ConstNode(int(value))
28      elif current().tokvalue == "(":
29          next(tk)
30          f = expr(tk)
```

```
31
32              if current().tokvalue != ")":
33                  print "parse error! value = %s" % current().tokvalue
34              value = f
35          next(tk)
36          return value
```

这里只展示了 expr 函数和 factor 函数的修改,其他修改的地方略去了。考察 factor 函数,如果词法扫描时,遇到一个数字,就产生一个 ConstNode,并且作为返回值返回调用者,也就是返回到 term 函数中去。这意味着,term 调用 factor 的时候得到的就是一个 AST 结点,而不像原来是一个具体的值。

在 expr 方法里,第一次调用 term 所得到的也是一个结点,或者说是一棵子树。当遇到加号时,再次调用 term,就可以得到另一棵子树,这两棵子树就可以形成一个 AddNode 结点。这样一来,调用 expr 方法对输入进行处理时,得到的结果就不再是表达式具体的求值了,而是一棵抽象语法树。

抽象语法树求值

求值的过程是后序遍历这棵树。如果遇到运算符结点,就把它的两个子结点的值取出来进行计算,并把运算结果存在这个运算符结点上。

只需要在抽象语法树上调用 visit 方法即可,代码如下:

```
1   if __name__ == "__main__":
2       f = open(sys.argv[1])
3       tk = tokenize.generate_tokens(f.readline)
4       next(tk)
5       print expr(tk).visit()
```

此处采用典型的后序遍历来遍历这棵语法树。后序遍历,对于树中的任何一个结点,在遍历完它的所有子树以后才会处理自身结点。显然,这是因为任何一个结点的求值都依赖于它的子树的值,所以只能使用后序遍历来进行计算。执行这个程序,就可以得到预期的值:635。

2.4.2 递归程序的本质

在发生程序调用的情况下,操作系统会为被调用的子程序开辟一块空间,用于存储与这个程序执行相关的数据,例如函数的参数值、函数的局部变量、函数的返回地址等。在一定意义上,这一块空间中的数据也遵循了"后进先出"的原则,因此,在计算机系统中,也把这一块与被调用程序相应的数据存储区称为栈。

在常见的操作系统中,栈都是向下增长的。压栈的操作会使栈顶地址减小,出栈的操作会使栈顶地址增大。

如图 2.2 所示,以 i386 为例,栈的开始地址也叫栈底地址,存储在 EBP 寄存器中,栈顶地址则保存在 ESP 寄存器中。图中栈底的地址存储在 EBP 中,其地址是 0x0A;而栈顶的地址存储在 ESP 中,其地址为 0x00。如果执行 PUSH 指令,向栈上压入数据会导致 ESP 的值减小,执行 POP 指令,从栈里弹出数据则会使得 ESP 增大。

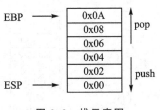

图 2.2 栈示意图

与之相应的,直接减小 ESP 的值,就相当于在栈上开辟新的空间,而增大 ESP 的值则相当于直接将栈顶的数据丢弃。

每次调用函数都会开辟一个新的栈空间与之相对应,栈帧里保存了这次函数调用所需要维护的信息。具体来说,从栈底向栈顶的方向依次保存以下信息:函数参数、函数的返回地址、调用者的上下文信息和被调函数的局部变量。

在这里,只讨论函数的返回地址和调用者的栈信息,它们与递归程序密切相关。函数的返回地址实际上记录了调用者已经执行到哪一条指令。当从被调用者返回的时候,系统会从返回地址的下一条指令开始执行。被调用的函数栈里还保存了调用者的 EBP 和 ESP,以便于返回到调用者的时候,可以正确地恢复调用者的栈帧。

1. 递归程序的栈

接下来,具体看一下递归地遍历二叉树时,程序栈的变化情况。

递归地前序遍历二叉树的代码如下:

```
1   pre_order(Node * current)
2   {
3       visit(current);
4       if (current ->left)
5           pre_order(current ->left);
6       if (current ->right)
7           pre_order(current ->right);
8   }
```

如图 2.3 所示,当前序遍历图中的树时,会从根结点开始。在访问根结点时,只有一个函数栈帧(stack frame),在这个帧里,current 指针指向的是结点 1。图 2.3 所示的是 pre_order 函数执行到第 3 行的情况,这里为了表述的方便,直接使用 EIP 来表示当前执行到的代码行,而实际上,EIP 寄存器的内容是当前执行到的机器指令的地址,这是需要注意的。

当 pre_order 函数执行到第 5 行时,就会对自己进行递归调用。这时,系统就会为这次调用新开辟一个栈,这个栈里的 current 指针指向结点 2。同时,在新的栈里,记录了调用者的 EBP、ESP(如果是近程调用,也可能会不保存)和 EIP,以便于当前结点访问完以后,可以回到调用者的栈帧,如图 2.4 所示。

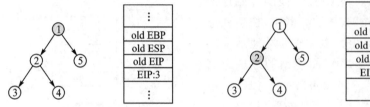

图 2.3　栈示意图访问结点 1　　　　　图 2.4　栈示意图访问结点 2

同样,在访问 2 号结点之后,又运行到 pre_order 处,就会再产生一次递归调用,系统会再次开辟新的栈帧,这个栈帧里的 current 指针就会指向结点 3。各个栈的状态如图 2.5 所示。

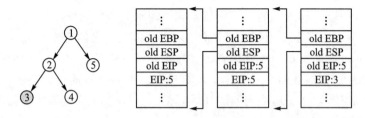

图 2.5　栈示意图访问结点 3

在这次递归调用中,由于 3 号结点的左子树和右子树都为空,所以就不会再发生一次新的递归调用了。当本次调用执行结束以后,就会从这次调用返回到调用者继续执行。前边已经介绍了,系统是通过栈里的 oldEBP、oldESP 来恢复调用者的堆栈,同时用 oldEIP 恢复到调用者进行函数调用的下一条指令。此处不讨论汇编级别的指令,在高级语言的层面上,就相当于回到结点 2 的堆栈上,并且继续执行第 6 行语句,而访问结点 3 所对应的栈就会被系统回收。因此,这时程序栈的具体状态如图 2.6 所示。

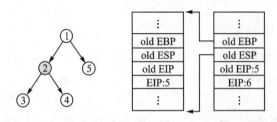

图 2.6　栈示意图访问完左子树,返回父结点

在返回到上一级函数栈以后,程序继续执行到第 7 行时,就会再次产生递归调用,这和访问左子树的情况类似。系统会为这次递归调用开辟新的栈,栈内的 current 指针指向 4 号结点。函数栈的具体情况如图 2.7 所示。

4 号结点的左右子树都为空,不会产生递归调用。当访问 4 号结点所对应的函

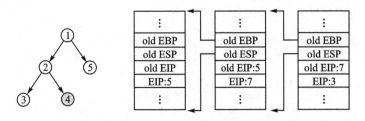

图 2.7　栈示意图访问结点 4

数执行完毕以后,系统就会返回到上一级栈帧,即 2 号结点所对应的帧;继续执行,同时回收 4 号结点所对应的函数栈帧。由于 oldEIP 的值为 7,在返回上一级堆栈后,程序会从第 7 行之后继续执行,而第 7 行以后程序就结束了,所以会继续返回到上级函数栈帧,也就是 1 号结点所对应的帧。如图 2.8 所示,系统返回到 a 所对应的栈,并且从程序的第 6 行继续执行。

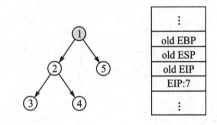

图 2.8　栈示意图访问完左子树,返回父结点

当程序继续执行到第 7 行时,又会产生递归调用,系统开辟新的栈帧,并且访问 5 号结点。函数栈的情况如图 2.9 所示。

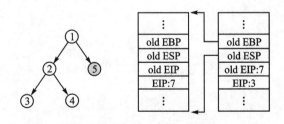

图 2.9　栈示意图访问结点 5

5 号结点没有左右孩子,在访问完 5 号结点以后,系统返回上一级调用者。而此时,与 1 号结点相对应的那一次函数调用也已经执行完了所有代码,系统会退出所有的函数调用,收回函数栈。也就是说,完成了一次二叉树的前序遍历。

整个过程中,最先开辟的帧最后销毁,最后开辟的栈却最先销毁,可见递归程序的栈管理方式满足"后进先出"的特点。

2. 抽象语法树生成字节码

上面使用抽象语法直接进行计算，下面再展示一下在遍历抽象语法树时不进行计算，而是根据不同的结点产生相应的字节码。修改上一节的代码如下：

```
1   class AddNode(object):
2       def __init__(self, left, right):
3           self.left = left
4           self.right = right
5
6       def visit(self):
7           self.left.visit()
8           self.right.visit()
9           print "BINARY_ADD"
10
11  class MulNode(object):
12      def __init__(self, left, right):
13          self.left = left
14          self.right = right
15
16      def visit(self):
17          self.left.visit()
18          self.right.visit()
19          print "BINARY_MULTIPLY"
20
21  class ConstNode(object):
22      def __init__(self, value):
23          self.value = value
24
25      def visit(self):
26          print "LOAD_CONST    %d" % (self.value,)
27
28  def buildTree():
29      a = ConstNode(12)
30      b = ConstNode(48)
31      c = ConstNode(59)
32      nmul = MulNode(a, b)
33      nadd = AddNode(nmul, c)
34
35      return nadd
36
37  if __name__ == "__main__":
38      root = buildTree()
39      root.visit()
```

执行上面的代码,得到的结果如下:

```
1    LOAD_CONST    12
2    LOAD_CONST    48
3    BINARY_MULTIPLY
4    LOAD_CONST    59
5    BINARY_ADD
```

可以看到,输出了类似 Python 字节码的东西。

如果要生成真的字节码,只需要把输出到控制台换成向字节码文件写入字节码的编码即可。在编译器里,通常把遍历抽象语法树并且输出目标代码的过程叫做发射(emit)。现在就可以动手写一个发射字节码的程序了。

但在此之前,先看一下现在的这个程序,每次要实现不同的功能,就得修改各个 Node 的 visit 方法。在面向对象程序设计中,强调封装、对修改封闭和对扩展开放。显然,现在的这个程序每次要增加新的功能就要修改 Node 的定义,这是不符合开闭原则的。为了解决这个问题,我们求助于设计模式。

2.4.3 访问者模式

在面向对象程序设计中,经常会遇到有相同模式的问题。后来人们把相似的问题归纳总结,提出了一整套解决方案,这个解决方案就是设计模式。充分利用设计模式,会极大地提高程序的可读性和可维护性。在编译器设计领域,也会使用很多经典的设计模式。但对于本书里的内容,最重要的两个设计模式是访问者模式和单例模式。

访问者模式用于访问抽象语法树是非常合适的,另外一个非常适用的地方是自动内存管理。由于本书选择了使用 C++ 来实现 Python 虚拟机,因此这里就选择使用 C++ 来讲解访问者模式。在学习访问者模式的同时,也复习一下 C++ 的对象内存模型,因为这将决定如何实现虚拟机中的类、对象以及内存管理。

1. 静态类型

先看一个例子,代码如下:

```
1    #include <stdio.h>
2
3    class Animal {
4    public:
5        void speak() {
6            printf("emm...\n");
7        }
8    };
9
10   class Cat : public Animal {
```

```cpp
11  public:
12      void speak() {
13          printf("miao\n");
14      }
15  };
16
17  class Dog : public Animal {
18  public:
19      void speak() {
20          printf("wang\n");
21      }
22  };
23
24  class Fox : public Animal {
25  public:
26      void speak() {
27          printf("woo\n");
28      }
29  };
30
31  class Speaker {
32  public:
33      void speak(Animal * a) {
34          a->speak();
35      }
36  };
37
38  int main() {
39      Animal * d = new Dog();
40      Animal * c = new Cat();
41      Animal * f = new Fox();
42      Speaker * s = new Speaker();
43      s->speak(d);
44      s->speak(c);
45      s->speak(f);
46  }
```

这个程序的运行结果是，输出三个"emm..."。这个结果可能会出乎部分读者的意料。因为d、c、f分别指向的实例是Dog、Cat和Fox，但是当Speaker调用它们的speak方法时，却调用了Animal类的方法。这是因为d、c、f虽然在运行中各指向不同的对象，但它们的静态类型却都是"Animal * "。而C++在编译期就会决定静态类型变量的方法调用,这种绑定方法的方式叫静态绑定。

2. 动态类型

有什么办法可以让程序根据运行时的动态类型,来调用相应类型的 speak 方法呢?

答案就是关键字 virtual,也就是 C++ 的虚函数机制。为父类中的 speak 方法添加 virtual,将其变为虚函数,试着运行一下观察结果。代码如下:

```
1   ...
2   class Animal {
3   public:
4       virtual void speak() {
5           printf("emm...\n");
6       }
7   };
8   ....
```

只修改父类,子类完全不修改,编译执行,可以看到这一次的结果是 wang,miao,woo。可见,通过把父类中的 speak 方法定义为虚函数即可使得程序在运行时,根据对象的实际类型分别调用不同的方法。那么,虚函数的机制到底是怎么实现的呢? 这里有一个更直接的例子,代码如下:

```
1   class Base
2   {
3       int data;
4       virtual int func(){return 0;}
5       virtual int func_base(){return 1;}
6   };
7
8   class Derive : Base
9   {
10      int data_of_derive;
11      virtual int func(){return 100;}
12      virtual int func_derive(){return 200;}
13  };
14
15  int main()
16  {
17      Base * pBase = new Derive();
18      printf("%d\n", sizeof(Base));
19      printf("%d\n", sizeof(Derive));
20      printf("%d\n", pBase->func());
21      printf("%d\n", pBase->Base::func());
22      return 0;
23  }
```

第 20 行代码的运行结果是 100。而 sizeof(Base) 的结果是 8，sizeof(Derive) 的结果是 12。类定义中出现了虚函数，类的大小就增加了 4，这是因为类对象中多了一个被称为虚函数表指针的内容。为什么要加这个指针呢？原因在于，对于虚函数，编译器无法像对待普通成员函数那样，在编译阶段通过指针的类型就能判断调用的是 Base::func 还是 Derive::func。对虚函数的调用，必须通过该指针所指向的对象是 Base 类的对象，还是 Derive 类的对象来确定。如果指针 pBase 所指的对象是 Base 的实例，那么 pBase->func 就是 Base::func，而如果指针 pBase 所指的对象是 Derive 的实例，那么 pBase->func 就是 Derive::func。

如果 Base 还有其他子类，pBase 同样可以指向这些子类的实例而不发生编译错误。可以看出，让编译器在编译阶段就确定调用哪个函数是不可能的；只能在程序运行的时候，动态地确定要调用的是哪个函数。C++ 提供了一种叫做虚函数表的机制来解决这个问题。

如图 2.10 所示，如果一个类的定义中包含了虚函数，那么这个类的对象就会多一个指针项。为了查找的效率，这个指针项会出现在对象的开始部分，这个指针被称为虚表指针。虚表指针指向一个表，这个表就是虚表（Virtual Table）。虚表里的每一项也是一个指针，更准确地说，是指向函数的指针，分别指向实际应该调用的函数。

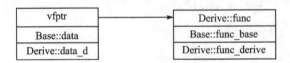

图 2.10　单继承时的虚函数

从图 2.10 中可以看出，当发生了虚函数覆盖的情况时，子类对象的虚表中的方法指针指向的是子类中的方法。例如，子类对象中的 func 指向的就是 Derive::func，就是子类中定义的函数。需要注意的是，即使虚函数没有发生覆盖，例如，func_base 和 func_derive，仍然会使用虚函数表机制。

理解了虚表机制就能明白 Animal 例子的运行结果了。在这里有一点需要特别注意的是，一旦在一个 C++ 类中引入了虚函数，不管是它的父类中引入的，还是自己的定义中引入的，都将产生一个指针指向虚表的位置。这个指针有时会给自动内存管理带来麻烦。后面的章节中会看到，我会极力避免在 Python 对象中引入虚函数。而我们知道，在 Python 中也是运行时识别类型的，为了解决这个问题，此处会采用一个很巧妙的方案。

还有一点需要注意的是，每个类型的虚表只有一份，也就是说对于某个类，不管它有多少个实例，这些实例所指向的虚表是同一个虚表。反过来说，指向同一个虚表的对象必然是同一个类型。正因为虚表和类型有这样的关系，dynamic_cast 才可以使用虚表机制进行类型检查。dynamic_cast 不是重点，这里不再展开叙述。

3. 将逻辑封装到正确的地方

通过上一节的修改,确实做到了动态的类型识别和方法绑定。但是,注意 speak 的逻辑封装到了各个 Animal 的子类中,此时希望这些逻辑最好是能与 Animal 类解耦,全部封装到 Speaker 中去。为了达成这个目标,可以先充分利用 C++ 的方法重载机制,让 Speaker 根据参数类型来决定要调用什么方法。Speaker 的实现代码如下:

```
1   class Speaker;
2
3   class Animal {
4   public:
5       virtual void accept(Speaker * v);
6   };
7
8   class Dog;
9   class Cat;
10  class Fox;
11
12  class Speaker {
13  public:
14      void visit(Animal * a) {
15          a->accept(this);
16      }
17
18      void visit(Dog * d) {
19          printf("wang\n");
20      }
21
22      void visit(Cat * d) {
23          printf("miao\n");
24      }
25
26      void visit(Fox * d) {
27          printf("woo\n");
28      }
29  };
30
31  void Animal::accept(Speaker * v) {
32      v->visit(this);
33  }
34
35  class Cat : public Animal {
36  public:
```

```
37      virtual void accept(Speaker * v) {
38          v->visit(this);
39      }
40  };
41
42  class Dog : public Animal {
43  public:
44      virtual void accept(Speaker * v) {
45          v->visit(this);
46      }
47  };
48
49  class Fox : public Animal {
50  public:
51      virtual void accept(Speaker * v) {
52          v->visit(this);
53      }
54  };
55
56  int main() {
57      Animal * d = new Dog();
58      Animal * c = new Cat();
59      Animal * f = new Fox();
60      Speaker * s = new Speaker();
61      s->visit(d);
62      s->visit(c);
63      s->visit(f);
64  }
```

这个程序的运行结果是：wang，miao，woo。这个程序充分利用了 C++ 的虚函数动态绑定和方法重载机制。当 d、c、f 分别作为参数传入到 Speaker 的 visit 方法中时，通过调用 Animal 的 virtual 方法 accept，分别分派到了 Dog 类、Cat 类和 Fox 类的 accept，而这些子类又通过调用不同参数类型的 visit，分别实现了正确的逻辑。

4. 访问者的进一步抽象

到目前为止，Speaker 类作为访问者是合格的，它将 speak 的逻辑都封装了起来，如果 speak 逻辑发生变化，就不必再去修改无辜的动物了。

但如果新增加一个需求呢？添加一个 Feeding 类，对 Dog 输出 bone，对 Cat 输出 fish，对于 Fox 则输出 meat。可能觉得这个很简单，只需要照着 Speaker 仿写一个同样的类就可以了。但是这样一来，还是不能避免修改动物类，因为那几个动物类是不能接受一个新的类型的，必须在动物类里为 Feeding 类型增加新的方法。对修改不封闭,这不是我们想要的。解决的办法也很简单,那就是把 Feeding 类与 Speaker 类一起做一个抽象,提取出它们的父类,让动物类可以接受它们的父类即可。

参数类型是父类,仍然可以传子类实例进去。但对于不同的子类实例,如何才能正确地调用它们的 visit 方法呢? 对了,让 visit 方法变成虚函数,通过运行时识别对象的真实类型,从而调用正确的方法。经过以上分析,就有了终极版本,代码如下:

```cpp
1   class Visitor;
2
3   class Animal {
4   public:
5       virtual void accept(Visitor * v) {cout << "emmm.." << endl;};
6   };
7
8   class Dog : public Animal {
9   public:
10      virtual void accept(Visitor * v);
11  };
12
13  class Cat : public Animal {
14  public:
15      virtual void accept(Visitor * v);
16  };
17
18  class Fox : public Animal {
19  public:
20      virtual void accept(Visitor * v);
21  };
22
23  class Visitor {
24  public:
25      void visit(Animal * animal) {}
26      virtual void visit(Dog * animal) {}
27      virtual void visit(Cat * animal) {}
28      virtual void visit(Fox * animal) {}
29  };
30
31  class Speaker : public Visitor {
32  public:
33      void visit(Animal * pa) {
34          pa->accept(this);
35      }
```

```cpp
37      virtual void visit(Dog * pd) {
38          cout << "wang" << endl;
39      }
40
41      virtual void visit(Cat * pc) {
42          cout << "miao" << endl;
43      }
44
45      virtual void visit(Fox * pf) {
46          cout << "woo" << endl;
47      }
48  };
49
50  class Feeding : public Visitor {
51  public:
52      void visit(Animal * pa) {
53          pa->accept(this);
54      }
55
56      virtual void visit(Dog * pd) {
57          cout << "bone" << endl;
58      }
59
60      virtual void visit(Cat * pc) {
61          cout << "fish" << endl;
62      }
63
64      virtual void visit(Fox * pf) {
65          cout << "meat" << endl;
66      }
67  };
68
69  void Dog::accept(Visitor * v) {
70      v->visit(this);
71  }
72
73  void Cat::accept(Visitor * v) {
74      v->visit(this);
75  }
76
```

```
77   void Fox::accept(Visitor * v) {
78       v->visit(this);
79   }
80
81   int main() {
82       Animal * animals[] = {new Dog(), new Cat(), new Fox()};
83       Speaker s;
84       for (int i = 0; i < sizeof(animals) / sizeof(Animal *); i++) {
85           s.visit(animals[i]);
86       }
87
88       Feeding f;
89       for (int i = 0; i < sizeof(animals) / sizeof(Animal *); i++) {
90           f.visit(animals[i]);
91       }
92       return 0;
93   }
```

在最后的例子里,根本不用关心 animals 数组中的实例具体是什么类型,一切都由访问者在运行时决定。在 Animal 类里定义好 accept 方法,表示可以接受访问者的访问,然后再通过虚函数的重载,根据访问者的真实类型以及被访问者的类型来决定具体调用到什么访问者的哪一个重载方法里。至此,访问者模式就全部介绍完了。

2.4.4 用 Visitor 重写 AST

在理解了 Visitor 模式以后,就可以使用访问者模式改造抽象语法树了。语法树的结点是被访问者,各种不同的行为分别定义在不同的 Visitor 中。重构一下抽象语法树的结点,代码如下:

```
1    class ConstNode():
2        def __init__(self, value):
3            self.value = value
4
5        def accept(self, visitor):
6            visitor.visitConst(self)
7
8    class BinaryOpNode():
9        ADD = 0
10       SUB = 1
11       MUL = 2
12       DIV = 3
13       def __init__(self, op, left, right):
```

```
14          self.op = op
15          self.left = left
16          self.right = right
17
18      def accept(self, visitor):
19          visitor.visitBinaryOp(self)
```

可以看到,在 Node 的定义里,只有 accept 方法可以接受各种不同的 Visitor 的访问。具体的 Visitor,比如说使用字符串来输出字节码助记符的访问者可以定义如下:

```
1   class PrintVisitor(Visitor):
2       ...
3       def visitBinaryOp(self, bin_node):
4           bin_node.left.accept(self)
5           bin_node.right.accept(self)
6
7           if bin_node.op == BinaryOpNode.ADD:
8               print " ADD"
9           elif bin_node.op == BinaryOpNode.SUB:
10              print " SUB"
11          elif bin_node.op == BinaryOpNode.MUL:
12              print " MUL"
13          elif bin_node.op == BinaryOpNode.DIV:
14              print " DIV"
15      ...
```

使用 PrintVisitor 来访问 AST 时,就可以使用字符串的方式将字节码展示出来。如果想真正地生成字节码,就把字符串的方式改成字节的方式即可,代码如下:

```
1   class EmitVisitor(Visitor):
2       def __init__(self):
3           self.codes = []
4
5       def visitBinaryOp(self, bin_node):
6           bin_node.left.accept(self)
7           bin_node.right.accept(self)
8
9           if bin_node.op == BinaryOpNode.ADD:
10              self.codes.append(struct.pack("B", hiop.ADD))
11          elif bin_node.op == BinaryOpNode.SUB:
12              self.codes.append(struct.pack("B", hiop.SUB))
13          elif bin_node.op == BinaryOpNode.MUL:
```

```
14                self.codes.append(struct.pack("B", hiop.MUL))
15            elif bin_node.op == BinaryOpNode.DIV:
16                self.codes.append(struct.pack("B", hiop.DIV))
17            ...
```

  这里只展示了访问二元操作符结点的逻辑,关于 ConstNode 的实现,请读者自行补充。为了节约篇幅,这里不再展示生成字节码文件的全部代码,有需要的读者可以从本书附带的代码工程(见前言)里获取。另外,读者也可以尝试使用访问者来实现一个求值的 Visitor。

  至此,我们使用 Python 实现了一个简单的表达式的编译器,虽然非常简单,但是从词法分析到文法分析再到字节码生成,麻雀虽小,五脏俱全。这样,就把编译的过程走了一遍。在实现虚拟机之前,把编译的过程学习一遍是很有好处的。接下来,就要开始动手实现一个真正的虚拟机了。

第 3 章

二进制文件结构

CPython 虚拟机既可以执行 py 文件,也可以执行编译过的 pyc 文件,这是因为 CPython 里包含了一个可以编译 py 文件的编译器,在执行 py 文件时,第一步就是要把 py 文件在内部翻译成字节码文件。由于本书的重点在于研究如何编写一个虚拟机来执行字节码文件,所以重点放在 pyc 文件上。至于编译的过程,则可以通过查阅编译器前端的相关资料来了解。

接下来,将会深入分析 pyc 文件结构,实现 pyc 文件的解析,并将文件内容加载进内存。

3.1 pyc 文件格式

先准备一个 pyc 文件。新建一个名为 hello.py 的文件,内容如下:

```
print 1 + 2 * 3
```

然后执行 python - m compileall hello.py 命令,就可以得到 hello.pyc 文件。还有一种办法:直接运行 python 命令,进入 CPython 的交互式界面,然后执行 import hello,也可以生成 hello.pyc 文件:

```
1  # python
2  Python 2.7.6 (default, Nov 23 2017, 15:49:48)
3  [GCC 4.8.4] on linux2
4  Type "help", "copyright", "credits" or "license" for more information.
5  >>> import hello
6  7
```

不管用什么办法,得到的 pyc 文件是一个最简单的字节码文件。在 Windows 系统上,可以通过 Notepad++、UltraEdit 等十六进制查看工具来打开 pyc 文件。在 Linux 系统上,可以通过 hexdump 工具来查看这个文件的内容,如图 3.1 所示。

接下来讲解 pyc 文件的各个组成部分。

pyc 文件开头的四个字节,代表一个整数,被称为魔数(magic number),用于标识文件类型和版本。需要注意的是,文件中高字节存储在高位,低字节存储在低位,

```
0000  03 f3 0d 0a 98 70 64 5b  63 00 00 00 00 00 00 00  |.....pd[c.......|
0010  00 03 00 00 00 40 00 00  00 73 0d 00 00 00 64 00  |.....@...s....d.|
0020  00 64 04 00 17 47 48 64  03 00 53 28 05 00 00 00  |.d...GHd..S(....|
0030  69 01 00 00 00 69 02 00  00 00 69 03 00 00 00 4e  |i....i....i....N|
0040  69 06 00 00 00 28 00 00  00 28 00 00 00 28 00 00  |i....(...(...(..|
0050  00 28 00 00 00 73 08 00  00 00 68 65 6c 6c 6f 2e  |.(...s....hello.|
0060  6c 6c 6f 2e 70 79 74 00  00 00 00 3c 6d 6f 64 75  |llo.pyt....<modu|
0070  6c 65 3e 01 00 00 00 73  00 00 00 00              |le>....s....|
```

图 3.1 pyc 文件

由于整型是 4 个字节,所以,使用 python 2.7 编译得到的 pyc 文件的魔数就是 0xa0df303。

文件的创建时间也是 4 个字节,这个域的意义不大,不再详细解释,略过。接下来一定会是一个字符 c,也就是十六进制的 0x63,出现在第 9 个字节,这个字符的意义是:接下来是一个 CodeObject 结构。下面来详细分析这个结构。

CodeObject 的第一个域是一个整数,代表参数个数,记为 argcount;可以看到在 hello.pyc 这个例子中,argcount 的值为 0。第二个域也是一个整数,代表局部变量的个数,记为 nlocals,这个域也是 0。第三个域代表执行这段 code 所使用的操作数栈,其深度的最大值记为 stacksize;在现在的例子中,这个值是 3。第四个域是 code 的属性值,记为 flags,值为 0x40。关于 flags,后面的章节会详细讲到,这里先略过。

再接下来就是本节要介绍的重点——字节码,它是以一个字符 s 开头的,接下来是一个整数,代表了这段 code 的字节码的长度。在 hexdump 的结果的第二行,在字符 s 后面紧跟着一个整数 0xd,这就代表了这段字节码的长度是 13。接下来的 13 个字节,就是字节码了。

在字节码之后是常量表,记为 consts,其中存着程序所使用的所有常量。它是一个元组,在现阶段,可以把它理解成一个列表或者数组。这个元组以字符'('作为开头,紧接着的是一个整数,代表元组中的元素个数,可以看到常量表的元素个数为 5。接着就是常量表中的 5 个元素。第一个元素的类型由字符 i 表示,表示第一个元素是一个整数,它的值是接下来的四个字节,也就是 1。同样的,第二个、第三个元素类型也由 i 表示,它们也都是整数,分别是 2 和 3。读者肯定已经注意到这就是在 hello.py 的代码里使用的三个整数。再接下来是一个字符 N,代表了 Python 中的 None,这里先不关心这个 None 是什么,在后面实现对象系统的时候,自然就会知道这个 None 是怎么来的。最后一个元素仍然是一个整数,其值为 6。这个 6 并没有在源代码里出现,它是哪里来的呢?等到后面把字节码全部搞清楚以后,就会理解这个问题。

常量表到这里就结束了。接下来是变量表,记为 names。由于这段 Python 源代码中没用使用任何的变量,所以变量表为空。在一个'('字符之后,紧跟一个整数 0,代表变量表为空。

变量表之后则是参数列表。这一项只在函数和方法里有用,代表了函数的输入参数，先忽略它。接下来还有两个空的元组，分别是 cell_var 和 free_var，用于构建闭包，也临时忽略它们。

再接下来则是一个字符's'，前面介绍过这代表一个字符串，接下来是一个整数，代表了字符串的长度，可以看到这个字符串的长度为 8，其值为"hello.py"，代表了源文件的名字。再接下来是一个字符't'，它也是一个字符串，格式与's'是完全相同的，代表当前 code 所属的模块。

最后一项也是一个字符串，以字符's'标志。它是一个名为 line number table 的结构，在实现 Traceback 时，要输出详细的调用栈，会用到这个数据结构，这里先略过。

3.2 加载 CodeObject

经过上面的分析，大概了解了一个 pyc 文件的结构。现在就动手写一个 pyc 文件的分析程序，在内存中重建 CodeObject，然后尝试着去执行它。

读取文件内容

需要做的第一件事就是写程序打开 pyc 文件，并将其内容逐字节读入。为了加速文件的读操作，可以使用缓冲区。因此可以封装出一个专用于读文件的类，代码如代码清单 3.1 所示。

代码清单 3.1　读取 pyc 文件

```
1   #ifndef BUFFERED_INPUT_STREAM_HPP
2   #define BUFFERED_INPUT_STREAM_HPP
3
4   #include <stdio.h>
5
6   #define BUFFER_LEN 256
7
8   class BufferedInputStream {
9   private:
10      FILE* fp;
11      char szBuffer[BUFFER_LEN];
12      unsigned short index;
13
14  public:
15      BufferedInputStream(char const* filename) {
16          fp = fopen(filename, "rb");
17          fread(szBuffer, BUFFER_LEN * sizeof(char), 1, fp);
18          index = 0;
```

```cpp
19      }
20
21      ~BufferedInputStream() {
22          close();
23      }
24
25      char read() {
26          if (index < BUFFER_LEN)
27              return szBuffer[index++];
28          else {
29              index = 0;
30              fread(szBuffer, BUFFER_LEN * sizeof(char), 1, fp);
31              return szBuffer[index++];
32          }
33      }
34
35      int read_int() {
36          int b1 = read() & 0xff;
37          int b2 = read() & 0xff;
38          int b3 = read() & 0xff;
39          int b4 = read() & 0xff;
40
41          return b4 << 24 | b3 << 16 | b2 << 8 | b1;
42      }
43
44      void unread() {
45          index--;
46      }
47
48      void close() {
49          if (fp != NULL) {
50              fclose(fp);
51              fp = NULL;
52          }
53      }
54  };
55
56  #endif
```

这个类很简单,除了构造函数和析构函数外,只提供了四个接口,逻辑都很简单。唯一需要注意的是 read_int 方法里对于字节序的处理。为了检验这个程序的正确性,可以写一个 main 方法,通过使用 BufferedInputStream 打开一个 pyc 文件,查看其内容是否符合我们的预期代码如代码清单 3.2 所示。

代码清单 3.2　程序入口

```
1   #include "bufferedInputStream.hpp"
2
3   int main(int argc, char** argv) {
4       if (argc <= 1) {
5           printf("vm need a parameter : filename\n");
6           return 0;
7       }
8
9       BufferedInputStream stream(argv[1]);
10      printf("magic number is 0x%x\n", stream.read_int());
11
12      return 0;
13  }
```

编译并执行后，读出来的魔数与使用 hexdump 工具查看的内容是相符的。我最早使用 railgun 来命名工程，所以就一直延用了这个名字。读者完全可以给自己的虚拟机起一个不同的名字，只需要在编译的时候，指定目标文件的名字即可，代码如下：

```
1   # python -m compileall hello.py
2   Compiling hello.py ...
3   # g++ -o railgun -g main.cpp
4   # ./railgun hello.pyc
5   magic number is 0xa0df303
```

在分析 pyc 文件的结构时，文件中存在字符串和元组，所以在写代码分析文件结构之前，需要先创建虚拟机所使用的元组类和字符串类。

3.2.1　准备工具

1. 列　表

接下来，要实现一个列表来表达 pyc 文件中的元组结构。为了节约内存，此处希望这个列表是可以动态扩展的。这样的话，可以在一开始让列表的容量小一些，当元素越来越多时，再重新分配内存。另外，列表作为一个容器，希望它能容纳各种类型的元素，因此，这里使用模板来实现列表，如代码清单 3.3 所示。

代码清单 3.3　节选自 arrayList.hpp

```
1   template <typename T>
2   class ArrayList {
3   private:
```

```
4       int _length;
5       T * _array;
6       int _size;
7
8       void expand();
9
10  public:
11      ArrayList(int n = 8);
12
13      void add(T t);
14      void insert(int index, T t);
15      T    get(int index);
16      void set(int index, T t);
17      int  size();
18      int  length();
19      T    pop();
20  }
```

在 ArrayList 类里定义了元素数组的大小_length,指向元素数组的指针_array,并且使用_size 来指示当前列表里有多少个有效元素。然后又定义了 add 方法,用于向列表的末尾插入元素,insert 方法向指定的位置插入元素,get 方法用于获取指定位置的元素,set 方法用于设置指定位置的元素。还有一个私有方法 expand,当有效元素数量超过元素数组容量的时候,可以扩展元素数组。具体实现的代码如清单 3.4 所示。

代码清单 3.4　arrayList.cpp

```
1   #include "arrayList.hpp"
2   #include <stdio.h>
3
4   template <typename T>
5   ArrayList<T>::ArrayList(int n) {
6       _length = n;
7       _size   = 0;
8       _array  = new T[n];
9   }
10
11  template <typename T>
12  void ArrayList<T>::add(T t) {
13      if (_size >= _length)
14          expand();
15
16      _array[_size++] = t;
```

```
17    }
18
19    template <typename T>
20    void ArrayList<T>::insert(int index, T t) {
21        add(NULL);
22
23        for (int i = _size; i > index; i--) {
24            _array[i] = _array[i - 1];
25        }
26
27        _array[index] = t;
28    }
29
30    template <typename T>
31    void ArrayList<T>::expand() {
32        T * new_array = new T[_length << 1];
33        for (int i = 0; i < _length; i++) {
34            new_array[i] = _array[i];
35        }
36        delete[] _array;
37        _array = new_array;
38
39        _length <<= 1;
40        printf("expand an array to %d, size is %d\n", _length, _size);
41    }
42
43    template <typename T>
44    int ArrayList<T>::size() {
45        return _size;
46    }
47
48    template <typename T>
49    int ArrayList<T>::length() {
50        return _length;
51    }
52
53    template <typename T>
54    T ArrayList<T>::get(int index) {
55        return _array[index];
56    }
57
```

```
58  template <typename T>
59  void ArrayList<T>::set(int index, T t) {
60      if (_size <= index)
61          _size = index + 1;
62
63      while (_size > _length)
64          expand();
65
66      _array[index] = t;
67  }
68
69  template <typename T>
70  T ArrayList<T>::pop() {
71      return _array[--_size];
72  }
```

2. 字符串

在 Python 中，所有的数据都是对象，字符串、整数和浮点数是对象，类定义、模块和函数也是对象，它们都有共同的基类 object。因此在虚拟机中也引入了同样的一个超类，定义为 HiObject。虚拟机中处理的所有数据都将会是一个 HiObject 的实例。整数字符串也同样会是它的子类。

先来定义这个超类，代码如清单 3.5 所示。

代码清单 3.5　hiObject.hpp

```
1  #ifndef _HI_OBJECT_HPP
2  #define _HI_OBJECT_HPP
3
4  class HiObject {
5  };
6
7  #endif
```

选择重新实现字符串类而不是借用 C++ 的 string 类，是为了能与虚拟机中的其他对象保持兼容。另外，重新实现保证了对内存使用的绝对控制权，这为将来实现自动内存管理打下了基础。

一个字符串，最基本的属性就是它的长度和内容。内容可以用一个 char 类型的指针指向字符串的开头。定义的字符串类代码如清单 3.6 所示。

代码清单 3.6　HiString.hpp

```
1   #ifndef _HI_STRING_HPP
2   #define _HI_STRING_HPP
3
4   class HiString : public HiObject {
5   private:
6       char * _value;
7       int    _length;
8
9   public:
10      HiString(const char * x);
11      HiString(const char * x, const int length);
12
13      const char * value()    { return _value; }
14      int length()            { return _length; }
15  };
16
17  #endif
```

注意，一般来说，应坚持在头文件中只提供声明，方法的具体实现都放到 cpp 文件中。这样做的好处是，在定义头文件的时候，不必额外再引入其他头文件，最大化地避免了头文件的循环依赖。只有当函数体十分短小，例如 get、set 方法，或者这个类的使用范围极小的情况下，才会把实现放到头文件中去。

在这个思路的指导下，把 HiString 的构造放到 cpp 文件中，代码如清单 3.7 所示。

代码清单 3.7　HiString.cpp

```
1   #include "hiString.hpp"
2   #include <string.h>
3
4   HiString::HiString(const char * x) {
5       _length = strlen(x);
6       _value = new char[_length];
7       strcpy(_value, x);
8   }
9
10  HiString::HiString(const char * x, const int length) {
11      _length = length;
12      _value = new char[length];
13
14      // do not use strcpy here, since '\0' is allowed.
```

```
15        for (int i = 0; i < length; i++) {
16            _value[i] = x[i];
17        }
18   }
```

HiString 的构造方法里有一点要注意,字符 0 在字符串里是一个合法的字符,所以不能直接使用 strcpy 来进行字符串的拷贝操作,因此这里使用了逐字节拷贝的笨办法。当然这里也可以使用 memcpy,读者可以自行添加。

由于头文件中往往都是类型声明,在后面的讲解中,如果不是特别必要,头文件的内容就不再展示了,大家可以通过本书附带的源代码学习。

3. 整 数

在 Python 中,整数也是对象。因此,与字符串类相同,整数类也继承自 HiObject,其定义如代码清单 3.8 所示。

代码清单 3.8　HiInteger.hpp

```
1   class HiInteger : public HiObject {
2   private:
3       int _value;
4   
5   public:
6       HiInteger(int x);
7       int value() { return _value; }
8   };
```

整数类的定义非常简单,不再讲解。至此,已经把解析 pyc 所需的工具类全部准备好了。接下来,就要使用这些工具去完成本节的最终目的:从文件中读入字节流,并在内存中建立 CodeObject。

3.2.2　创建 CodeObject

在上一小节分析过 pyc 文件的结构。在 CodeObject 里,包含常量表、变量表、参数列表、字节码和行号表等。根据这些属性,可以定义 CodeObject 如代码清单 3.9 所示。

代码清单 3.9　CodeObject.cpp

```
1   CodeObject::CodeObject(int argcount, int nlocals, int stacksize, int flag, HiString * bytecodes,
2       ArrayList<HiObject *> * consts, ArrayList<HiObject *> * names, ArrayList
           <HiObject *> * varnames,
3       ArrayList<HiObject *> * freevars, ArrayList<HiObject *> * cellvars,
4       HiString * file_name, HiString * co_name, int lineno, HiString * notable):
5       _argcount(argcount),
6       _nlocals(nlocals),
7       _stack_size(stacksize),
```

```
8                  _flag(flag),
9                  _bytecodes(bytecodes),
10                 _names(names),
11                 _consts(consts),
12                 _var_names(varnames),
13                 _free_vars(freevars),
14                 _cell_vars(cellvars),
15                 _co_name(co_name),
16                 _file_name(file_name),
17                 _lineno(lineno),
18                 _notable(notable){
19         }
```

在定义了 CodeObject 之后,就可以真正地进行 pyc 的分析工作了。

定义一个 Parser 类专门用于解析 pyc 文件。这个类如何定义,没必要一开始就想得很清楚,完全可以一边解析,一边添加新的功能。

可以先定义一个 parse 方法用于返回最终的 CodeOjbect,代码如清单 3.10 所示。

代码清单 3.10　binaryFileParser.cpp

```
1   class BinaryFileParser {
2   private:
3       BufferedInputStream * file_stream;
4
5   public:
6       BinaryFileParser(BufferedInputStream * stream);
7
8       CodeObject * parse();
9   };
```

这个 parse 的具体实现是,先读取魔数,再读取文件修改时间,接着才是真正地分析 CodeObject,因此 parse 的实现可以这样定义,代码如清单 3.11 所示。

代码清单 3.11　BinaryFileParser.parse

```
1   CodeObject * BinaryFileParser::parse() {
2       int magic_number = file_stream->read_int();
3       printf("magic number is 0x%x\n", magic_number);
4       int moddate = file_stream->read_int();
5       printf("moddate is 0x%x\n", moddate);
6
7       char object_type = file_stream->read();
8
```

```
9        if (object_type == 'c') {
10           CodeObject * result = get_code_object();
11           printf("parse OK! \n")
12           return result;
12        }
14
15       return NULL;
16   }
```

解析并创建 CodeObject 的任务就交给 get_code_object 来实现。建议大家不必等到 Parser 全部实现了再编译,此处完全可以提供一个空的 get_code_object 方法,然后编译执行,测试一下魔数和文件修改时间的读取是否正确。如图 3.2 所示,目录下已经有多个源文件了,因此选择使用"g++ *.cpp"的命令来进行编译,编译并执行就可以正确地打印出魔数和修改时间。

```
root@ecs-2f21:~/hinusDocs/pythonvm/gitee/pythonvm/src# ls
arrayList.cpp           binaryFileParser.hpp    codeObject.hpp    hiInteger.hpp    hiString.hpp
arrayList.hpp           bufferedInputStream.hpp hello.py          hiObject.hpp     main.cpp
binaryFileParser.cpp    codeObject.cpp          hello.pyc         hiString.cpp
root@ecs-2f21:~/hinusDocs/pythonvm/gitee/pythonvm/src# g++ -o railgun *.cpp
root@ecs-2f21:~/hinusDocs/pythonvm/gitee/pythonvm/src# ./railgun hello.pyc
magic number is 0xa0df303
moddate is 0x5b651772
parse OK!
```

图 3.2 pyc 文件

现在的重点就落在了如何实现 get_code_object。根据前面的分析,可以充分利用上一小节所实现的那些工具类来完成这个方法,代码如代码清单 3.12 所示。

代码清单 3.12 创建 CodeObject

```
1    CodeObject * BinaryFileParser::get_code_object() {
2        int argcount   = file_stream->read_int();
3        std::cout << argcount << std::endl;
4        int nlocals    = file_stream->read_int();
5        int stacksize  = file_stream->read_int();
6        int flags      = file_stream->read_int();
7        std::cout << flags << std::endl;
8
9        HiString * byte_codes = get_byte_codes();
10       ArrayList<HiObject *> * consts    = get_consts();
11       ArrayList<HiObject *> * names     = get_names();
12       ArrayList<HiObject *> * var_names = get_var_names();
13       ArrayList<HiObject *> * free_vars = get_free_vars();
14       ArrayList<HiObject *> * cell_vars = get_cell_vars();
15
```

```
16      HiString * file_name     = get_file_name();
17      HiString * module_name   = get_name();
18      int begin_line_no        = file_stream->read_int();
19      HiString * lnotab        = get_no_table();
20
21      return new CodeObject(argcount, nlocals, stacksize, flags, byte_codes,
22          consts, names, var_names, free_vars, cell_vars, file_name, module_name,
23          begin_line_no, lnotab);
24  }
```

其中,get_byte_codes 和 get_consts 等方法都是空实现,接下来逐个分析并且实现它们。第一个是 get_byte_codes,作用是把字节码从文件中读出来,在上一小节里已经分析过,一串字节码归根到底也就是一个字符串,以 s 标记,后面跟着字符串的长度 n,再后面就是 n 个字符了。所以,可以这样实现这个方法,代码如清单 3.13 所示。

代码清单 3.13　创建 CodeObject

```
1   HiString * BinaryFileParser::get_byte_codes() {
2       assert(file_stream->read() == 's');
3
4       return get_string();
5   }
6
7   HiString * BinaryFileParser::get_string() {
8       int length = file_stream->read_int();
9       char * str_value = new char[length];
10
11      for (int i = 0; i < length; i++) {
12          str_value[i] = file_stream->read();
13      }
14
15      HiString * s = new HiString(str_value, length);
16      delete[] str_value;
17
18      return s;
19  }
```

至于 get_consts,则要创建一个列表,这个列表的结构也已经分析过了。首先读入一个整数 length,然后再读入 length 个元素。这些元素的类型都是由一个字符来标识的,例如's'代表字符串,'('代表元组等。这样就可以写出代码了,如代码清单 3.14 所示。

代码清单 3.14　创建 CodeObject

```cpp
1   ArrayList<HiObject*>* BinaryFileParser::get_consts() {
2       if (file_stream->read() == '(') {
3           return get_tuple();
4       }
5   
6       file_stream->unread();
7       return NULL;
8   }
9   
10  ArrayList<HiObject*>* BinaryFileParser::get_tuple() {
11      int length = file_stream->read_int();
12      HiString* str;
13  
14      ArrayList<HiObject*>* list = new ArrayList<HiObject*>(length);
15      for (int i = 0; i < length; i++) {
16          char obj_type = file_stream->read();
17  
18          switch (obj_type) {
19              case 'c':
20                  std::cout << "got a code object." << std::endl;
21                  list->add(get_code_object());
22                  break;
23              case 'i':
24                  list->add(new HiInteger(file_stream->read_int()));
25                  break;
26              case 'N':
27                  list->add(NULL);
28                  break;
29              case 't':
30                  str = get_string();
31                  list->add(str);
32                  _string_table.add(str);
33                  break;
34              case 's':
35                  list->add(get_string());
36                  break;
37              case 'R':
38                  list->add(_string_table.get(file_stream->read_int()));
39                  break;
40          }
41      }
42  
43      return list;
44  }
```

这里面值得注意的点包括，当遇到'i'时，这代表一个整数，所以要创建一个 HiInteger；当遇到's'时，代表接下来的是一个字符串，可以直接调用 get_string 方法；遇到't'时，也代表一个字符串，与's'不同的是，还要把它加到_string_table 中去，以备后面遇到'R'时可以重用。

如果遇到'N'，这是一个 None 对象。但目前还没有实现 None 对象，所以就先用 NULL 代替，等将来完善了内置对象系统再把它替换成真正的 NoneObject。这里也体现出实现一个复杂系统的思路：如果功能 A 依赖于 B，而 B 又比较复杂，甚至还可能反过来依赖于 A，就可以考虑先使用简陋的实现，或者是一种模拟的实现来模仿 B 的功能，让 A 功能的开发不至于阻塞；等到 A 完成了，再返过头来实现 B。软件的开发往往就是这种螺旋式的迭代过程。

还有一个地方要注意的是，'c'类型，它代表一个新的 CodeObject，这意味着 CodeOjbect 是可以嵌套定义的，这是当模块内定义了函数，或者函数内又定义了函数的情况。在简单的例子中还没出现，后面在研究函数的时候就会遇到，我们在这里提前实现了。

这里要特别注意的是，由于在 BinaryFileParser 里使用了 ArrayList＜HiObject＊＞，而 ArrayList 的声明在 hpp 文件中，实现在 cpp 文件中，这种情况下，编译器并不会自动实例化模板类。因此有的读者可能会遇到链接错误，链接器会报找不到符号的错误。为了解决这个问题，要在 arrayList.cpp 中增加几行语句，强制编译器对模板类进行实例化，如代码清单 3.15 所示。

代码清单 3.15　arrayList.cpp 的末尾

```
1   class HiObject;
2   template class ArrayList<HiObject *>;
3
4   class HiString;
5   template class ArrayList<HiString *>;
```

BinaryFileParser 里的其他方法都是基于 get_tuple 和 get_string 实现的。为了节约篇幅，就不再一一展示了，大家可以通过本书源码进行学习。在补全了所有方法以后，就可以通过 parse 方法创建出 CodeObject 了。相应地，main.cpp 也变成了如下代码：

```
1   int main(int argc, char * * argv) {
2       if (argc <= 1) {
3           printf("vm need a parameter : filename\n");
4           return 0;
5       }
6
7       BufferedInputStream stream(argv[1]);
```

```
8        BinaryFileParser parser(&stream);
9        CodeObject * main_code = parser.parse();
10
11       return 0;
12   }
```

3.3 整理工程结构

到目前为止,工程里包括头文件在内,已经有 13 个源码文件了。这些源码文件都放在同一个目录下。随着更多功能的实现,文件必然会越来越多,这种扁平的目录结构非常不利于我们管理工程。应该考虑使用构建工具来帮助管理工程。

第一步,先把文件按照功能分别安放到不同的目录中去。新建三个目录为 util、code 和 object,分别代表:与工具相关,与 CodeObject 相关,以及与虚拟机内建对象相关。如果工程是由 git 管理的,最好使用 git mv 命令来移动文件。移动过后的目录结构如下所示:

```
├── main.cpp
├── code
│   ├── binaryFileParser.cpp
│   ├── binaryFileParser.hpp
│   ├── codeObject.cpp
│   └── codeObject.hpp
├── object
│   ├── hiInteger.cpp
│   ├── hiInteger.hpp
│   ├── hiObject.hpp
│   ├── hiString.cpp
│   └── hiString.hpp
└── util
    ├── arrayList.cpp
    ├── arrayList.hpp
    └── bufferedInputStream.hpp
```

同时,不要忘记修改头文件的引用关系。例如:

```
1    // header file's path should be modified.
2    //# include "hiInteger.hpp"
3
4    // hiInteger has been moved to object directory.
5    # include "object/hiInteger.hpp"
```

另外，编译命令也变得复杂了，必须在编译的时候通过 g++ 的"-I"选项指定 include 文件夹。由于在 main.cpp 所在的目录下编译，所以指定的目录就是当前目录，用"-I."表示。代码如下：

```
1    # g++ -o railgun \
2    >   main.cpp \
3    >   code/binaryFileParser.cpp \
4    >   object/hiInteger.cpp \
5    >   util/arrayList.cpp \
6    >   code/codeObject.cpp \
7    >   object/hiString.cpp \
8    >   -I.
```

可以看到，编译的命令越来越复杂了。随着新文件的持续添加，命令还会变得更加复杂。每次敲一大串编译命令，效率低还容易出错。为了解决这个问题，可以借助于 make 工具。在 Linux 上，安装很多应用的时候都会使用 make 工具。

make 工具最主要也最基本的功能就是通过 makefile 文件来描述源程序之间的相互关系并自动维护编译工作。而 makefile 文件需要按照某种语法进行编写，文件中需要说明如何编译各个源文件和链接生成可执行文件，并要求定义各个任务之间的依赖关系。

编写 makefile 是一件复杂且枯燥的事情，我不打算手动维护 makefile。幸好还有一个工具可以帮我们自动生成 makefile，那就是 cmake。cmake 工具不仅能生成 makefile，还有一条最关键的功能是可以生成跨平台的工程文件，不管你是使用 Visual Studio，还是使用 xcode，都可以使用 cmake 帮你生成相应平台上的工程文件。

先来创建 cmake 脚本，如代码清单 3.16 所示。

代码清单 3.16 CMakeLists.txt

```
1    cmake_minimum_required(VERSION 2.8)
2
3    PROJECT(RAILGUN)
4
5    SET(CMAKE_CXX_FLAGS_DEBUG "-O0 -Wall -g -ggdb")
6    SET(CMAKE_CXX_FLAGS_RELEASE "-O3 -Wall")
7
8    ADD_EXECUTABLE(railgun main.cpp
9        object/hiInteger.cpp
10       object/hiString.cpp
11       util/arrayList.cpp
12       code/binaryFileParser.cpp
13       code/codeObject.cpp)
```

```
14
15      INCLUDE_DIRECTORIES(./)
```

cmake脚本必须命名为CMakeLists.txt,它的可读性很强。首先它通过PROJECT指令指定了工程名字,接着使用SET指令分别指定了debug版本与release版本的编译选项。ADD_EXECUTABLE指令指定了编译的目标文件以及源文件,如果以后添加了新的cpp文件,只要在这里添加一行就可以了。最后,INCLUDE_DIRECTORIES指令指定了头文件目录,与CMakeLists.txt属于同一个目录。

接着,可以在源代码目录下,创建一个名为build的目录。然后在build目录里执行如下代码:

```
1   build# cmake ../
2   -- Configuring done
3   -- Generating done
4   -- Build files have been written to: /root/hinusDocs/pythonvm/gitee/pythonvm/src/build
5
6   build# make all
7   [ 16%] Building CXX object CMakeFiles/railgun.dir/main.cpp.o
8   [ 33%] Building CXX object CMakeFiles/railgun.dir/object/hiInteger.cpp.o
9   [ 50%] Building CXX object CMakeFiles/railgun.dir/object/hiString.cpp.o
10  [ 66%] Building CXX object CMakeFiles/railgun.dir/util/arrayList.cpp.o
11  [ 83%] Building CXX object CMakeFiles/railgun.dir/code/binaryFileParser.cpp.o
12  [100%] Building CXX object CMakeFiles/railgun.dir/code/codeObject.cpp.o
13  Linking CXX executable railgun
14  [100%] Built target railgun
```

在build目录下可以找到目标文件railgun。这样,我们的工程就全部交给cmake管理了,再也不用手动执行编译命令,可以安心地只关注应用逻辑。

3.4 执行字节码

经过长途跋涉,终于来到这激动人心的时刻——让字节码"跑"起来,让它真正地能够执行。不过,在此之前,还是有必要研究一下字节码里到底包含了什么东西。

在1.2和2.1小节中,对Python字节码以及其执行方式进行了简单的介绍,大家应该对这个过程不再陌生。

但在真正地开始编写执行器之前,还有必要再回顾一下这些字节码是什么。这里介绍一个查看字节码文件的工具。它在本书源码的tools文件夹下,名为show_file.py,以xml的格式将pyc文件结构化地展示出来。这个文件比较长,而且与本书的主题关系并不密切,这里就不再展示其源码了,只看一下它的运行结果。使用show_file.py查看hello.pyc文件,其结果如下所示:

```
1   magic 03f30d0a
2   moddate 7217655b
3   <code>
4     <argcount> 0 </argcount>
5     <nlocals> 0</nlocals>
6     <stacksize> 3</stacksize>
7     <flags> 0040</flags>
8     <code> 6400006404001747486403005</code>
9     <dis>
10      1           0 LOAD_CONST               0 (1)
11                  3 LOAD_CONST               4 (6)
12                  6 BINARY_ADD
13                  7 PRINT_ITEM
14                  8 PRINT_NEWLINE
15                  9 LOAD_CONST               3 (None)
16                 12 RETURN_VALUE
17    </dis>
18    <names> ()</names>
19    <varnames> ()</varnames>
20    <freevars> ()</freevars>
21    <cellvars> ()</cellvars>
22    <filename> 'hello.py'</filename>
23    <name> '<module>'</name>
24    <firstlineno> 1</firstlineno>
25    <consts>
26       1
27       2
28       3
29       None
30       6
31    </consts>
32    <lnotab> </lnotab>
33  </code>
```

字节码通过 dis 以字节码助记符的形式打印出来。下面逐个分析。

第一个是 LOAD_CONST，它的 opcode 是 0x64，占一个字节。它带有一个参数，参数占两个字节，可以看到第一个 LOAD_CONST 的参数是 0。这个字节码代表从 consts 中找到第 0 项元素，并把它放到操作数栈上，可以通过查看 consts 表知道，第 0 项是整数 1。

第二个字节码也是 LOAD_CONST，其参数是 4，代表从 consts 中找到第 4 个元素，并把它放到操作数栈上，也就是整数 6。

第三个字节码是 BINARY_ADD,在第一章里已经分析过了,这个字节码的作用是把操作数栈上的前两项出栈,求出它们的和并且再放入栈中。

接下来两个字码 PRINT_ITEM 和 PRINT_NEWLINE 用于打印栈顶元素和换行符。最后两个字节码是 Python 语言规定的,在每个模块或者函数的结尾都要加入 RETURN 语句。现在先不管它们,可以先提供一个空的实现。

下面开始具体的编程工作。第一步,先把字节码的助记符与字节码序号关联起来,字节码的助记符及其说明可以在 Python 官方网站的文档里找到。直接拿过来用:

```
1  class ByteCode {
2      static const unsigned char BINARY_ADD = 23;
3
4      static const unsigned char PRINT_ITEM = 71;
5      static const unsigned char PRINT_NEWLINE = 72;
6      static const unsigned char RETURN_VALUE = 83;
7
8      static const unsigned char HAVE_ARGUMENT = 90;
9      /* Index in const list */
10     static const unsigned char LOAD_CONST = 100;
11 }
```

然后再来实现字节码的执行器。通过分析,可以知道如果要执行这一段代码,至少要提供一个栈,那我们就动手实现这个栈吧。首先,定义一个名为 Interpreter 的类,让它逐个字节地取出字节码并且执行,代码如清单 3.17 所示。

代码清单 3.17　runtime/interpreter.cpp

```
1  void Interpreter::run(CodeObject * codes) {
2      int pc = 0;
3      int code_length = codes->_bytecodes->length();
4
5      _stack  = new ArrayList<HiObject * >(codes->_stack_size);
6      _consts = codes->_consts;
7
8      while (pc < code_length) {
9          unsigned char op_code = codes->_bytecodes->value()[pc ++];
10         bool has_argument = (op_code & 0xFF) >= ByteCode::HAVE_ARGUMENT;
11
12         int op_arg = -1;
13         if (has_argument) {
14             int byte1 = (codes->_bytecodes->value()[pc ++] & 0xFF);
15             op_arg = ((codes->_bytecodes->value()[pc ++] & 0xFF) << 8) | byte1;
```

```
16              }
17
18              HiInteger* lhs, * rhs;
19              HiObject* v, * w, * u, * attr;
20
21              switch (op_code) {
22                  case ByteCode::LOAD_CONST:
23                      _stack->add(_consts->get(op_arg));
24                      break;
25
26                  case ByteCode::PRINT_ITEM:
27                      v = _stack->pop();
28                      v->print();
29                      break;
30
31                  case ByteCode::PRINT_NEWLINE:
32                      printf("\n");
33                      break;
34
35                  case ByteCode::BINARY_ADD:
36                      v = _stack->pop();
37                      w = _stack->pop();
38                      _stack->add(w->add(v));
39                      break;
40
41                  case ByteCode::RETURN_VALUE:
42                      _stack->pop();
43                      break;
44
45                  default:
46                      printf("Error: Unrecognized byte code %d\n", op_code);
47              }
48          }
49      }
```

这段代码里有很多需要关注的地方，下面逐项解释。

首先，要实现一个执行器，最少需要一个操作数栈，可以看到，在代码的第 5 行，这个操作数栈就是_stack，我们并没有真的实现一个 Stack 类，而是使用 ArrayList 代替了。实际上，即便是使用数组，只要能保持它"后进先出"的特性，那就可以当栈来使用。我们在更多时候不知不觉地使用栈，甚至都看不到明确的数据结构。例如，讲递归程序时，函数帧与帧之间的关系就是一种栈。还有在后面的章节里，讲到自动内存管理,也会隐式地使用栈这种结构。

接下来是一个大循环,在这个循环里不断地取出字节码,并且通过一个巨大的 switch case 语句,对每个字节码进行相应的操作。需要注意的是第 10 行,在那里使用了一个常量 HAVE_ARGUMENT,它的值是 90。Python 在设计字节码的时候规定,当操作数的值大于 90 的时候,就是带参数的,如果小于这个数,就是不带参数的。参数是两个字节,所以我们使用或操作将两个字节的内容拼接起来。

再接下来要注意的是 BINARY_ADD 的实现。在 Python 中,有很多对象支持加操作,但其意义各不相同,例如整型就是整数的加法,而字符串则是两个字符串进行拼接,为了在运行时可以根据对象具体的类型而调用不同的方法,可以在 HiObject 引入一个 virtual 的 add 方法。PRINT_ITEM 的实现也是同样的道理,所以此处同时也会引入一个 print 方法,代码如下:

```
1    // object/hiObject.hpp
2    class HiObject {
3    public:
4        virtual void print() {}
5    
6        virtual HiObject * add(HiObject * x){}
7    };
8    
9    // object/hiInteger.cpp
10   void HiInteger::print() {
11       printf("%d", _value);
12   }
13   
14   HiObject * HiInteger::add(HiObject * x) {
15       return new HiInteger(_value + ((HiInteger *)x)->_value);
16   }
```

最后,不要忘了把 interpreter.cpp 加到 cmake 脚本中去。

至此,就把 Interpreter 的架子搭起来了。再次修改 main.cpp,真正地执行这个代码,代码如下:

```
1    int main(int argc, char * * argv) {
2        //...
3        BufferedInputStream stream(argv[1]);
4        BinaryFileParser parser(&stream);
5        CodeObject * main_code = parser.parse();
6    
7        Interpreter interpreter;
8        interpreter.run(main_code);
```

```
9
10        return 0;
11    }
```

编译执行，终于看到屏幕上输出了期盼已久的7。

最后，还有一点要解释的是，源代码里是计算1+2*3，但实际看字节码文件时，计算的是1+6，这是因为Python的编译器在编译字节码的阶段做了一些简单的优化，将一些简单的计算直接用它的结果代替了，这种优化被称为**常量折叠**。

这一章分析了pyc文件格式，并且编写代码从文件中解析出CodeObject，然后通过使用Interpreter来执行字节码。我们执行了一个最简单的加法，并将结果输出。下一章，将重点关注控制流是如何实现的。

第 4 章

实现控制流

在执行器终于能跑起来以后,我知道有的读者已经迫不及待地想把内置对象的功能都补全了,至少也要进行表达式计算。但我们的策略稍有不同,由于现在的对象系统还太简陋,我不打算继续在这个对象框架上完善内置对象。但现在就进行对象系统的重构并不是一个好主意,因为虚拟机现在还只有雏形。我认为至少实现了控制流之后,再来重新思考对象系统。

这一章转换一下方向,看看控制流是如何实现的。大家知道,典型的两种控制流结构是分支选择和循环结构,下面将分别介绍。

4.1 分支结构

为了研究 Python 字节码如何表达分支结构,先创建以下 py 文件,代码如清单 4.1 所示。

代码清单 4.1 test_if.py

```
1  if 2 > 1:
2      print 2
3  else:
4      print 1
5
6  print 3
```

使用"python -m compileall test_if.py",将这个文件编译成 pyc 文件。然后通过 show_file.py 查看这个文件结构,得到结果如代码清单 4.2 所示。

代码清单 4.2 test_if.py

```
1  # python show_file.py test_if.pyc
2  <code>
3     ......
4     <dis>
5     1      0 LOAD_CONST        0 (2)
6            3 LOAD_CONST        1 (1)
```

```
7                6 COMPARE_OP              4 (>)
8                9 POP_JUMP_IF_FALSE       20
9
10     2        12 LOAD_CONST              0 (2)
11               15 PRINT_ITEM
12               16 PRINT_NEWLINE
13               17 JUMP_FORWARD            5 (to 25)
14
15     4    >>  20 LOAD_CONST              1 (1)
16               23 PRINT_ITEM
17               24 PRINT_NEWLINE
18
19     6    >>  25 LOAD_CONST              2 (3)
20               28 PRINT_ITEM
21               29 PRINT_NEWLINE
22               30 LOAD_CONST              3 (None)
23               33 RETURN_VALUE
24     </dis>
25     ......
26     <consts>
27         2
28         1
29         3
30         None
31     </consts>
```

可以看到代码中使用的三个整数都已经放在了 consts 表中。仔细分析字节码部分的话,这一段字节码里出现了三个虚拟机还没有支持的字节码,分别是 COMPARE_OP、POP_JUMP_IF_FALSE 和 JUMP_FORWARD。先去查一下这三个字节码的编号,在 bytecode.hpp 里添加它们,代码如清单 4.3 所示。

代码清单 4.3   code/bytecode.hpp

```
1    /* Comparison operator */
2    static const unsigned char COMPARE_OP = 107;
3    /* Number of bytes to skip */
4    static const unsigned char JUMP_FORWARD = 110;
5    static const unsigned char POP_JUMP_IF_FALSE = 114;
```

接下来,重点看这三个字节码分别是如何实现的。

4.1.1 条件判断

第一个要处理的字节码是 COMPARE_OP,上一章讲过,字节码操作数编号大于 90 的都是带参数的。COMPARE_OP 的编号是 107,它是带参数的。在本章的例子里,它的参数是 4,这个参数所代表的是比较操作符的类型,比如 4 代表大于,0 代表小于,2 代表等于。完整的比较操作所对应的类型如代码清单 4.4 所示。

代码清单 4.4　code/bytecode.hpp

```
1   enum COMPARE {
2       LESS = 0,
3       LESS_EQUAL,
4       EQUAL,
5       NOT_EQUAL,
6       GREATER,
7       GREATER_EQUAL
8   };
```

现在,可以在 interpreter 里添加 COMPARE_OP 的实现了。在此之前,先引入一个小的代码重构。为了使代码更简洁,此处定义了宏 PUSH 和 POP,这样避免了大量的手动输入,如代码清单 4.5 所示。

代码清单 4.5　runtime/interpreter.cpp

```
1   #define PUSH(x)   _stack->add((x))
2   #define POP()     _stack->pop()
```

这样一来,COMPARE_OP 的具体实现如代码清单 4.6 所示。

代码清单 4.6　runtime/interpreter.cpp

```
1       case ByteCode::COMPARE_OP:
2           w = POP();
3           v = POP();
4
5           switch(op_arg) {
6           case ByteCode::GREATER:
7               PUSH(v->greater(w));
8               break;
9
10          case ByteCode::LESS:
11              PUSH(v->less(w));
12              break;
13
14          case ByteCode::EQUAL:
15              PUSH(v->equal(w));
16              break;
```

```
17
18              case ByteCode::NOT_EQUAL:
19                  PUSH(v->not_equal(w));
20                  break;
21
22              case ByteCode::GREATER_EQUAL:
23                  PUSH(v->ge(w));
24                  break;
25
26              case ByteCode::LESS_EQUAL:
27                  PUSH(v->le(w));
28                  break;
29
30              default:
31                  printf("Error: Unrecognized compare op %d\n", op_arg);
32
33          }
34          break;
```

上面的代码为每一种比较操作都提供了一个方法,又因为各个对象的比较方式各不相同,所以每个对象都会有自己的实现。要完成这个功能,这些比较方法必须和 print 方法一样,是虚函数,也就是必须要使用 virtual 关键字进行修饰,代码如清单4.7 所示。

代码清单 4.7　object/hiObject.hpp

```
1   class HiObject {
2   public:
3       virtual void print() {}
4
5       virtual HiObject * add(HiObject * x){}
6       virtual HiObject * greater   (HiObject * x) {};
7       virtual HiObject * less      (HiObject * x) {};
8       virtual HiObject * equal     (HiObject * x) {};
9       virtual HiObject * not_equal (HiObject * x) {};
10      virtual HiObject * ge        (HiObject * x) {};
11      virtual HiObject * le        (HiObject * x) {};
12  };
```

在 HiInteger 类中必须提供用于整数比较的方法,也就是在子类中覆写父类的方法。这里只列出大于操作所对应的 greater 方法,而等于、不等和小于等操作所对应的方法,就由读者自行补充了。对应代码如清单 4.8 所示。

代码清单 4.8 object/hiInteger.cpp

```
1   HiObject * HiInteger::greater(HiObject * x) {
2       if (_value > ((HiInteger * )x)->_value)
3           return new HiInteger(1);
4       else
5           return new HiInteger(0);
6   }
```

注意这个方法的返回值,在 Python 中,True 和 False 都是对象,所以这里定义 greater 一类方法的时候,其返回值也是 HiObject 类型的指针。但现在由于虚拟机对象类型还不完整,没有真正的 True 和 False 对象,只好使用 0 代表 False,1 代表 True。这样的替代虽然不是完全符合 Python 语义,但就目前而言,已经足够。

4.1.2 跳 转

在第 3 章刚开始介绍执行器时,就强调过要注意 pc 的值,因为它是一个程序计数器,代表当前执行到哪条指令。当因为分支选择而发生跳转的时候,本质上就是改变这个程序计数器,让它不再按顺序向下取指,而是跳转到一个分支,去取那个分支里的指令出来执行。因此,所有的跳转指令本质上就是对程序计数器的干预,使它指向我们期望的地址。

然后再考察 POP_JUMP_IF_FALSE 的参数,在本章的例子里,它是 20。这个参数代表的是绝对地址,也就是字节码前面的编号。看一下地址编号为 20 的那条指令,dis 在反编译的时候,已经很贴心地标记了">>"符号,地址为 20 的那条 LOAD_CONST 指令就是要跳转的目标地址。经过分析,POP_JUMP_IF_FALSE 的实现就非常简单了,如代码清单 4.9 所示。

代码清单 4.9 object/hiInteger.cpp

```
1   case ByteCode::POP_JUMP_IF_FALSE:
2       v = POP();
3       if (((HiInteger * )v)->value() == 0)
4           pc = op_arg;
5       break;
```

在具体实现中,直接将 pc 的值修改为目标地址即可。当然,前提是栈顶的那个值必须是 0。前边讲过,现阶段使用值为 0 的整数代表 False,因此当栈顶值为 False 时,就跳转到参数所指定的目标地址;如果为 True,就什么也不做,继续执行下面的语句。

三个字节码已经实现了两个,还剩下最后一个 JUMP_FORWARD。这个字节码其实是最简单的,它的参数是一个无符号正数,代表相对地址,也就是用当前的 pc

加上这个参数才是要跳转的目标地址。正如其名称所指示的，这个字节码只能向前跳转，因此它的参数一定是一个正数。如代码清单4.10所示。

代码清单4.10 object/hiInteger.cpp

```
1   case ByteCode::JUMP_FORWARD:
2       pc += op_arg;
3       break;
```

至此，分支结构所需要的字节码就全部实现了。现在可以编译执行一下了：

```
1   src/build# make all
2   ...
3   src/build# ./railgun test_if.pyc
4   magic number is 0xa0df303
5   moddate is 0x5b66d766
6   flags is 0x40
7   parse OK!
8   2
9   3
```

输出结果是2和3，这是符合预期的。大家不妨尝试一下等于、小于、不等于和小于等于等比较操作，看看结果是否正确。

4.1.3 True、False 和 None

在前面的实现中，当使用 True 和 False 时，都是使用整型的1和0代替的。实际上，整个虚拟机中只需要唯一的 True 对象和唯一的 False 对象。要实现全局唯一，自然会想到 static 变量。除了 True 和 False，还有一个是 None 对象，它也是全局唯一。

类似 True 和 False 这种全局唯一变量，未来还会遇到很多，因此所有的这些变量都要集中起来放到一个类中。不妨称这个类为 Universe，它的定义如代码清单4.11所示。

代码清单4.11 runtime/universe.hpp

```
1   class Universe {
2   public:
3       static HiInteger * HiTrue;
4       static HiInteger * HiFalse;
5
6       static HiObject * HiNone;
7
```

```
8   public:
9       static void genesis();
10      static void destroy();
11  };
```

在 Universe 类中,定义了三个静态变量,分别代表 True、False 和 None;定义了两个方法,一个名为创世纪,就像宇宙的诞生,这里创建了虚拟机最原始的对象结构,虚拟机里的所有对象以后都会以这个方法为起点;一个为 destroy,顾名思义,这个方法应该是在虚拟机退出的时候调用,销毁对象、释放资源和清理空间。下面我们看一下这个类的具体实现,如代码清单 4.12 所示。

代码清单 4.12　runtime/universe.cpp

```
1   HiInteger *  Universe::HiTrue    = NULL;
2   HiInteger *  Universe::HiFalse   = NULL;
3
4   HiObject *   Universe::HiNone    = NULL;
5
6   void Universe::genesis() {
7       HiTrue      = new HiInteger(1);
8       HiFalse     = new HiInteger(0);
9
10      HiNone      = new HiObject();
11  }
12
13  void Universe::destroy() {
14  }
```

首先,是 True、False 和 None 对象的初始化。static 变量在源文件中定义初始化而不是在头文件中,是为了避免多个目标文件的链接冲突。在 genesis 方法里做真正的初始化,这样做的好处是,我们对对象初始化的时机有绝对的掌控,而不是交给编译器去决定。就是说,只有在明确地调用 genesis 时,对象才会真正开始初始化,这就给了我们机会在对象初始化之前做一些额外的工作。

实际上,完全可以把 HiTrue 和 HiFalse 初始化为任意对象。我们在意的是它们的地址,而不是它们是什么。就是说,只要指定一个绝对地址,然后说它就是 True,或者说它就是 None。这样一来,在 BinaryFileParser 里,终于可以在解析常量表的时候,遇到 N 时直接使用 HiNone,而不是 NULL。还有,在 HiInteger 的 greater 方法里,不必每次都创建一个新的对象,而是只要返回一个全局唯一的 True 和 False,代码如下:

```
1    // use HiTrue and HiFalse instead of creating a new
2    // object everytime.
3    HiObject * HiInteger::greater(HiObject * x) {
4        if (_value > ((HiInteger * )x)->_value)
5            //return new HiInteger(1);
6            return Universe::HiTrue;
7        else
8            //return new HiInteger(0);
9            return Universe::HiFalse;
10   }
```

其他如 less、equal 等方法都有相同的修改。还要注意的是 interpreter 中对 JUMP_IF_FALSE 的实现,在判断 False 时,也不必再使用强制类型转换,而是换成更加简单的地址比较,代码如下:

```
1    case ByteCode::POP_JUMP_IF_FALSE:
2        v = POP();
3        //if (((HiInteger * )v)->value() == 0)
4        if (v == Universe::HiFalse)
5            pc = op_arg;
6        break;
```

新的实现方式看上去就舒服多了。有了这些铺垫,接下来研究循环结构。

4.2 循环结构

Python 中有两种循环结构,分别是 while 语句和 for 语句。while 语句和其他语言中的 while 语句十分相似,但是 for 语句却和 C 语言有很大的区别,Python 中的 for 语句本质上是一个迭代器。关于迭代器的实现,要等到类机制实现以后。本节的重点是实现 while 循环。

4.2.1 变 量

想实现循环结构,非常重要的一个元素是变量。在每次循环中,变量都应该有所变化,这样才能在若干次循环以后,不满足循环继续的条件,从而跳出这个循环。因此,实现循环结构的第一步,必须先实现变量机制。

先来看一个最简单的变量例子,如代码清单 4.13 所示。

代码清单 4.13　test_var.py

```
1    a = 1
2    b = a + 1
3    print a
4    print b
```

还是按照以前的方法把它编译成 pyc 文件,然后通过 show_file 工具查看它的字节码,如代码清单 4.14 所示。

代码清单 4.14 test_var.pyc

```
1     ......
2     <dis>
3     1           0 LOAD_CONST          0 (1)
4                 3 STORE_NAME          0 (a)
5
6     2           6 LOAD_NAME           0 (a)
7                 9 LOAD_CONST          0 (1)
8                12 BINARY_ADD
9                13 STORE_NAME          1 (b)
10
11    3          16 LOAD_NAME           0 (a)
12               19 PRINT_ITEM
13               20 PRINT_NEWLINE
14
15    4          21 LOAD_NAME           1 (b)
16               24 PRINT_ITEM
17               25 PRINT_NEWLINE
18               26 LOAD_CONST          1 (None)
19               29 RETURN_VALUE
20    </dis>
21    <names> ('a', 'b')</names>
22    ......
23    <consts>
24          1
25          None
26    </consts>
```

字节码部分,出现了两个新的字节码:STORE_NAME 和 LOAD_NAME,我们同时注意到,names 表里第一次出现了两个字符串,它们正好就是代码里使用的两个变量:a 和 b。在讲 pyc 文件结构的时候,讲过 names 表里放的是 CodeObject 里所使用的变量的名字,这里就通过实例验证了这一说法。

正如名字所暗示的那样,STORE_NAME 和 LOAD_NAME 就和 names 表有关系。在第一章的图 1.1 中,除了操作数栈之外,还有一个变量表。要实现这两个字节码,就必须先实现这个变量表。

变量表是一个典型的键值(key-value)二元结构,它是一张表,每个键(key)都对应着一个值(value),键在这张表里是唯一的,不能重复。这种结构,通常称之为

map。map的实现有很多种，最常见的有基于哈希表的HashMap，还有基于二叉排序树的BinaryMap等。由于HashMap要定义键的哈希函数，而有序的map又需要键之间的偏序关系，所以临时都先不采用。这里使用一种最简单的实现：直接使用数组实现。当插入一个键值对的时候，如果map里不包含key，就直接插入；如果已经包含了key，就将它原来的值更新为新的值。查询的时候，也需要遍历整个数组，找到与查询的键相等的那个键，返回其对应的值。这里给出一个简单的实现，如代码清单4.15所示。

代码清单4.15　util/map.hpp

```
1   template <typename K, typename V>
2   class MapEntry {
3   public:
4       K _k;
5       V _v;
6
7       MapEntry(const MapEntry<K, V>& entry);
8       MapEntry(K k, V v) : _k(k), _v(v) {}
9       MapEntry() : _k(0), _v(0) {}
10  };
11
12  template <typename K, typename V>
13  class Map {
14  private:
15      MapEntry<K, V> * _entries;
16      int _size;
17      int _length;
18
19      void expand();
20  public:
21      Map();
22
23      int   size() { return _size; }
24      void put(K k, V v);
25      V     get(K k);
26      K     get_key(int index);
27      bool has_key(K k);
28      V     remove(K k);
29      int   index(K k);
30      MapEntry<K, V> * entries() { return _entries; }
31  };
```

Map 的定义与 ArrayList 十分相似,内存都是可以按需增长的。其中,put 方法可以将键值对存入 Map 结构中。index 方法,可以返回参数 k 在_entries 数组中的序号。其他如 get、remove 方法都如其名字所指示的意义一样,用于获取值和删除键值对。

接着就可以实现 Map 了。建议读者不要照抄书上的代码,最好自己实现一遍 Map 这个结构,这是一个很好的练手机会。为了提高编程水平,不断地练习是必不可少的,如代码清单 4.16 所示。

代码清单 4.16　util/map.cpp

```
1   template <typename K, typename V>
2   Map<K, V>::Map() {
3       _entries = new MapEntry<K, V>[8];
4       _length = 8;
5       _size = 0;
6   }
7
8   template <typename K, typename V>
9   MapEntry<K, V>::MapEntry(const MapEntry<K, V>& entry) {
10      _k = entry._k;
11      _v = entry._v;
12  }
13
14  template <typename K, typename V>
15  void Map<K, V>::put(K k, V v) {
16      for (int i = 0; i < _size; i++) {
17          if (_entries[i]._k->equal(k) == Universe::HiTrue) {
18              _entries[i]._v = v;
19              return;
20          }
21      }
22
23      expand();
24      _entries[_size++] = MapEntry<K, V>(k, v);
25  }
26
27  template <typename K, typename V>
28  bool Map<K, V>::has_key(K k) {
29      int i = index(k);
30      return i >= 0;
31  }
```

```cpp
32
33  template <typename K, typename V>
34  V Map<K, V>::get(K k) {
35      int i = index(k);
36      if (i < 0)
37          return Universe::HiNone;
38      else
39          return _entries[i]._v;
40  }
41
42  template <typename K, typename V>
43  int Map<K, V>::index(K k) {
44      for (int i = 0; i < _size; i++) {
45          if (_entries[i]._k->equal(k) == Universe::HiTrue) {
46              return i;
47          }
48      }
49
50      return -1;
51  }
52
53  template <typename K, typename V>
54  void Map<K, V>::expand() {
55      if (_size >= _length) {
56          MapEntry<K, V> * new_entries = new MapEntry<K, V>[_length << 1];
57          for (int i = 0; i < _size; i++) {
58              new_entries[i] = _entries[i];
59          }
60          _length <<= 1;
61          delete[] _entries;
62          _entries = new_entries;
63      }
64  }
65
66  template <typename K, typename V>
67  V Map<K, V>::remove(K k) {
68      int i = index(k);
69
70      if (i < 0)
71          return 0;
72
```

```
73        V v = _entries[i]._v;
74        _entries[i] = _entries[-- _size];
75        return v;
76    }
77
78    template <typename K, typename V>
79    K Map<K, V>::get_key(int index) {
80        return _entries[index]._k;
81    }
82
83    template class Map<HiObject *, HiObject *>;
```

这段代码虽然行数很多,但是逻辑都很简单,第一处要解释的地方是 put 方法的实现。由于 Map 中的 key 是唯一的,不会重复,所以在往 Map 插入键值对时需要先检查 Map 中是否已经存在相同的 key 了。如果存在,就直接更新其值,如果不存在,再将键值对插入。

第二处要解释的,也是比较有技巧的部分,是 remove 方法的实现。由于 map 中的元素是没有先后顺序要求的,所以键值对可以任意排列。当要删除容器中的某一元素时,只需要将最后一个元素与待删除元素交换位置,这样待删除元素就在最后一位了,这时删除最后一个元素就可以了。而我们知道,删除最后一个元素是非常高效的,只需要将 size 减一。

4.2.2 循环内的跳转

在循环内有三种跳转,第一种是循环体正常执行和正常结束。每一次循环体执行结束以后,都要跳到循环开始的地方再进行条件判断,以决定是否进入下一次循环。举一个最简单的例子,为了方便研究,把源代码和字节码混合在一起输出,如下所示:

```
1     i = 0
2         0 LOAD_CONST              0 (0)
3         3 STORE_NAME              0 (i)
4
5     while i < 2:
6         6 SETUP_LOOP             31 (to 40)
7         9 LOAD_NAME               0 (i)
8        12 LOAD_CONST              1 (2)
9        15 COMPARE_OP              0 (<)
10       18 POP_JUMP_IF_FALSE      39
11
12         print i
```

```
13       21 LOAD_NAME              0 (i)
14       24 PRINT_ITEM
15       25 PRINT_NEWLINE
16
17           i = i + 1
18       26 LOAD_NAME              0 (i)
19       29 LOAD_CONST             2 (1)
20       32 BINARY_ADD
21       33 STORE_NAME             0 (i)
22
23       36 JUMP_ABSOLUTE          9
24       39 POP_BLOCK
25
26       40 LOAD_CONST             3 (None)
27       43 RETURN_VALUE
```

仔细研究这个字节码,可以看到这里面有三个新的字节码:SETUP_LOOP、POP_BLOCK和JUMP_ABSOLUTE。除了它们之外,其他的字节码已经很熟悉了。先来看JUMP_ABSOLUTE,这个字节码的作用是,当循环体执行结束以后,跳到循环的开始位置,进行条件判断以决定是否进入下一次循环;它的参数是一个绝对地址。例如,在上面的例子里,参数是9,就代表了下一个要执行的字节码,其位置是9,位置为9的那条字节码恰好就是i<2这个比较开始的地方。所以,这条字节码的实现如代码清单4.17所示。

代码清单4.17 JUMP_ABSOLUTE

```
1    // code/bytecode.hpp
2    class ByteCode {
3        ......
4        static const unsigned char JUMP_ABSOLUTE = 113;
5        ......
6    };
7
8    // runtime/interpreter.cpp
9    void Interpreter::run(CodeObject* codes) {
10       ....
11       while (pc < code_length) {
12           switch (op_code) {
13               case ByteCode::JUMP_ABSOLUTE:
14                   pc = op_arg;
15                   break;
16               ....
```

```
17              }
18          }
19      }
```

如果循环判断不成功，就使用 POP_JUMP_IF_FALSE 跳过整个循环体，这个机制与 if 语句完全相同，这里不再赘述。

SETUP_LOOP 和 POP_BLOCK 这两个字节码是为 break 语句做准备的，先略过，只要在执行器里提供一个空的实现即可，如代码清单 4.18 所示。

代码清单 4.18 SETUP_LOOP

```
1   // runtime/interpreter.cpp
2   void Interpreter::run(CodeObject * codes) {
3       ....
4       while (pc < code_length) {
5           switch (op_code) {
6               case ByteCode::SETUP_LOOP:
7                   break;
8   
9               case ByteCode::POP_BLOCK:
10                  break;
11              ....
12          }
13      }
14  }
```

至此，就把 while 循环所需要的字节码全部实现了。大家可以编译运行一下，上面举的简单例子都是可以运行的。比如，这里提供一个打印 Fibonacci 数列前 10 项的代码，如下所示：

```
1   a = 1
2   b = 0
3   i = 0
4   
5   print a
6   print b
7   print i
8   
9   while i < 10:
10      print a
11      t = a
12      a = a + b
13      b = t
```

```
14
15          i = i + 1
```

将其编译后执行,就可以输出数列了。

continue 和 break

影响 while 控制流的两个重要关键字分别是 continue 和 break。continue 的作用是直接跳到循环开始的地方进行是否需要继续下一次循环的判断,这种跳转将 continue 后面的循环体部分直接跳过了。在查看 continue 的具体实现之前,可以猜想一下,这种跳转并不需要额外的数据结构,循环体自然结束也会跳转到循环开头的位置,这两种机制是十分相似的。那是不是只要一个 JUMP_ABSOLUTE 就可以实现 continue 语句呢? 写一个例子验证一下,代码如下:

```
16     i = 0
17
18     while i < 10:
19         i = i + 1
20         if (i < 2):
21    31 LOAD_NAME              0 (i)
22    34 LOAD_CONST             3 (2)
23    37 COMPARE_OP             0 (<)
24    40 POP_JUMP_IF_FALSE     49
25
26             continue
27    43 JUMP_ABSOLUTE          9
28    46 JUMP_FORWARD           0 (to 49)
29
30         print i
31    49 LOAD_NAME              0 (i)
32    52 PRINT_ITEM
33    53 PRINT_NEWLINE
34    54 JUMP_ABSOLUTE          9
```

这里只展示了最关键的部分。注意位置为 43 的那条 JUMP 指令,它就是 continue 子句翻译出来的结果。Python 通过绝对跳转来实现 continue 语义。

编号为 46 的那个 JUMP_FORWARD 看上去有点奇怪,它永远都不会被执行,那它是哪里来的呢? 回忆一下 if 的实现,Python 的编译器在处理 if 语句的时候,为了跳过 else 部分,会使用一个 JUMP_FORWARD。这里的这条指令实际上就是由 if 语句编译来的,因为 else 部分为空,因此就出现了 JUMP_FORWARD 0 这条看上去有点奇怪的语句。

分析到这里就清楚了,continue 语句并没有引入任何新的字节码,虚拟机在支持了最基本的循环跳转以后,就已经可以支持 continue 语句了。请大家自己动手验证一下。

接下来要实现的是 break 语句。先从实际的例子开始,如代码清单 4.19 所示。

代码清单 4.19 break 举例

```
1   i = 0
2
3   while i < 10:
4       i = i + 1
5       if (i > 5):
6           break
7
8   print i
```

在这个例子中,当 i 的值大于 5 的时候,循环就会提前停止。将其编译为 pyc 文件,然后再通过 show_file 工具查看它的字节码。它的字节码如代码清单 4.20 所示。

代码清单 4.20 break 的字节码

```
1   3           6 SETUP_LOOP           47 (to 56)
2       >>      9 LOAD_NAME            0 (i)
3              12 LOAD_CONST           1 (10)
4              15 COMPARE_OP           0 (<)
5              18 POP_JUMP_IF_FALSE   55
6
7              // i = i + 1
8
9              // compare i > 5
10             40 POP_JUMP_IF_FALSE   47
11
12  6          43 BREAK_LOOP
13             44 JUMP_FORWARD         0 (to 47)
14
15  8   >>     47 LOAD_NAME            0 (i)
16             50 PRINT_ITEM
17             51 PRINT_NEWLINE
18             52 JUMP_ABSOLUTE        9
19      >>     55 POP_BLOCK
20      >>     56 LOAD_CONST           4 (None)
21             59 RETURN_VALUE
```

此处略去了一些不重要的字节码,只保留了与控制流相关的字节码。这一段字节码里,需要关注的是 SETUP_LOOP、POP_BLOCK 和 BREAK_LOOP。

首先，SETUP_LOOP 是一个带参数的字节码。这个参数的意义是，当遇到 BREAK_LOOP 跳出循环时，下一条要执行的指令是位置为 56 的那条字节码，也就是相对于 SETUP_LOOP 的偏移为 47 的那条指令。位置编号为 56 的那条字节码，刚好就是整个 while 循环的结束位置，因此要在执行器里引入一个数据结构来记录 SETUP_LOOP 的参数，这种数据结构就是 loopblock。

再深入思考一下，while 循环是可以嵌套的。例如，在下面的例子中，执行 break 语句只会跳出里面的循环，而不会跳出外面的循环，如代码清单 4.21 中的例子。

代码清单 4.21　break 举例

```
1   while i < 10:
2       while j < 5:
3           if j > 3:
4               break
```

也就是说，每次跳出的循环，必然是最近创建的那个 loopblock，这种性质是典型的后进先出，所以此处选择使用栈来实现 loopblock 的嵌套。不妨把这个栈叫做 loop_stack。就如之前的操作数栈是使用 ArrayList 实现的，loopstack 也选择使用 ArrayList 来实现，它的元素类型是一个 Block。Block 的定义如代码清单 4.22 所示。

代码清单 4.22　LoopBlock 的定义

```
1   //runtime/interpreter.hpp
2   class Block {
3   public:
4       unsigned char _type;
5       unsigned int  _target;
6       int  _level;
7
8       Block(unsigned char b_type,
9             unsigned int b_target,
10            int b_level):
11          _type(b_type),
12          _target(b_target),
13          _level(b_level) {
14          }
15  };
```

在这个类里，另外还有拷贝构造函数等其他两个函数都比较简单，这里略去，大家可以通过本书源码进行查看。

第一个属性_type，代表 Block 的类型。因为 Python 中除了 while Block 之外，

还有其他类型的 Block,后面遇到了再说,这里先不展开。

第二个属性_target,这个才是现在的重点。之前已经分析过,执行 BREAK_LOOP 之后跳转的目标地址就记录在这里。

第三个属性_level,记录了在进入 while Block 的时候,操作数栈的深度是多少。当跳出这个 Block 的时候,应该将栈恢复到当初的深度,这是为了在退出一个 Block 时,保持数据的一致性。在 while Block 的例子中,这个属性可以忽略,因为此时的数据一致性是由编译器保证的,但后面在实现了异常操作的时候,操作数栈的一致性就未必能保证了。具体的情况,会在后面详细讲解。

总之,引入了一个 loop_stack,它的元素类型是 Block,而跳出 Block 以后的目标地址记录在_target 中。跳出 Block 以后,还要将操作数栈的栈深度恢复到进入 Block 之前。另外,对于 POP_BLOCK,它是在 while 正常结束的时候执行的。它的作用是,在 while 结束之后把 Block 退栈。经过以上分析,就可以写出如代码清单 4.23 所示的代码了。

代码清单 4.23　SETUP_LOOP

```
1   // runtime/interpreter.cpp
2   #define STACK_LEVEL() _stack->size()
3   ...
4   void Interpreter::run(CodeObject* codes) {
5       _loop_stack = new ArrayList<Block*>();
6       ....
7       while (pc < code_length) {
8           switch (op_code) {
9               case ByteCode::SETUP_LOOP:
10                  _loop_stack->add(new Block(
11                      op_code, pc + op_arg,
12                      STACK_LEVEL()));
13                  break;
14  
15              case ByteCode::POP_BLOCK:
16                  b = _loop_stack->pop();
17                  while (STACK_LEVEL() > b->_level) {
18                      POP();
19                  }
20                  break;
21  
22              case ByteCode::BREAK_LOOP:
23                  b = _loop_stack->pop();
24                  while (STACK_LEVEL() > b->_level) {
```

```
25                    POP();
26                }
27                pc = b->_target;
28                break;
29            ....
30        }
31    }
32 }
```

这样就把 while 循环全部实现了。虚拟机现在具备了一定的计算能力。在这一章,当遇到对象时,反复地妥协,接下来就是把虚拟机里的对象系统好好梳理一下了。

第 5 章

基本的数据类型

在前两章里,虚拟机中的对象体系没有实现起来。在进一步实现其他字节码的功能之前,必须把对象体系建立起来。这一章从虚拟机中的基本数据类型入手。

5.1 Klass-Oop 二元结构

到目前为止,只有一个 HiObject 类,Integer 和 String 都是继承自这个类。回顾一下,Integer 的 equal 方法,代码如下:

```
1  HiObject* HiInteger::equal(HiObject* x) {
2      if (_value == ((HiInteger*)x)->_value)
3          return Universe::HiTrue;
4      else
5          return Universe::HiFalse;
6  }
```

上述代码里的参数 x,它的类型是 Integer 当然没问题,但假如这个 x 的实际类型如果不是 Integer,这段代码就不能正常工作了。

需要一种机制来判断某个 HiObject 对象的实际类型到底是什么。在编程语言虚拟机中,最常用的解决办法就是 Klass-Oop 的二元结构。Klass 代表一种具体的类型,它是"类"这个概念的实际体现。例如,Integer 类在虚拟机里就有一个 IntegerKlass 与之对应,所有的整数都是 IntegerKlass 的实例。Oop 是 Ordinary object pointer 的缩写,代表一个普通的对象。每一个对象都有自己的 Klass,同一类对象是由同一个 Klass 实例化出来的。

类与类之间有继承关系,类里还会封装其他的属性和方法,这些都会在 Klass 的结构里呈现。使用这种二元结构,还有一个原因是,我们不希望在普通对象里引入虚函数机制,因为虚函数会在对象的开头引入虚表指针,而虚表指针会影响对象的属性在对象中的偏移。因此,就将类的方法定义和实现都放到 Klass 中,而在 HiObject 里只需要调用相应的 Klass 中的函数。

先来定义 Klass 类,代码如下:

```cpp
1   class Klass {
2   private:
3       HiString*       _name;
4   
5   public:
6       Klass() {};
7   
8       void set_name(HiString* x)              { _name = x; }
9       HiString* name()                        { return _name; }
10  
11      virtual void print(HiObject* obj) {};
12  
13      virtual HiObject* greater   (HiObject* x, HiObject* y) { return 0; }
14      virtual HiObject* less      (HiObject* x, HiObject* y) { return 0; }
15      virtual HiObject* equal     (HiObject* x, HiObject* y) { return 0; }
16      virtual HiObject* not_equal (HiObject* x, HiObject* y) { return 0; }
17      virtual HiObject* ge        (HiObject* x, HiObject* y) { return 0; }
18      virtual HiObject* le        (HiObject* x, HiObject* y) { return 0; }
19  
20      virtual HiObject* add(HiObject* x, HiObject* y) { return 0; }
21      virtual HiObject* sub(HiObject* x, HiObject* y) { return 0; }
22      virtual HiObject* mul(HiObject* x, HiObject* y) { return 0; }
23      virtual HiObject* div(HiObject* x, HiObject* y) { return 0; }
24      virtual HiObject* mod(HiObject* x, HiObject* y) { return 0; }
25  };
```

目前的 Klass 类只有一个属性，_name 代表这个类的名称，它是一个字符串。

Klass 类中最重要的是上述代码中出现的 12 个虚函数。正如前面分析中提到的，要把虚函数机制从对象中搬到 Klass 中去。在这个版本的 Klass 中，先使用一个空的函数体，这个函数体的意义仅仅在于让程序能正确地编译，除此之外，并没有其他意义。

有了 Klass 定义，HiObject 的定义也要发生相应的修改，必须在 Object 类里增加一个属性：一个指向 Klass 的指针，用于表示这个对象的类型。另外，由于已经把虚函数都搬到 Klass 中去了，HiObject 中原来定义的函数就都不必是虚函数了。把 HiObject 中的函数都实现为转而调用自己所对应的 Klass 的函数。HiObject 的定义变为以下形式：

```cpp
1   // object/hiObject.hpp
2   class HiObject {
3   private:
4       Klass*      _klass;
```

```cpp
5
6   public:
7       Klass* klass()              { assert(_klass != NULL); return _klass; }
8       void set_klass(Klass* x)    { _klass = x; }
9
10      void print();
11
12      HiObject* add(HiObject* x);
13      HiObject* sub(HiObject* x);
14      HiObject* mul(HiObject* x);
15      HiObject* div(HiObject* x);
16      HiObject* mod(HiObject* x);
17
18      HiObject* greater   (HiObject* x);
19      HiObject* less      (HiObject* x);
20      HiObject* equal     (HiObject* x);
21      HiObject* not_equal(HiObject* x);
22      HiObject* ge        (HiObject* x);
23      HiObject* le        (HiObject* x);
24  };
25
26  // object/hiObject.cpp
27  void HiObject::print() {
28      klass()->print(this);
29  }
30
31  HiObject* HiObject::greater(HiObject* rhs) {
32      return klass()->greater(this, rhs);
33  }
34
35  // other comparision methods.
36  // ...
37
38  HiObject* HiObject::add(HiObject* rhs) {
39      return klass()->add(this, rhs);
40  }
41
42  // other arithmatic methods.
43  // ...
```

Klass 和 Oop 的二元结构基本搭建起来了。接下来，要分别看一下各种类型的具体实现。先从整数开始。

5.2 整 数

在原来的系统里已经实现了整数。在 Klass-Oop 二元结构下,整数类也需要做相应的修改。第一处修改就是头文件,HiInteger 类中的虚函数声明不再需要,HiInteger 的方法均继承自 HiObject。这样一来,HiInteger 类就变得很简洁了,代码如下:

```
1    class HiInteger : public HiObject {
2    private:
3        int _value;
4
5    public:
6        HiInteger(int x);
7        int value() { return _value; }
8    };
```

第二处修改是要实现 IntegerKlass,用于表示 Integer 类型。如图 5.1 所示,系统中的所有 Integer 对象,它的 Klass 指针(继承自 HiObject)都应该指向同一个 Klass 对象,就是现在要定义的这个 IntegerKlass。可见,IntegerKlass 在整个系统中只需要一个就够了。符合这种特点的对象,往往采取单例模式来实现。

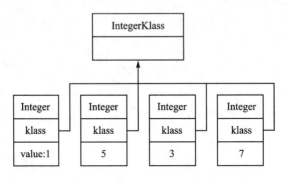

图 5.1　IntegerKlass 示意图

单例模式也是设计模式的一种,可以保证一个类在全局只能生成一个对象。这个模式的关键技术点有两个,首先,单例类要有一个私有的构造函数,例子代码如下:

```
1    class Singleton {
2    private:
3        Singleton() {}
4
5    public:
6        void say_hello();
```

```
7  };
8
9  void Singleton::say_hello() {
10     printf("hello world\n");
11 }
12
13 // this is wrong
14 Singleton * singleton = new Singleton();
```

这样一来,就无法正常地通过访问构造函数而构造一个 Singleton 的实例,杜绝了这个类被随意实例化的可能。可是这样就相当于这个类没有用了,还要想办法给这个类开一个口子,这就是第二个技术要点:static 方法。

static 方法是可以通过类名访问的,而 static 方法又位于类的内部,对类里的任何方法都有访问权限。这就好了,给 Singleton 加上一个静态方法,在这个静态方法里创建类就可以了,代码如下:

```
1  class Singleton {
2  private:
3      Singleton() {}
4      static Singleton * _instance;
5
6  public:
7      static Singleton * get_instance();
8      void say_hello();
9  };
10
11 //this is important!!! DO NOT FORGET THIS.
12 Singleton * Singleton::_instance = NULL;
13
14 Singleton * Singleton::get_instance() {
15     if (_instance == NULL)
16         _instance = new Singleton();
17
18     return _instance;
19 }
```

通过给 Singleton 类增加一个 public static 方法,在这个类上开一个口子,而这个方法对于私有构造函数来说是有访问权限的。也就是说,想使用 Singleton 的实例,就不能自己通过 new 来创建,只能通过访问 get_instance 来获取。

get_instance 不是每次都去创建一个新的对象,而是先去检查以前有没有创建过,如果没有创建过,就先创建一个实例,再把创建的实例赋值给_instance 属性存起来;如果已经创建过了,就直接返回这个对象。这样就能保证无论应用代码怎么写,整个系统里只有一个 Singleton 对象,全局唯一。这种只能创建一个实例的技巧就是单例模式。

需要强调的一点是代码里的第 12 行,静态变量一定要记得定义和初始化,否则就会出现链接错误,这是新手程序员最常见的错误之一。

定义 IntegerKlass

经过上一小节的分析,已知 IntegerKlass 类应该是一个单例类。因此,可以这样定义 IntegerKlass,代码如下:

```
1   // object/hiInteger.hpp
2   class IntegerKlass : public Klass {
3   private:
4       IntegerKlass();
5       static IntegerKlass * instance;
6   
7   public:
8       static IntegerKlass * get_instance();
9   
10      virtual void print(HiObject * obj);
11  
12      virtual HiObject * greater   (HiObject * x, HiObject * y);
13      virtual HiObject * less      (HiObject * x, HiObject * y);
14      virtual HiObject * equal     (HiObject * x, HiObject * y);
15      virtual HiObject * not_equal (HiObject * x, HiObject * y);
16      virtual HiObject * ge        (HiObject * x, HiObject * y);
17      virtual HiObject * le        (HiObject * x, HiObject * y);
18  
19      virtual HiObject * add(HiObject * x, HiObject * y);
20      virtual HiObject * sub(HiObject * x, HiObject * y);
21      virtual HiObject * mul(HiObject * x, HiObject * y);
22      virtual HiObject * div(HiObject * x, HiObject * y);
23      virtual HiObject * mod(HiObject * x, HiObject * y);
24  };
25  
26  // object/hiInteger.cpp
27  IntegerKlass * IntegerKlass::instance = NULL;
28  
29  IntegerKlass::IntegerKlass() {
30  }
31  
32  IntegerKlass * IntegerKlass::get_instance() {
```

```
33          if (instance == NULL)
34              instance = new IntegerKlass();
35
36          return instance;
37      }
38
39
40      HiInteger::HiInteger(int x) {
41          _value = x;
42          set_klass(IntegerKlass::get_instance());
43      }
```

在上述代码里,IntegerKlass 被实现成了一个单例类。Integer 对象在创建的时候会设置自己的 klass 为 IntegerKlass。做完这一步,Integer 类的二元结构就改造完成了,最后只需要在 Klass 中实现相应的虚函数即可,以 equal 方法举例,代码如下:

```
1   HiObject * IntegerKlass::equal(HiObject * x, HiObject * y) {
2       if (x->klass() != y->klass())
3           return Universe::HiFalse;
4
5       HiInteger * ix = (HiInteger *) x;
6       HiInteger * iy = (HiInteger *) y;
7
8       assert(ix && (ix->klass() == (Klass *)this));
9       assert(iy && (iy->klass() == (Klass *)this));
10
11      if (ix->value() == iy->value())
12          return Universe::HiTrue;
13      else
14          return Universe::HiFalse;
15  }
```

在 equal 方法的开头部分,提前判断了 x 和 y 的类型,如果它们的类型不一样,那就可以直接返回 False 了。接下来验证 x 和 y 都是整数类型,最后再取它们的 value 进行比较。在大于或者小于的判断中,如果类型不符合期望,标准的 Python 虚拟机的动作是抛出异常,但现在还没有实现异常机制,在那之前,就先使用 assert 让程序崩溃吧。

其他的比较运算和数学运算,此处不再一一列出,大家最好可以自己动手补齐,并与本书源代码进行比较。

在修改完整数类型以后,以下的测试用例是可以跑通的,代码如下:

```
1   if 2 > 1:
2       print 2
3   else:
4       print 1
5
6   print 3
```

因为这个例子只使用了整数，完全没有使用变量。如果程序中使用了变量的话，是不能运行通过的，因为变量所使用的局部变量表依赖于使用字符串的比较。所以，接下来就要重构字符串了。

5.3 字符串

与 IntegerKlass 相似，此处也使用单例模式来实现字符串的 StringKlass，并在字符串的构造函数里将 klass 设为 StringKlass，代码如下。

```
1   // object/hiString.hpp
2   class StringKlass : public Klass {
3   private:
4       StringKlass() {}
5       static StringKlass * instance;
6
7   public:
8       static StringKlass * get_instance();
9
10      virtual HiObject * equal   (HiObject * x, HiObject * y);
11
12      virtual void print(HiObject * obj);
13  };
14
15  // object/hiString.cpp
16  StringKlass * StringKlass::instance = NULL;
17
18  StringKlass * StringKlass::get_instance() {
19      if (instance == NULL)
20          instance = new StringKlass();
21
22      return instance;
23  }
24
25  HiString::HiString(const char * x) {
26      _length = strlen(x);
```

```
27      _value = new char[_length];
28      strcpy(_value, x);
29
30      set_klass(StringKlass::get_instance());
31  }
```

可以看到，StringKlass 的设计思路和 IntegerKlass 的设计思路十分相似，这里就不过多解释了。字符串类里比较重要的两个方法，print 和 equal 是要重点实现的，equal 的实现如代码清单 5.1 所示。

代码清单 5.1　equal 的实现

```
1   HiObject * StringKlass::equal(HiObject * x, HiObject * y) {
2       if (x->klass() != y->klass())
3           return Universe::HiFalse;
4
5       HiString * sx = (HiString *) x;
6       HiString * sy = (HiString *) y;
7
8       assert(sx && sx->klass() == (Klass *)this);
9       assert(sy && sy->klass() == (Klass *)this);
10
11      if (sx->length() != sy->length())
12          return Universe::HiFalse;
13
14      for (int i = 0; i < sx->length(); i++) {
15          if (sx->value()[i] != sy->value()[i])
16              return Universe::HiFalse;
17      }
18
19      return Universe::HiTrue;
20  }
```

在 equal 的实现中，先比较 x 和 y 的类型，如果它们的类型不一样，就直接返回 False。接着，在验证过类型以后再比较 x 和 y 的长度，如果长度不一样，就直接返回 False。最后才是逐个字符进行比较，只要有一个字符不相等，就会返回 False。只有这些检查全部通过了，才会返回 True。接下来，再看 print 的实现，如代码清单 5.2 所示。

代码清单 5.2　print 的实现

```
1   void StringKlass::print(HiObject * obj) {
2       HiString * str_obj = (HiString *) obj;
3       assert(str_obj && str_obj->klass() == (Klass *)this);
```

```
4
5          for (int i = 0; i < str_obj->length(); i++) {
6              printf("%c", str_obj->value()[i]);
7          }
8      }
```

  print方法里,不能使用"%s"直接格式化输出,因为中间有可能会出现字符'\0',所以只能逐个字符输出。当字符串也修改完了,局部变量表才能正常地起作用。大家可以通过运行Fibonacci的例子来进行测试。

  对象系统的重构到此为止。我们为对象系统打下了非常好的基础,在这套体系下,可以实现自定义class。但在那之前,要先研究Python中最重要的一个机制:函数。下一章会讲解函数的实现。

第 6 章

函数和方法

Python 中,函数(function)和方法(method)的意义是不同的。类中定义的成员函数被称为方法,不在类中定义的函数,才是平常所说的狭义的函数。

本章将会研究函数的结构,并在虚拟机中加以实现。

6.1 函 数

先从最简单的例子开始,定义一个函数,让它输出一个字符串,代码如下:

```
1  def foo():
2      print "hello"
3
4  foo()
```

将这段代码存为一个文件,名为 func.py,然后在控制台界面,使用"python - m compileall func.py"命令,把这个文件编译成 func.pyc 文件。接着通过 show_file.py 工具,查看这个文件的结构,如下所示:

```
1   <dis>
2   1    0 LOAD_CONST           0 (<code object foo>)
3        3 MAKE_FUNCTION        0
4        6 STORE_NAME           0 (foo)
5
6   4    9 LOAD_NAME            0 (foo)
7       12 CALL_FUNCTION        0
8       15 POP_TOP
9       16 LOAD_CONST           1 (None)
10      19 RETURN_VALUE
11  </dis>
```

这里展示的是定义 foo 函数和调用 foo 函数的字节码。这一段里有两个字节码是之前没有见过的:MAKE_FUNCTION 和 CALL_FUNCTION,前者用于定义函数,后者用于调用函数。这一节的关键就是实现这两个字节码。

除了上述两个字节码,需要注意的一个地方就是第一条指令,一开始的那个

LOAD_CONST，它从 consts 表里加载第一项，而这一项是一个 codeobject。在这里，codeobject 的定义出现了嵌套，也就是说 foo 所对应的 codeobject 出现在了主模块的 consts 表里。看一下主模块的 consts 表的内容，如下所示：

```
1   <consts>
2       <code>
3           ...
4           <dis>
5   2       0 LOAD_CONST              1 ('hello')
6           3 PRINT_ITEM
7           4 PRINT_NEWLINE
8           5 LOAD_CONST              0 (None)
9           8 RETURN_VALUE
10          </dis>
11          ...
12          <name>'foo'</name>
13          ...
14      </code>
15      None
16  </consts>
```

这就很清楚了，consts 表第 0 项，赫然便是一个 codeobject，它的 name 就是 foo。在第三章讲解的 codeobject 结构时也提到过，codeobject 是可以嵌套定义的，在二进制文件中，以字母 c 代表 codeobject。在实现 BinaryFileParser 的时候，已经提前支持了这一特性。

6.1.1 栈　帧

在第 2 章讲解递归函数的时候，已经讲过在每一次函数调用时，都会有一个栈帧与之相对应。在执行器里，还没有栈帧的概念，因此，要实现一种数据结构来对函数的调用过程进行记录，这个数据结构就是 FrameObject。每一次调用一个函数，便有一个这次调用的活动记录（也就是 FrameObject）被创建，每次函数执行结束，它所对应的活动记录也会被销毁。

在 Interpreter 里，有很多变量是为函数执行时的活动记录服务的。例如 pc 记录了程序当前执行到的位置，locals 表记录了变量的值等。本质上这些变量是与函数的执行绑定的，所以它们应该被封装到 FrameObject 里，而不是 Interpreter 中。因此，做的第一件事情就是对 Interpreter 进行重构，将所有这些与执行状态相关的变量移到 FrameObject 中。

先定义 FrameObject，代码如下：

代码清单 6.1　定义 FrameObject

```
1   class FrameObject {
2   public:
3       FrameObject(CodeObject * codes);
4       FrameObject();
5
6       ArrayList<HiObject*> *  _stack;
7       ArrayList<Block*>    *  _loop_stack;
8
9       ArrayList<HiObject*> *  _consts;
10      ArrayList<HiObject*> *  _names;
11
12      Map<HiObject*, HiObject*> * _locals;
13
14      CodeObject *            _codes;
15      int                     _pc;
16
17  public:
18      void set_pc(int x)              { _pc = x; }
19      int  get_pc()                   { return _pc; }
20
21      ArrayList<HiObject*> * stack()         { return _stack; }
22      ArrayList<Block*> * loop_stack()       { return _loop_stack; }
23      ArrayList<HiObject*> * consts()        { return _consts; }
24      ArrayList<HiObject*> * names()         { return _names; }
25      Map<HiObject*, HiObject*> * locals()   { return _locals; }
26
27      bool has_more_codes();
28      unsigned char get_op_code();
29      int  get_op_arg();
30  };
```

上述代码已经把 Interpreter 中的相关变量都转移到 FrameObject 中来了。注意第 3 行的构造方法，之前要执行一段 Code 时，是直接调用 Interpreter 的 run 方法，以 CodeObject 为参数。现在，则要先创建一个 FrameObject，代码执行时，就只会影响 FrameObject 中的 pc 和 locals 等变量。

这段代码的逻辑很简单，FrameObject 只是对一些状态变量的封装，包括 27～29 所声明的三个方法，也不过是对一些简单逻辑的封装，具体的实现如代码清单 6.2 所示。

代码清单6.2 runtime/FrameObject.cpp

```
1   // this constructor is used for module only.
2   FrameObject::FrameObject(CodeObject * codes) {
3       _consts   = codes->_consts;
4       _names    = codes->_names;
5
6       _locals   = new Map<HiObject*, HiObject*>();
7
8       _stack       = new ArrayList<HiObject*>();
9       _loop_stack  = new ArrayList<Block*>();
10
11      _codes = codes;
12      _pc    = 0;
13  }
14
15  int FrameObject::get_op_arg() {
16      int byte1 = _codes->_bytecodes->value()[_pc ++] & 0xff;
17      int byte2 = _codes->_bytecodes->value()[_pc ++] & 0xff;
18      return byte2 << 8 | byte1;
19  }
20
21  unsigned char FrameObject::get_op_code() {
22      return _codes->_bytecodes->value()[_pc ++];
23  }
24
25  bool FrameObject::has_more_codes() {
26      return _pc < _codes->_bytecodes->length();
27  }
```

与之相应的,Interpreter的run方法也发生了很多变化,代码如下:

```
1   // [runtime/interpreter.cpp]
2   // stack has been moved into FrameObject.
3   #define PUSH(x)         _frame->stack()->add((x))
4   #define POP()           _frame->stack()->pop()
5   #define STACK_LEVEL()   _frame->stack()->size()
6   ...
7   void Interpreter::run(CodeObject * codes) {
8       _frame = new FrameObject(codes);
9       while (_frame->has_more_codes()) {
10          unsigned char op_code = _frame->get_op_code();
```

```
11            bool has_argument = (op_code & 0xFF) >= ByteCode::HAVE_ARGUMENT;
12
13            int op_arg = -1;
14            if (has_argument) {
15                op_arg = _frame->get_op_arg();
16            }
17            ...
18        }
19    }
```

除了上述代码所展示的修改外，run 方法里还有很多处修改，这里就不一一列出了，读者可以通过工程提交记录自行比较代码还有哪些变化。

有了 FrameObject 这个基础结构以后，终于可以把注意力转向 MAKE_FUNCTION 和 CALL_FUNCTION 这两个字节码了。

6.1.2 创建 FunctionObject

在前面的章节里已经实现了 CodeObject，它代表的是静态的代码段，为什么不能直接使用 CodeObject 进行函数调用呢？这是因为函数在真正被调用的地方，还有很多动态的信息，例如函数的参数默认值等。动态信息很难使用 CodeObject 保存和传递，因此引入了 FunctionObject。

不同于 C 语言中的函数定义，FunctionObject 是一个真正的虚拟机对象。它可以被变量引用，也可以被添加到列表中，总之，所有可以对普通对象进行的操作，都可以施加到 FunctionObject 上。FunctionObject 与 CodeObject 往往是一一对应的（理论上讲，一个 CodeObject 可以对应多个 FunctionObject，但在实际中，很少出现这种情况）。经过这些分析，可以这样定义 FunctionObject，其实现如代码清单 6.3 所示。

代码清单 6.3 runtime/functionObject.hpp

```
1   class FunctionKlass : public Klass {
2   private:
3       FunctionKlass();
4       static FunctionKlass* instance;
5
6   public:
7       static FunctionKlass* get_instance();
8
9       virtual void print(HiObject* obj);
10  };
11
12  class FunctionObject : public HiObject {
13      friend class FunctionKlass;
```

```
14      friend class FrameObject;
15
16      private:
17          CodeObject * _func_code;
18          HiString *   _func_name;
19
20          unsigned int _flags;
21
22      public:
23          FunctionObject(HiObject * code_object);
24          FunctionObject(Klass * klass) {
25              _func_code = NULL;
26              _func_name = NULL;
27              _flags     = 0;
28
29              set_klass(klass);
30          }
31
32          HiString * func_name()    { return _func_name; }
33          int        flags()        { return _flags; }
34      };
```

之前分析过，FunctionObject 与普通的 Object 一样，因此它也要遵守 Klass - Oop 的二元结构。在程序的一开始，便定义了 FunctionKlass 来指示对象的类型。接下来定义的 FunctionObject，它的属性也很简单，一个是指向与自己对应的 CodeObject 的指针，还有一个代表了方法的名称，最后一个属性 _flags，临时先不用。为这两个类提供其具体实现，也很简单，代码如下：

```
1   FunctionKlass * FunctionKlass::instance = NULL;
2
3   FunctionKlass * FunctionKlass::get_instance() {
4       if (instance == NULL)
5           instance = new FunctionKlass();
6
7       return instance;
8   }
9
10  FunctionKlass::FunctionKlass() {
11  }
12
13  void FunctionKlass::print(HiObject * obj) {
14      printf("<function : ");
```

```
15        FunctionObject * fo = static_cast<FunctionObject *>(obj);
16
17        assert(fo && fo->klass() == (Klass *) this);
18        fo->func_name()->print();
19        printf(">");
20    }
21
22    FunctionObject::FunctionObject(HiObject * code_object) {
23        CodeObject * co = (CodeObject *) code_object;
24
25        _func_code = co;
26        _func_name = co->_co_name;
27        _flags     = co->_flag;
28
29        set_klass(FunctionKlass::get_instance());
30    }
```

定义 Klass 算得上轻车熟路了，FunctionKlass 同其他的 Klass 一样，也采用了单例的实现方式。FunctionObject 的 print 方法，主要是用于输出方法名。在 FunctionObject 的构造函数里，把该对象的 klass 设置为 FunctionKlass，这就是以上代码所做的全部事情。

有了 FunctionObject，再来看 MAKE_FUNCTION 的具体实现，这个字节码的任务是，通过 CodeObject 创建一个 FunctionObject。FunctionObject 的构造方法已经实现好了，因此 MAKE_FUNCTION 的实现就很简单了，如代码清单 6.4 所示。

代码清单 6.4 MAKE_FUNCTION

```
1  void Interpreter::run(CodeObject * codes) {
2      _frame = new FrameObject(codes);
3      while (_frame->has_more_codes()) {
4          unsigned char op_code = _frame->get_op_code();
5          ...
6          FunctionObject * fo;
7          ...
8          switch (op_code) {
9              ...
10             case ByteCode::MAKE_FUNCTION:
11                 v = POP();
12                 fo = new FunctionObject(v);
13                 PUSH(fo);
14                 break;
15             ...
```

```
16              }
17          }
18      }
```

需要注意的一点是，MAKE_FUNCTION 指令本身是带参数的，它是一个整数，代表了该函数有多少个默认参数。我们现在还没有关心函数调用传参的问题，所以先把 MAKE_FUNCTION 的参数忽略掉。

6.1.3 调用方法

有了函数对象，就可以研究函数到底是怎么被调用的了。当函数被调用时，最关键的是正确地维护与这个函数相对应的 FrameObject。第一节里已经介绍，FrameObject 中存储了程序运行时所需要的所有信息，例如程序计数器、局部变量表等。

当要调用一个函数时，就应该为这个函数创建对应的 Frame；当一个函数执行结束时，即执行到 return 指令时，就应该销毁对应的 Frame，然后回到调用者的 Frame 中去。为了维护这种函数调用时的栈帧切换，可以在 FrameObject 里增加一个链表项，将所有的 FrameObject 串起来，每次新增的 FrameObject 只能增加到链表的头部，同理，删除时也只能从链表的头部进行删除。这样的话，FrameObject 的实现必须有所调整，如代码清单 6.5 所示。

代码清单 6.5 调整 FrameObject

```
1   // runtime/frameObject.hpp
2   class FrameObject {
3   public:
4       FrameObject(CodeObject * codes);
5       FrameObject(FunctionObject * func);
6       ...
7       FrameObject *           _sender;
8       ...
9       void set_sender(FrameObject * x) { _sender = x; }
10      FrameObject * sender()           { return _sender; }
11      ...
12  };
13
14  // runtime/frameObject.cpp
15  FrameObject::FrameObject (FunctionObject * func) {
16      _codes  = func->_func_code;
17      _consts = _codes->_consts;
18      _names  = _codes->_names;
```

```
19
20      _locals      = new Map<HiObject*, HiObject*>();
21
22      _stack       = new ArrayList<HiObject*>();
23      _loop_stack  = new ArrayList<Block*>();
24
25      _pc          = 0;
26      _sender      = NULL;
27  }
```

在 FrameObject 里增加一个构造函数，它的参数是 FunctionObject。就目前看来，这个构造函数与第一个构造函数（即以 CodeObject 为参数的那个构造函数）并没有什么本质的差别，但当后面的函数有参数和返回值时，这两个构造函数就会发生差异。另外，FrameObject 里新增了 sender 这个域，这个域里会记录调用者的栈帧，当函数执行结束时，就会通过这个域返回到调用者的栈帧里。我们讲过，帧是用链表串起来的，创建的时候挂到链表头上，销毁的时候从链表头上的第一帧开始销毁。后进先出，这是典型的栈的特征，这再次体现了为什么函数调用的活动记录要被称为栈帧。

现在可以实现 CALL_FUNCTION 这个字节码了，在 Interpreter 里增加一个 build_frame 方法，这个方法用于创建新的 FrameObject，被调用的方法的内部状态全部由新的 FrameObject 维护。这些内部状态包括程序计数器 pc，局部变量表 locals 等，代码如清单 6.6 所示。

代码清单 6.6 CALL_FUNCTION

```
1   void Interpreter::run(CodeObject* codes) {
2       _frame = new FrameObject(codes);
3       while (_frame->has_more_codes()) {
4           unsigned char op_code = _frame->get_op_code();
5           ...
6           FunctionObject* fo;
7           ...
8           switch (op_code) {
9               ...
10              case ByteCode::CALL_FUNCTION:
11                  build_frame(POP());
12                  break;
13              ...
14          }
15      }
16  }
```

```
17
18    void Interpreter::build_frame(HiObject * callable) {
19        FrameObject * frame = new FrameObject((FunctionObject *) callable);
20        frame->set_sender(_frame);
21        _frame = frame;
22    }
```

只需要调用 build_frame 将 FrameObject 切换完就可以立即退出,返回到 run 方法里继续执行。与调用 build_frame 方法之前不同的是,_frame 变量已经发生了变化,_frame 里的程序计数器已经指向了要调用的那个方法里了。

如图 6.1 所示,作为调用者,老的程序计数器还在它所对应的 FrameObject 里保存着,并且指向了 CALL_FUNCTION 的下一条指令。而_frame 变量现在指向了 foo 所对应的栈帧,当被调用的函数结束时,就应该把_frame 变量重新指回调用者的 FrameObject,这样就回到了调用者的栈帧里继续执行了。

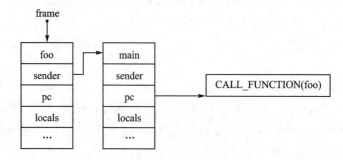

图 6.1　栈帧示意图

因此,可以这样实现 RETURN_VALUE 字节码,如代码清单 6.7 所示。

代码清单 6.7　RETURN_VALUE

```
1     void Interpreter::run(CodeObject * codes) {
2         _frame = new FrameObject(codes);
3         eval_frame();
4         destroy_frame();
5     }
6
7     void Interpreter::eval_frame() {
8         ...
9         while (_frame->has_more_codes()) {
10            unsigned char op_code = _frame->get_op_code();
11            ...
12            FunctionObject * fo;
13            ...
```

```
14          switch (op_code) {
15              ...
16              case ByteCode::RETURN_VALUE:
17                  _ret_value = POP();
18                  if (_frame->is_first_frame())
19                      return;
20                  leave_frame();
21                  break;
22              ...
23          }
24      }
25  }
26
27  void Interpreter::leave_frame() {
28      destroy_frame();
29      PUSH(_ret_value);
30  }
31
32  void Interpreter::destroy_frame() {
33      FrameObject * temp = _frame;
34      _frame = _frame->sender();
35
36      delete temp;
37  }
38
39  class FrameObject {
40      ...
41      bool is_first_frame()            { return _sender == NULL; }
42  };
```

在第 17 行,将被调用函数的返回值赋给了 ret_value 变量,然后调用了 leave_frame 方法。在这个方法里,主要做了三件事情:第一,将被调用者的 FrameObject 销毁,由 destroy_frame 方法完成;第二,将栈切换为自己的 sender;第三,将返回值 push 到 sender 的操作数栈中去。

这是本书第一次使用 delete 来销毁和释放一个对象,其他对象都没有通过这种方法释放,这是因为我们不打算将 FrameObject 也纳入自动内存管理中去。FrameObject 的生命周期是确定的,因此在能够释放的时候尽早释放,这样做对自动内存管理的性能是有好处的。自动内存管理的相关知识,请参考第九章。

第 18 行和第 19 行是对 sender 为 NULL 的情况进行处理。当前所执行的代码如果是在主程序中,没有调用者,那么它的 sender 就是空值。这种情况下,只需要直接结束 run 的逻辑即可，也就是第 19 行，直接通过 return 结束。

同时，做一点代码的重构，将 run 方法的逻辑改得更清晰一点。就是将原来在 run 方法中的那些解释执行的逻辑搬到 eval_frame 方法中，而 run 方法则简化为创建 frame、对 frame 进行解释执行以及销毁 frame 这三个步骤。这样可以使代码的可读性更好一些。

执行以下测试用例，就会发现函数的返回值机制已经完美地实现了，代码如下：

```
1   def foo():
2       print "hello"
3       return "world"
4
5   print foo()
```

到目前为止，函数都还不能接受输入参数，接下来应该为函数增加参数功能了。但是在那之前，我们不得不停下来仔细思考，在增加了函数以后，变量是否已经变得有所不同了。

6.2 变量和参数

在之前的实现中，变量的实现只依赖栈帧里的局部变量表。但我们知道，除了局部变量，还有全局变量。这一节就来考察变量的作用域问题。

6.2.1 LEGB 规则

Python 中，变量的作用域遵循 LEGB 规则。L 代表 Local，局部作用域；E 代表 Enclosing，闭包作用域；G 代表 Global，全局作用域；B 代表 Builtin，是语言内建作用域。例如以下的三个例子，如代码清单 6.8 所示。

代码清单 6.8　LEGB 规则

```
1   global x
2   x = 0
3
4   def foo():
5       x = 2
6       def bar():
7           print x
8
9       def goo():
10          x = 3
11          print x
```

```
12
13        return bar, goo
14
15   def func():
16        global x
17        x = 1
18
19   func()
20   print x    # this is 1
21
22   bar, goo = foo()
23
24   bar()      # this is 2
25   goo()      # this is 3
```

代码的注释里已经把结果标明了。在 goo 方法里,已经定义了一个局部变量 x,那么第 11 行要打印 x 的值时,首先会去局部变量表里查找。在 goo 方法里是能查到的,所以这里就会输出 3,也就是说局部变量对全部变量 x 造成了覆盖。

在 func 方法中,第 17 行明确地指定了要修改全局变量 x 的值,由原来的 0 改为 1,这里是直接修改了全局变量表中的 x,而不是在局部变量表里创建新的变量。所以这会导致第 20 行输出 1。

在 bar 方法里,同样的查找顺序,先查找局部变量表,如果发现局部变量表里找不到 x,接下来就会去定义 bar 的上下文去找,也就是 foo 的定义中找。可以看到 foo 里已经定义了 x 为 2。这种情况叫闭包,是比较复杂的一种情况。在本章的最后一节会详细解释,这里大家只需要知道这是 Enclosing 规则的一个具体体现即可。

这个例子中缺少 Builtin 规则。Builtin 是在 Python 内建变量表,在这个变量表里,常驻了很多 Python 语言的重要变量,例如 True 和 False。是的,出乎很多人的意料,Python 中的 True 和 False 实际上是变量。虽然我们几乎从来不去主动修改 Builtin 变量表,但这样做确实是合乎语法的,如代码清单 6.9 所示。

代码清单 6.9　builtin 示例

```
1    True, False = 0, 1
2
3    if False:
4        print "hello"
```

上面的例子是能输出 hello 的,这是因为在程序的一开始,就把 False 设成了 1。后面再去对 False 这个变量进行求值的时候,它就成了 True。

在详细地解释过 LEGB 规则以后,接下来就要思考如何向虚拟机添加这些规则。

1. Global 变量

第一个要实现的就是 Global 变量。先看一下 Global 变量的具体例子，看看它所对应的字节码究竟是怎样的，代码如代码清单 6.10 所示。

代码清单 6.10 global 示例

```
1   global x
2   x = 0
3
4   def func():
5       global x
6       x = 1
7
8   func()
9   print x    # this is 1
```

还是使用 global 的例子，将上述代码保存成一个 py 文件，编译以后通过 show_file 来查看它的内容，字节码如代码清单 6.11 所示。

代码清单 6.11 global 对应的字节码

```
1   2         0 LOAD_CONST         0 (0)
2             3 STORE_GLOBAL       0 (x)
3             ...
4   9        22 LOAD_GLOBAL        0 (x)
5            25 PRINT_ITEM
```

这个文件所对应的字节码里有两个是之前没见过的：STORE_GLOBAL 和 LOAD_GLOBAL。这两个字节码的作用都是操作全局变量，局部变量已经被放在了 FrameObject 的局部变量表里，与之类似，全局变量也放到 FrameObject 的全局变量表里。先给 FrameObject 添加全局变量表，代码如下：

```
1   // runtime/FrameObject.hpp
2   class FrameObject {
3   public:
4       ...
5       Map<HiObject*, HiObject*>* _locals;
6       Map<HiObject*, HiObject*>* _globals;
7
8   public:
9       ...
10      Map<HiObject*, HiObject*>* globals()    { return _globals; }
11  };
```

再来看 Function 的情况。先用标准的 CPython 运行以下例子:

```
1   # a.py
2   from b import foo
3   x = 2
4   
5   foo()
6   
7   # b.py
8   x = 100
9   
10  def foo():
11      print x
```

在同一个目录下,新建两个 py 文件,一个是 a.py,一个是 b.py;然后执行 a.py,得到的结果是 100,而不是 2。这说明,函数所依赖的全局变量表是定义函数对象的时候,而不是调用函数的时候。换句话说,函数执行所依赖的全局变量是 MAKE_FUNCTION 时的,而不是 CALL_FUNCTION 时的。这就要求,必须为 Function 也引入一个 global 变量表。因此,FunctionObject 的变化如下:

```
1   // runtime/functionObject.hpp
2   class FunctionObject : public HiObject {
3   private:
4       ...
5       Map<HiObject*, HiObject*>* _globals;
6   
7   public:
8       ...
9       Map<HiObject*, HiObject*>* globals() { return _globals; }
10      void set_globals(Map<HiObject*, HiObject*>* x) { _globals = x; }
11  };
12  
13  // runtime/interpreter.cpp
14  void Interpreter::run(CodeObject* codes) {
15      _frame = new FrameObject(codes);
16      while (_frame->has_more_codes()) {
17          unsigned char op_code = _frame->get_op_code();
18          ...
19          FunctionObject* fo;
20          ...
21          switch (op_code) {
22              ...
```

```
23              case ByteCode::MAKE_FUNCTION:
24                  v = POP();
25                  fo = new FunctionObject(v);
26                  fo->set_globals(_frame->globals());
27                  PUSH(fo);
28                  break;
29              ...
30              }
31          }
32      }
```

上述代码中，最重要的就是第 26 行，在创建函数对象的时候，就把当前 frame 的 globals 传递给了 FunctionObject。从此，不论这个函数被传递到哪里去执行，不论它的执行上下文中的全局变量表的内容是什么，这个函数一旦开始执行，它的全局变量表总会是它定义时的那个。

最后，在与变量表相关的逻辑里，还有几处需要修改的地方，第一处，是 FrameObject 的构造函数，代码如下：

```
1   FrameObject::FrameObject(FunctionObject * func) {
2       ...
3       _locals  = new Map<HiObject *, HiObject *>();
4       _globals = func->_globals;
5       ...
6   }
7
8   // this constructor is used for module only.
9   FrameObject::FrameObject(CodeObject * codes) {
10      ...
11      _locals  = new Map<HiObject *, HiObject *>();
12      _globals = _locals;
13      ...
14  }
```

之前实现了两个 FrameObject 的构造函数，一个是用于调用函数时，为函数创建栈帧的，如上述代码的第 4 行所示，调用函数时，所使用的全局变量表要从 FunctionObject 中去取。

还有一个构造函数是用于创建第一个栈帧的，它的输入参数是 CodeObject。在这个构造函数里，并没有新创建一个变量表，而是直接令 _globals 与 _locals 指向了同一个对象。这么做的原因是，在非函数上下文中，Python 的局部变量与全局变量的作用是一样的，只有在调用函数时，创建了新的栈帧，才对局部变量和全局变量进行区分。

最后要注意的一个地方是，LOAD_GLOBAL 只会去全局变量表里读取变量，但是 LOAD_NAME 却依赖于 LEGB 规则。也就是说，遇到 LOAD_NAME 时，执行器应该先去局部变量表里尝试读取变量，如果查找不到，再尝试去全局变量表里读取；如果还查找不到，就应该去 builtin 表里读取。这里没有提 enclosing 的情况，这是因为在 Python 中，有特殊的字节码来处理 enclosing，在后面会实现这个字节码。LOAD_NAME 的实现也会发生相应地变化，如代码清单 6.12 所示。

代码清单 6.12　LOAD_NAME

```
1   void Interpreter::run(CodeObject * codes) {
2       _frame = new FrameObject(codes);
3       while (_frame->has_more_codes()) {
4           unsigned char op_code = _frame->get_op_code();
5           ...
6           switch (op_code) {
7               ...
8               case ByteCode::LOAD_NAME:
9                   v = _frame->names()->get(op_arg);
10                  w = _frame->locals()->get(v);
11                  if (w != Universe::HiNone) {
12                      PUSH(w);
13                      break;
14                  }
15
16                  w = _frame->globals()->get(v);
17                  if (w != Universe::HiNone) {
18                      PUSH(w);
19                      break;
20                  }
21
22                  PUSH(Universe::HiNone);
23                  break;
24              ...
25          }
26      }
27  }
```

2. buildtin 变量

Python 虚拟机里有很多内建变量，这些变量不需要任何的定义，赋值就可以直接使用了，例如 True、False 和 None 等。实际上，这些内建变量已经在虚拟机的内部实现中使用了。但如果想在 Python 代码里使用，还有一步工作：使用 builtin 变量表将 True 和 False 等变量与 Universe 中所定义的全局对象联系起来。由于 builtin 变量表在整个虚拟机中只有一份，把它放在 Interpreter 中即可，代码如下：

```
1    // runtime/interpreter.hpp
2    class Interpreter {
3    private:
4        Map<HiObject*, HiObject*>*   _builtins;
5        FrameObject*                 _frame;
6        ...
7    };
8
9    // runtime/interpreter.cpp
10   Interpreter::Interpreter() {
11       _builtins = new Map<HiObject*, HiObject*>();
12
13       _builtins->put(new HiString("True"),  Universe::HiTrue);
14       _builtins->put(new HiString("False"), Universe::HiFalse);
15       _builtins->put(new HiString("None"),  Universe::HiNone);
16   }
```

通过以上代码，True、False 和 None 变量与内建的对象就联系起来了。如果要在 Python 代码中直接使用，还要在 LOAD_NAME 里增加一些逻辑，当执行器在全局变量中查找失败后，应该继续在 _builtins 表里查找。这个逻辑很简单，请读者自行添加，这里不再展示。

一切准备完毕以后，来看一个综合的测试用例，如代码清单 6.13 所示。

代码清单 6.13   test_builtin.py

```
1    def foo():
2        return
3
4    if foo() is None:
5        print True
```

这个例子使用了函数定义、函数调用、None 和 True 等内建变量，这些功能已经实现了。还有一个 is 比较是没有实现的。is 的比较和大于小于这些比较的实现原理是完全一样的，只需要在 COMPARE_OP 的逻辑里增加 is 的比较就可以了，具体实现如代码清单 6.14 所示。

代码清单 6.14   LOAD_NAME

```
1    #define HI_TRUE     Universe::HiTrue
2    #define HI_FALSE    Universe::HiFalse
```

```
3       ...
4       void Interpreter::run(CodeObject * codes) {
5           _frame = new FrameObject(codes);
6           while (_frame->has_more_codes()) {
7               unsigned char op_code = _frame->get_op_code();
8               ...
9               switch (op_code) {
10                  ...
11                  case ByteCode::COMPARE_OP:
12                      w = POP();
13                      v = POP();
14
15                      switch(op_arg) {
16                      case ByteCode::IS:
17                          if (v == w)
18                              PUSH(HI_TRUE);
19                          else
20                              PUSH(HI_FALSE);
21                          break;
22
23                      case ByteCode::IS_NOT:
24                          if (v == w)
25                              PUSH(HI_FALSE);
26                          else
27                              PUSH(HI_TRUE);
28                          break;
29
30                      default:
31                          printf("Error: Unrecognized compare op % d\n", op_arg);
32
33                      }
34                      break;
35                  ...
36              }
37          }
38      }
```

然后，test_builtin 这个测试就可以成功运行了。至此，函数所使用的变量及其作用域，就介绍得差不多了。接下来，研究函数的另一个重要功能——传递参数。

6.2.2 函数的参数

函数最重要的功能就是接受参数、进行运算和返回计算结果。上一节展示了函数如何创建栈帧、进行运算并且返回计算结果的。这一节关注如何向一个函数传递参数。

Python 中传递参数的机制比很多语言都要复杂，所以参数的实现放在最后讲。与以前的方法相同，先写测试用例，再观察例子所对应的字节码。创建 test_param.py 如代码清单 6.15 所示。

代码清单 6.15　test_param.py

```
1    def add(a, b):
2        return a + b
3
4    print add(1, 2)
```

然后通过 show_file 来查看它的内容：

```
1    // call function
2        4     9 LOAD_NAME              0 (add)
3             12 LOAD_CONST             1 (1)
4             15 LOAD_CONST             2 (2)
5             18 CALL_FUNCTION          2
6
7    // definition of add
8        <dis>
9        2     0 LOAD_FAST              0 (a)
10             3 LOAD_FAST              1 (b)
11             6 BINARY_ADD
12             7 RETURN_VALUE
13       </dis>
14       <names>()</names>
15       <varnames>('a', 'b')</varnames>
```

首先，在这一段反编译字节码里，CALL_FUNCTION 与上一节有所不同。上一节中的函数调用都没有带参数，所以这个字节码的参数就是 0，在这一节的 add 例子里，函数调用传递了两个参数，所以这个字节码的参数是 2。实际上，在 CALL_FUNCTION 之前的两个字节码已经把参数送到栈上了，接下来要做的，只是根据 CALL_FUNCTION 的参数将栈上的值取出来，然后再传给函数栈帧就好了。因此，在 FrameObject 里增加可以接受参数的功能，修改代码如下：

```
1    // runtime/FrameObject.cpp
2    FrameObject::FrameObject (FunctionObject * func, ObjList args) {
```

```
3       _codes    = func->_func_code;
4       _consts   = _codes->_consts;
5       _names    = _codes->_names;
6
7       _locals   = new Map<HiObject*, HiObject*>();
8       _globals  = func->_globals;
9       _fast_locals = NULL;
10
11      if (args) {
12          _fast_locals = new ArrayList<HiObject*>();
13
14          for (int i = 0; i < args->length(); i++) {
15              _fast_locals->set(i, args->get(i));
16          }
17      }
18
19      _stack      = new ArrayList<HiObject*>();
20      _loop_stack = new ArrayList<Block*>();
21
22      _pc      = 0;
23      _sender  = NULL;
24  }
25
26  // runtime/interpreter.cpp
27  void Interpreter::build_frame(HiObject* callable, ObjList args) {
28      FrameObject* frame = new FrameObject((FunctionObject*) callable, args);
29      frame->set_sender(_frame);
30      _frame = frame;
31  }
32
33  void Interpreter::run(CodeObject* codes) {
34      _frame = new FrameObject(codes);
35      while (_frame->has_more_codes()) {
36          unsigned char op_code = _frame->get_op_code();
37          ...
38          switch (op_code) {
39          ...
40              case ByteCode::CALL_FUNCTION:
41                  if (op_arg > 0) {
42                      args = new ArrayList<HiObject*>(op_arg);
43                      while (op_arg--) {
```

```
44                          args->set(op_arg, POP());
45                      }
46                  }
47
48                  build_frame(POP(), args);
49
50                  if (args != NULL) {
51                      delete args;
52                      args = NULL;
53                  }
54                  break;
55              ...
56          }
57      }
58  }
```

第 41～46 行,根据 op_arg 去栈里取出参数,然后将所有的参数以 ArrayList 的形式传递给 build_frame。第 27 和 28 行,把函数的参数传递到了 FrameObject 中。FrameObject 的构造函数增加了新的参数,用于表示调用函数时所使用的参数。第 11～17 行,将传入的参数放到 _fast_locals 中去。这样,就把函数的参数传到函数中去了。

当函数参数被传到 _fast_locals 中去以后,接着就是执行函数了。add 方法的前两条字节码是 LOAD_FAST,而 LOAD_FAST 与 LOAD_NAME、LOAD_CONST 一样,都是往栈上加载一个值(本质上是一个对象),区别在于,是从哪里读取值。LOAD_CONST 是从 consts 里加载,LOAD_NAME 是从局部变量表里加载,而 LOAD_FAST 则是从 _fast_locals 中加载值。LOAD_FAST 的具体实现如代码清单 6.16 所示。

代码清单 6.16 LOAD_FAST

```
1   void Interpreter::run(CodeObject * codes) {
2       _frame = new FrameObject(codes);
3       while (_frame->has_more_codes()) {
4           unsigned char op_code = _frame->get_op_code();
5           ...
6           switch (op_code) {
7               ...
8               case ByteCode::LOAD_FAST:
9                   PUSH(_frame->fast_locals()->get(op_arg));
10                  break;
11
```

```
12          ...
13          case ByteCode::STORE_FAST:
14              _frame->_fast_locals->set(op_arg, POP());
15              break;
16          ...
17          }
18      }
19  }
```

添加了这些修改以后，就可以测试了，本节刚开始的 test_param 的例子可以正常执行了。运行以后，可以输出 3。至此，就完成了函数调用的传参功能。

6.2.3 参数默认值

在定义函数的时候，可以为函数的参数指定默认值。代码清单 6.17 展示了这样一个例子。

代码清单 6.17 test_defaults

```
1  def foo(a = 1):
2      return a
3
4  print foo()
5  print foo(2)
```

在调用 foo 方法时，如果传的参数刚好就是 1，则可以不必给出实参的值。如果不想让形参取此默认值，则可以通过实参另行给出，这种方式可以简化编程。

思考一下如何在虚拟机里实现这个功能。默认值应该是在函数定义的时候就和函数绑在一起了，因此，一定是在 MAKE_FUNCTION 处来实现默认值的功能。

在 MAKE_FUNCTION 处创建 FunctionObject，所以默认值的最佳载体显然是 FunctionObject。只需要把默认值记录在 FunctionObject 里，在调用的时候再加以处理即可。

先做第一件事情，在 FunctionObject 里增加一个域，用于记录函数参数的默认值，代码如下：

```
1  // runtime/functionObject.hpp
2  class FunctionObject : public HiObject {
3  friend class FunctionKlass;
4  friend class FrameObject;
5
6  private:
7      ...
```

```
 8         ObjList      _defaults;
 9
10    public:
11        FunctionObject(Klass* klass) {
12            ...
13            _defaults  = NULL;
14        }
15        ...
16        void set_default(ObjList defaults);
17        ObjList defaults()          { return _defaults; }
18    };
19
20    // runtime/functionObject.hpp
21    void FunctionObject::set_default(ArrayList<HiObject*>* defaults) {
22        if (defaults == NULL) {
23            _defaults = NULL;
24            return;
25        }
26
27        _defaults = new ArrayList<HiObject*>(defaults->length());
28
29        for (int i = 0; i < defaults->length(); i++) {
30            _defaults->set(i, defaults->get(i));
31        }
32    }
```

这段代码的逻辑相对比较简单，唯一需要注意的是，在 set_default 方法里，创建了一个新的 ArrayList 对象，而不是将参数 defaults 的指针值直接赋给 FunctionObject 的_defaults 域。这样做是为了方便后面实现自动内存管理，FunctionObject 所指向的对象都在 FunctionObject 的逻辑里创建，遵循这一规则是为了方便我们分析和实现自动内存管理机制。

在基础的数据结构功能完备以后，就可以考虑在 MAKE_FUNCTION 的实现中使用 set_default 方法了。在刚开始实现 MAKE_FUNCTION 的时候，就知道 MAKE_FUNCTION 这个字节码是带有参数的，当时没有关心这个参数，现在可以看一下了。本小节一开始的那个例子，输出 test_defaults 的字节码，如下所示：

1	1	0 LOAD_CONST	0 (1)
2		3 LOAD_CONST	1 (<code object foo>)
3		6 MAKE_FUNCTION	1
4		9 STORE_NAME	0 (foo)

可以看到，在这个例子中，MAKE_FUNCTION 指令所带的参数不再是 0，而是

变成了1。这个参数所对应的就是第一条字节码:LOAD_CONST,第一条字节码将常量1放到了栈顶;而这个1,就是函数foo的默认参数。MAKE_FUNCTION的参数的值就代表了默认参数的个数。经过这样的分析,就可以修改MAKE_FUNCTION的实现了,如代码清单6.18所示。

代码清单6.18 MAKE_FUNCTION

```
1   void Interpreter::run(CodeObject * codes) {
2       _frame = new FrameObject(codes);
3       while (_frame->has_more_codes()) {
4           unsigned char op_code = _frame->get_op_code();
5           ...
6           switch (op_code) {
7               ...
8               case ByteCode::MAKE_FUNCTION:
9                   v = POP();
10                  fo = new FunctionObject(v);
11                  fo->set_globals(_frame->globals());
12                  if (op_arg > 0) {
13                      args = new ArrayList<HiObject *>(op_arg);
14                      while (op_arg--) {
15                          args->set(op_arg, POP());
16                      }
17                  }
18                  fo->set_default(args);
19
20                  if (args != NULL) {
21                      delete args;
22                      args = NULL;
23                  }
24
25                  PUSH(fo);
26                  break;
27              ...
28          }
29      }
30  }
```

要让默认参数生效,还差最后一步,那就是当调用者没有传实参的时候,使用默认参数代替实参。传递参数的代码在build_frame和FrameObject中,主要是通过操作_fast_locals来传递参数。与之相同,默认参数也使用_fast_locals传递。因此,修改FrameObject的构造方法,让默认参数起作用,代码如下:

```
1   FrameObject::FrameObject (FunctionObject * func, ObjList args) {
2       ...
3       _fast_locals = new ArrayList<HiObject *>();
4   
5       if (func->_defaults) {
6           int dft_cnt = func->_defaults->length();
7           int argcnt  = _codes->_argcount;
8   
9           while (dft_cnt--) {
10              _fast_locals->set(--argcnt, func->_defaults->get(dft_cnt));
11          }
12      }
13  
14      if (args) {
15          for (int i = 0; i < args->length(); i++) {
16              _fast_locals->set(i, args->get(i));
17          }
18      }
19      ...
20  }
```

上述代码的第5~11行,完成了设置默认参数的功能。在第三章分析二进制文件结构时,就已经遇到过 CodeObject 的 argcount 属性了,这里是第一次使用这个属性。这个值代表了一个函数的参数个数。注意9~11行的循环语句,将把默认参数以倒序送入到_fast_locals 中去。

接下来14~18行才是处理实际传入的参数。也就是说,默认参数与实参在这里汇合了。这个整合的过程,如图6.2所示。

args	1	2	3		
defaults	1	2	4	5	6
fast-locals	1	2	3	5	6

图 6.2 实参和默认参数

肯定有读者会有疑问,有没有其他的特殊情况呢?比如默认参数可不可能在实参之前呢?其实,这是不用担心的,因为 Python 的语法规定默认参数必须定义在非默认参数之前。例如,以下代码是不合法的:

```
1   //SyntaxError: non-default argument follows default argument
2   def foo(a = 1, b):
3       return a + b
4
5   foo(2)
```

Python 的编译器会对这个方法定义报错,提示无默认值参数不能出现在默认值参数之后。这样的语法保证了在处理默认值的时候,从后往前填入默认值的做法是绝对正确的。最后,运行一个更加复杂的例子,代码如下:

```
1   def make_func(x):
2       def add(a, b = x):
3           return a + b
4
5       return add
6
7   add5 = make_func(5)
8   print add5(10)
```

在这个例子中,向 make_func 传递了参数 5,然后在 make_func 内部又定义了一个函数为 add,函数 add 可以计算两个数的和。同时,它的第二个参数是以 5 为默认值的参数,所以 add5 就可以只接受一个参数,计算这个参数与 5 的和了。执行这个例子,结果是 15。

6.3 Native 函数

在 Python 中有很多内建函数,例如 range、xrange 和 len 等都是内建函数。本节就通过实现 len 方法来讲解如何在虚拟机里实现 native 函数。

需要明确的第一件事情就是,native 函数也是一个普通对象,它本质上与 FunctionObject 并没有什么不同。所以仍然可以使用 FunctionObject 来代表 native 函数。不同的是,普通的 FunctionObject 的定义是通过字节码 MAKE_FUNCTION 来实现的,上一节重点介绍了这个机制。而 native 函数却没有对应的 Python 字节码,它的所有实现都在虚拟机内部,也就是说,native 函数都是使用 C++ 来实现的。此处需要一个手段把 CALL_FUNCTION 与虚拟机内部的实现联系起来,还是要在 FunctionObject 身上打主意。

在 FunctionObject 里增加一个方法,名为 call。当检查到当前的 FunctionObject 是 native 函数时,就通过 call 方法去调用相关的逻辑。

要完成以上功能,第一个要解决的问题,就是如何判断一个 FunctionObject 所代表的是不是 native 函数。这个问题是容易解决的,就像之前使用 Object 的 Klass 来判断一个 Object 的类型。在这里,可以使用同样的手段。引入一个 NativeFunctionKlass 来代表 native 函数，代码如代码清单 6.19 所示。

代码清单 6.19　NativeFunctionKlass

```
1   // [runtime/functionObject.hpp]
2   class NativeFunctionKlass : public Klass {
3   private:
4       NativeFunctionKlass();
5       static NativeFunctionKlass * instance;
6   
7   public:
8       static NativeFunctionKlass * get_instance();
9   };
10  
11  // [runtime/functionObject.cpp]
12  NativeFunctionKlass * NativeFunctionKlass::instance = NULL;
13  
14  NativeFunctionKlass * NativeFunctionKlass::get_instance() {
15      if (instance == NULL)
16          instance = new NativeFunctionKlass();
17  
18      return instance;
19  }
20  
21  NativeFunctionKlass::NativeFunctionKlass() {
22      set_super(FunctionKlass::get_instance());
23  }
```

如果要创建一个 native 函数，只需要把它的 klass 指向 NativeFunctionKlass 的实例即可。

第二个要解决的问题，是如何实现 call 方法。思考一下 len、range 等都是 native 函数，它们 call 方法的逻辑各不相同。一种策略是像之前实现 print 方法一样，为每一种不同的对象实现不同的 print 方法。这样做的话，就是为 len 这个函数对象创建一个独立的 klass，为 range 这个函数对象创建一个独立的 klass，在 klass 内部实现不同的 call 的逻辑。当然可以这样做，但是太复杂了。回到问题的本源，len 和 range 都是 native 函数，所不同的只是它们被调用时要执行什么功能。其实可以使用函数指针来完成这个需求，代码如下：

```
1   HiObject * len(ObjList args);
2   typedef HiObject * (*NativeFuncPointer)(ObjList args);
3   
4   class FunctionObject : public HiObject {
```

```
5    private:
6        ...
7        NativeFuncPointer _native_func;
8
9    public:
10       FunctionObject(NativeFuncPointer nfp);
11       ...
12       HiObject * call(ObjList args);
13   };
```

在 FunctionObject 的定义里引入一个函数指针,这个指针指向的函数,可以接受 ObjList 作为参数,并且返回值类型是 HiObject *。将所有的参数都放到参数列表 args 中去了,而 args 是不定长的,所以理论上这种类型可以接受任意多的参数。用于实现 native 函数是绰绰有余的。接下来,看一下上面的声明所对应的具体实现,代码如下:

```
1    FunctionObject::FunctionObject(NativeFuncPointer nfp) {
2        _func_code = NULL;
3        _func_name = NULL;
4        _flags     = 0;
5        _globals   = NULL;
6        _native_func = nfp;
7
8        set_klass(NativeFunctionKlass::get_instance());
9    }
10
11   HiObject * FunctionObject::call(ObjList args) {
12       return (*_native_func)(args);
13   }
```

实现了 NativeFunctionKlass 以后,就可以在 FunctionObject 中使用它了,将 FunctionObject 的 klass 设为 NativeFunctionKlass 的实例,这个 FunctionObject 就代表一个 native 函数。同时,要把函数指针指向具体的函数实现。在 call 方法里,通过指针调用具体的方法。在 len 的具体实现中,只需要调用对象的 len 方法即可,目前虚拟机里只有 String 类型,因此,在 StringKlass 中添加 len 的实现,代码如下:

```
1    //[runtime/functionObject.cpp]
2    HiObject * len(ObjList args) {
3        return args->get(0)->len();
4    }
5
```

```
6    // [object/hiObject.cpp]
7    HiObject* HiObject::len() {
8        return klass()->len(this);
9    }
10
11   // [object/hiString.cpp]
12   HiObject* StringKlass::len(HiObject* x) {
13       return new HiInteger(((HiString*)x)->length());
14   }
```

len 方法还支持列表、字典等类型。这里先略过，等到后面实现列表类和字典类的时候，会把相应类型的 len 方法都正确地实现了。

完成以上两个步骤以后，还有最后一个步骤，那就是把 len 加到 _builtins 表中去。建立起 Python 中 len 符号与 native 函数的联系，代码如下：

```
1    #define PUSH(x)        _frame->stack()->add((x))
2
3    Interpreter::Interpreter() {
4        _builtins = new Map<HiObject*, HiObject*>();
5        ...
6        _builtins->put(new HiString("len"),     new FunctionObject(len));
7    }
8
9    void Interpreter::build_frame(HiObject* callable, ObjList args) {
10       if (callable->klass() == NativeFunctionKlass::get_instance()) {
11           PUSH(((FunctionObject*)callable)->call(args));
12       }
13       else if (callable->klass() == FunctionKlass::get_instance()) {
14           FrameObject* frame = new FrameObject((FunctionObject*)callable, args);
15           frame->set_sender(_frame);
16           _frame = frame;
17       }
18   }
```

在 build_frame 里，对 native 函数和普通函数要加以区分。前边已经分析过了，区分的关键就在于 klass 的类型，如果是 FunctionKlass，就仍然走原来的路径，创建 FrameObject；如果是 NativeFunctionKlass，就调用 FunctionObject 的 call 方法。并且把 call 的返回值放到栈里。此处通过一个测试用例来验证我们的实现，代码如下：

```
1    s = "hello"
2    print len(s)
```

```
3
4   def py_len(o):
5       return len(o)
6
7   print py_len(s)
```

这里有一点需要注意的是，在某些情况下，py_len 中对 len 函数的调用会被翻译成 LOAD_GLOBAL。而之前在实现 LOAD_GLOBAL 的时候，只检查了 FrameObject 里的 global 表。实际上，这是不够的，我们还应该在查找失败以后，继续查找 builtin 表。这个逻辑与 LOAD_NAME 是一样的。大家可以自行实现，这里就不再列出源代码了。

6.4 方 法

我们使用函数和方法这两个名词来区分一个函数是否与类绑定。在 C++ 这种面向对象编程语言中，如果一个函数不与类相关，在类的外部独立定义，就会被称为函数。如果一个函数在类中定义，只有通过类的实例才能调用，这种函数就被称为方法。在本书中，我们严格区分函数和方法。例如下面的两个例子，代码如下：

```
1   def foo():
2       print "hello"
3
4   class A(object):
5       def func(self):
6           print self
7           print "world"
8
9   a = A()
10  a.func()
```

foo 不和任何对象相联系，独立定义它就是一个函数，而 func 则必须通过 A 的实例 a 进行调用，而且 a 还会作为实参传入到 func 中去，也就是说，第一个参数 self 实际上就是对象 a。通过这两个例子的对比，我们就知道函数和方法的区别了。由于虚拟机现在还不能支持 class 语句定义类，所以读者可以使用标准 Python 虚拟机来执行这个例子，以便观察这个例子的执行结果。

在前边的两节实现的都是函数，在这一节，我们尝试实现方法。和以前一样，还是从最简单的例子开始。例如，Python 中的 String 类型，定了一个方法 upper，它的作用是返回一个新的字符串，新字符串中的所有字母都变成大写。通过以下例子来观察 upper 方法的效果，如代码清单 6.20 所示。

代码清单 6.20 test_method

```
1    s = "hello"
2    t = s.upper()
3
4    print s
5    print t
```

使用 Python 运行这个例子,结果会是 hello 和 HELLO,这说明对字符串 s 调用 upper 方法,并不会改变 s 的内容,而是会返回一个新的字符串。再来看这一段代码所对应的字节码是什么,代码如下:

```
1    <dis>
2    1           0 LOAD_CONST        0 ('hello')
3                3 STORE_NAME        0 (s)
4
5    2           6 LOAD_NAME         0 (s)
6                9 LOAD_ATTR         1 (upper)
7               12 CALL_FUNCTION     0
8               15 STORE_NAME        2 (t)
9    ...
10   </dis>
11   <names> ('s', 'upper', 't')</names>
```

这段字节码里,可以说大部分都是老朋友了。唯一一个还没有实现的字节码就是 LOAD_ATTR。LOAD_ATTR 是一个带有参数的字节码,它的参数是一个整数,这是一个 names 表中的序号。这代表 LOAD_ATTR 的真实参数其实是方法名 upper。在 LOAD_ATTR 之前,已经通过 LOAD_NAME 把字符串 s 加载到栈顶了。而 LOAD_ATTR 是一个需要两个操作数的字节码,一个是调用方法的目标对象,另一个是方法的名称。目标对象通过预先加载到操作数栈来提供,方法的名称则通过 names 表的序号,以字节码参数的形式提供。

实际上,LOAD_ATTR 是 load attribute 的缩写,它的本意是访问某个对象里的属性,在 Python 中,方法也是一个普通的对象,也可以当成对象的属性进行处理,所以,不论是访问对象中的某个域(field),还是访问它的某个方法,都可以使用 LOAD_ATTR 这条字节码。

由于 upper 是 String 类型的一个方法,我们自然会想到在代表 String 类的 StringKlass 中增加这个方法。其实,不仅仅是 StringKlass 中会增加新的方法,其他所有类型的 Klass 都有定义新的方法,例如列表对象的 append 方法,字典对象的 update 方法等。因此,可以在 Klass 中引入一个 Map,专门用于记录某一种类型上的所有属性和方法,代码如下:

```
1   class Klass {
2   private:
3       ...
4       HiDict *        _klass_dict;
5
6   public:
7       ...
8       void set_klass_dict(HiDict * dict)        { _klass_dict = dict; }
9       HiDict * klass_dict()                     { return _klass_dict; }
10      ...
11  };
```

可以在StringKlass的klass_dict中以字符串"upper"为key,以upper方法为value。这样一来,就可以把方法与其名称联系起来了,代码如下:

```
1   // runtime/functionObject.cpp
2   HiObject * string_upper(ObjList args) {
3       HiObject * arg0 = args->get(0);
4       assert(arg0->klass() == StringKlass::get_instance());
5
6       HiString * str_obj = (HiString * )arg0;
7
8       int length = str_obj->length();
9       if (length <= 0)
10          return Universe::HiNone;
11
12      char * v = new char[length];
13      char c;
14      for (int i = 0; i < length; i++) {
15          c = str_obj->value()[i];
16          // convert to upper
17          if (c >= 'a' && c <= 'z')
18              v[i] = c - 0x20;
19          else
20              v[i] = c;
21      }
22
23      HiString * s = new HiString(v, length);
24      delete[] v;
25      return s;
26  }
27
```

```
28    // runtime/universe.cpp
29    void Universe::genesis() {
30        HiTrue          = new HiInteger(1);
31        HiFalse         = new HiInteger(0);
32        HiNone          = new HiObject();
33
34        // initialize StringKlass
35        HiDict * klass_dict = new HiDict();
36        StringKlass::get_instance()->set_klass_dict(klass_dict);
37        klass_dict->put(new HiString("upper"), new FunctionObject(string_upper));
38    }
```

上述代码的 2~26 行,实现了 upper 方法的逻辑,在第 37 行,我们把它封装成了一个 native function。以字符串 "upper" 为 key,将这个 function 放到了 klass_dict 中。upper 方法的逻辑比较简单,思路就是对字符串里的所有字符进行遍历,如果该字符是小写字母,就将其变成大写字母。做法就是直接将字符减去 32,即十六进制的 20,因为大写字母的 ASCII 码值比相应的小字字母的值小 32。

28~37 行,是 Universe 的 genesis 方法。我们知道这个方法只在虚拟机初始化的时候调用一次。为什么要把 StringKlass 的初始化放到这个地方呢?能不能直接在 StringKlass 的构造函数里完成初始化呢?答案是不能,因为在初始化 StringKlass 的 klass_dict 时,会使用字符串 "upper",它是一个 HiString 对象。而 HiString 对象又依赖于 StringKlass,这种循环依赖会使得程序陷入无限递归调用中。为了解决这个问题,我们只能把 StringKlass 的初始化逻辑搬到外面来,而最合适做初始化的地方,自然就是这个只在虚拟机启动时执行一次的 "创世纪" 函数。

然后,实现 LOAD_ATTR 这条字节码,如代码清单 6.21 所示。

代码清单 6.21 LOAD_ATTR

```
1    // [runtime/interpreter.cpp]
2    void Interpreter::run(CodeObject * codes) {
3        _frame = new FrameObject(codes);
4        while (_frame->has_more_codes()) {
5            unsigned char op_code = _frame->get_op_code();
6            ...
7            switch (op_code) {
8                ...
9                case ByteCode::LOAD_ATTR:
10                   v = POP();
11                   w = _frame->_names->get(op_arg);
12                   PUSH(v->getattr(w));
13                   break;
```

```
14              ...
15          }
16      }
17  }
18
19  // object/hiObject.cpp
20  HiObject * HiObject::getattr(HiObject * x) {
21      HiObject * result = Universe::HiNone;
22      result = klass()->klass_dict()->get(x);
23      return result;
24  }
```

查找属性和方法的逻辑被封装到对象的 getattr 方法里了。一切看上去好像都是正常的,但如果思考一下 upper 方法的参数是怎么传递的,问题就出现了。

upper 方法看上去是不用传递任何参数的,但实际上它却有一个隐含的参数:调用方法时的那个目标对象,在本节的例子中就是字符串"hello",我们需要一种机制来传递这个隐式的参数。在之前的讲解中,已经明确了函数和方法的不同。函数没有隐含的参数,但方法有,因此可以为方法定义一种新的类型,让它完成传递隐式参数的功能,这个新的类型就是 MethodObject,其具体实现如代码清单 6.22 所示。

代码清单 6.22 MethodObject

```
1   // runtime/functionObject.hpp
2   // Method objects.
3   class MethodKlass : public Klass {
4   private:
5       MethodKlass();
6       static MethodKlass * instance;
7
8   public:
9       static MethodKlass * get_instance();
10  };
11
12  class MethodObject : public HiObject {
13      friend class MethodKlass;
14
15  private:
16      HiObject * _owner;
17      FunctionObject * _func;
18
19  public:
20      MethodObject(FunctionObject * func) : _owner(NULL), _func(func) {
```

```
21          set_klass(MethodKlass::get_instance());
22      }
23
24      MethodObject(FunctionObject * func, HiObject * owner) : _owner(owner), _func
        (func) {
25          set_klass(MethodKlass::get_instance());
26      }
27
28      void set_owner(HiObject * x)    { _owner = x; }
29      HiObject * owner()              { return _owner; }
30      FunctionObject * func()         { return _func; }
31  };
32
33
34  // runtime/functionObject.cpp
35  /*
36   * Operations for methods
37   * Method is a wrapper for function.
38   */
39  MethodKlass * MethodKlass::instance = NULL;
40
41  MethodKlass * MethodKlass::get_instance() {
42      if (instance == NULL)
43          instance = new MethodKlass();
44
45      return instance;
46  }
47
48  MethodKlass::MethodKlass() {
49      set_klass_dict(new HiDict());
50  }
```

我们定义了 MethodObject 和 MethodKlass。定义一种新的 Object 以及它所对应的 Klass 对于我们来说已经算得上轻车熟路了。在这段代码里，MethodObject 不过是 FunctionObject 的一层封装而已，MethodObject 与 FunctionObject 的唯一区别就是 MethodObject 多了一个_owner 属性。

定义了 MethodObject 以后，终于可以把 getattr 的逻辑补全了。如果从 klass_dict 中得到的是一个 FunctionObject，那么应该构建一个 MethodObject，把 FunctionObject 与目标对象绑定在一起，代码如下：

```
1   HiObject * HiObject::getattr(HiObject * x) {
2       HiObject * result = Universe::HiNone;
```

```
3
4           result = klass()->klass_dict()->get(x);
5
6           if (result == Universe::HiNone)
7               return result;
8
9           // Only klass attribute needs bind.
10          if (MethodObject::is_function(result)) {
11              result = new MethodObject((FunctionObject *)result, this);
12          }
13          return result;
14      }
```

LOAD_ATTR 终于完成了，现在加载到栈顶的是一个正确的 MethodObject 了，还缺少最后一个步骤，CALL_FUNCTION 还不能处理 MethodObject。因此，要在 build_frame 中对 MethodObject 加以处理，代码如下：

```
1   void Interpreter::build_frame(HiObject * callable, ObjList args) {
2       if (callable->klass() == NativeFunctionKlass::get_instance()) {
3           PUSH(((FunctionObject *)callable)->call(args));
4       }
5       else if (callable->klass() == MethodKlass::get_instance()) {
6           MethodObject * method = (MethodObject *) callable;
7           if (! args) {
8               args = new ArrayList<HiObject *>(1);
9           }
10          args->insert(0, method->owner());
11          build_frame(method->func(), args);
12      }
13      else if (callable->klass() == FunctionKlass::get_instance()) {
14          FrameObject * frame = new FrameObject((FunctionObject *) callable, args);
15          frame->set_sender(_frame);
16          _frame = frame;
17      }
18  }
```

5～11 行展示了当栈顶那个被调用的对象如果是 MethodObject 时，就将其 owner 放到参数列表的第一位，正是通过这种方式将隐式参数与实参一起传给方法的。编译运行，就会发现本节开始的那个 test_method 的例子可以正确地执行了。

至此，虚拟机中已经有了基本的内建类型、整数和字符串，也有了基本的函数和方法的功能。函数和方法还有很多的机制，但这需要虚拟机中支持了更多的内建对象以后才能实现。在完善函数的全部特性之前，下一章先实现列表和字典这两种重要的内建类型。

第 7 章

列表和字典

第 5 章实现了 Python 的两个基本内建类型：整数和字符串。这一章来实现另外两个重要的基本内建类型，它们是列表（list）和字典（dict）。先来研究如何实现列表。

7.1 列　表

7.1.1 列表的定义

Python 中的列表很像数组操作，可以支持对元素的插入、添加和删除等操作。实际上，Python 的 list 和 STL 中的 vector 非常相似。不同的是，Python 的 list 允许它的元素是不同类型的。以一个例子来说明 list 的特性，代码如下：

```
1   lst = [1, "hello"]
2
3   # result is [1, 'hello']
4   print lst
```

可以看到，上面的代码中定义了一个列表，这个列表包含了两个元素。第一个元素是整数 1，第二个元素是字符串"hello"；第二行代码输出这个列表。

通过 show_file 工具，能观察到 Python 为了定义列表引入了新的字节码。本小节的任务就是实现这些定义列表所用的字节码，如下所示：

```
1    1            0 LOAD_CONST           0 (1)
2                 3 LOAD_CONST           1 ('hello')
3                 6 BUILD_LIST           2
4                 9 STORE_NAME           0 (l)
5
6    2           12 LOAD_NAME            0 (l)
7                15 PRINT_ITEM
8                16 PRINT_NEWLINE
9                17 LOAD_CONST           2 (None)
10               20 RETURN_VALUE
```

定义列表并打印，所使用的字节码如上面所列，其中绝大部分的字节码都已经见过了,我们的虚拟机里也已经实现好了。唯一一个新的字节码是 BUILD_LIST。在 BUILD_LIST 之前有两个 LOAD_CONST 指令,分别把整数 1、字符串"hello"送到栈顶。BUILD_LIST 指令是带有参数的,它的参数就代表了操作数栈上有多少个元素是列表中的内容。在这个例子里,参数是 2,这就表示应该从栈上取出两个对象,并以这两个对象为参数去创建一个新的列表,然后把这个列表再放到操作数栈顶。

如何实现 list 呢?回忆之前的虚拟机实现中,有一个数据结构 ArrayList 也可以进行数据的增删查改。只需对 ArrayList 进行封装,将其包装成一个 HiObject 的子类即可,代码如下:

```
1   class ListKlass : public Klass {
2   private:
3       ListKlass();
4       static ListKlass * instance;
5   
6   public:
7       static ListKlass * get_instance();
8   
9       virtual void print(HiObject * obj);
10  };
11  
12  class HiList : public HiObject {
13  friend class ListKlass;
14  
15  private:
16      ArrayList<HiObject *> * _inner_list;
17  
18  public:
19      HiList();
20      HiList(ObjList ol);
21      ArrayList<HiObject *> * inner_list()  { return _inner_list; }
22  
23      int size()                            { return _inner_list->size(); }
24      void append(HiObject * obj)           { _inner_list->add(obj); }
25      HiObject * pop()                      { return _inner_list->pop(); }
26      HiObject * get(int index)             { return _inner_list->get(index); }
27      void       set(int i, HiObject * o)   { _inner_list->set(i, o); }
28      HiObject * top()                      { return get(size() - 1); }
29  };
```

在上面的代码里,定义了一个新的类型 HiList,它是 HiObject 的子类。在 HiList 中,有一个域 _inner_list,它的类型是 ArrayList。在 HiList 中定义了各种操

作,最终都转化成了对 ArrayList 的操作。这些操作包括:

(1) append,向列表的尾部添加一个元素;

(2) pop,将列表的最后一个元素删除,并返回这个元素;

(3) get,给定下标,取出列表中相应的值;

(4) set,给定下标,将列表中相应的值设为输入参数的值;

(5) top,取列表的最后一个元素,但不删除。

如何将这些方法与 Python 字节码相联系是下一节的主要任务。这里还是将注意力集中到 ListKlass 的实现上。在本书的设计理念中,所有与类型相关的操作都会在 Klass 中实现。为了支持打印列表,要在 ListKlass 中实现 HiList 的 print 方法,代码如下:

```
1   HiList::HiList() {
2       set_klass(ListKlass::get_instance());
3       _inner_list = new ArrayList<HiObject*>();
4   }
5
6   HiList::HiList(ObjList ol) {
7       set_klass(ListKlass::get_instance());
8       _inner_list = ol;
9   }
10
11  ListKlass* ListKlass::instance = NULL;
12
13  ListKlass* ListKlass::get_instance() {
14      if (instance == NULL)
15          instance = new ListKlass();
16
17      return instance;
18  }
19
20  ListKlass::ListKlass() {
21  }
22
23  void ListKlass::print(HiObject* x) {
24      HiList* lx = (HiList*)x;
25      assert(lx && lx->klass() == (Klass*) this);
26
27      printf("[");
28
29      int size = lx->_inner_list->size();
```

```
30      if (size >= 1)
31          lx->_inner_list->get(0)->print();
32
33      for (int i = 1; i < size; i++) {
34          printf(", ");
35          lx->_inner_list->get(i)->print();
36      }
37      printf("]");
38  }
```

上述代码的第 1～9 行，定义了 HiList 的构造方法。在构造方法里，将 klass 设置为 ListKlass，这个操作和 HiInteger、HiString 等如出一辙，不再详细解释。

第 11～21 行，实现了 ListKlass 单例类，关于单例模式，我们也反复使用多次了，不必过多解释。

第 23～38 行，定义了 ListKlass 的 print 方法。print 方法是定义在 HiObject 中的虚方法。ListKlass 中的 print 方法仅仅是为了实现对 HiList 对象的打印。它的逻辑比较简单，打印左中括号以后，就将 list 中的所有元素逐个取出并且调用它的 print 方法。

构建好了 HiList 这个基础设施以后，字节码 BUILD_LIST 的实现就水到渠成了，如代码清单 7.1 所示。

代码清单 7.1　BUILD_LIST

```
1   void Interpreter::run(CodeObject * codes) {
2       _frame = new FrameObject(codes);
3       while (_frame->has_more_codes()) {
4           unsigned char op_code = _frame->get_op_code();
5           ...
6           FunctionObject * fo;
7           ...
8           switch (op_code) {
9               ...
10              case ByteCode::BUILD_LIST:
11                  v = new HiList();
12                  while (op_arg--) {
13                      ((HiList *)v)->set(op_arg, POP());
14                  }
15                  PUSH(v);
16                  break;
17              ...
18          }
19      }
20  }
```

正如之前所分析的，BUILD_LIST 的实现就是新建一个列表，将栈上的元素取出来，放入到列表中，再把这个列表放到栈顶。编译并执行，就能看到本节开始的两行代码可以执行。

7.1.2 操作列表

列表对象上定义了很多操作，最典型的就是查找、修改、增加和删除。这一小节分别来研究一下如何实现这些功能。

1. 取下标

列表的取下标非常类似于 C 语言中的数组，它是通过中括号语法进行索引的，代码如下：

```
1    lst = ["hello", "world"]
2
3    # result is "hello"
4    print lst[0]
```

使用中括号和下标的形式取得列表中的指定元素，这种语法我们第一次遇到。与以前相同，通过 show_file 工具查看一下这种数组下标的语法会被翻译成怎样的字节码，如下所示：

```
1        ...
2    3       12 LOAD_NAME           0 (lst)
3            15 LOAD_CONST          2 (0)
4            18 BINARY_SUBSCR
5            19 PRINT_ITEM
6            20 PRINT_NEWLINE
```

第 4 行，赫然又是一个新的字节码：BINARY_SUBSCR。在这个字节码之前，已经把列表 lst 和整数 0 加载到了栈顶。这个字节码的意义是取出列表 lst 的第 0 项，并将结果送入栈顶，它是 subscript 的缩写。

实际上，除了列表有取下标操作以外，string 对象也支持取下标操作，未来还会遇到自定义类型中也可以支持取下标的操作。因此，这就有必要在 HiObject 对象体系中引入取下标操作了。先来定义 HiObject 中的 subscr 方法，然后再扩展到 HiList 和 HiString 类中去，代码如下：

```
1    // object/hiObject.hpp
2    class HiObject {
3        ...
4        HiObject * subscr(HiObject * x);
5    };
6
```

```
7    // object/hiObject.cpp
8    HiObject * HiObject::subscr(HiObject * x) {
9        return klass()->subscr(this, x);
10   }
```

在 Object 类中, subscr 的真正实现转移到它的 Klass 中去了。在 Klass 中, subscr 会是一个虚函数, 通过多态机制保证了不同类型的对象可以调用相应的 subscr 方法。例如, list 类型的实现代码如下:

```
1    // object/klass.hpp
2    class Klass {
3    private:
4        ...
5    public:
6        ...
7        virtual HiObject * subscr   (HiObject * x, HiObject * y) { return 0; }
8    };
9
10   // object/hiList.hpp
11   class ListKlass : public Klass {
12   private:
13       ...
14   public:
15       ...
16       virtual HiObject * subscr (HiObject * x, HiObject * y);
17   };
18
19   // object/hiList.cpp
20   HiObject * ListKlass::subscr(HiObject * x, HiObject * y) {
21       assert(x && x->klass() == (Klass *) this);
22       assert(y && y->klass() == (Klass *) IntegerKlass::get_instance());
23
24       HiList * lx = (HiList *)x;
25       HiInteger * iy = (HiInteger *)y;
26
27       return lx->inner_list()->get(iy->value());
28   }
```

在上述代码的第 22 行, 检查了第二个参数的类型, 也就是下标, 在 list 中, 它必须是整型。如果不是整型的话, 虚拟机就会直接退出。实际上, Python 的行为是会抛出异常, 到目前为止, 异常还没有完整地实现, 所以先采用"报错退出"这种处理方式。除此之外其他代码就比较简单了, 不多做解释。

最后, 还要在 Interpreter 中添加 BINARY_SUBSCR 的实现。只需要将栈顶的两个对象取出来, 再以第一个对象为参数, 调用第二个对象的 subscr 方法即可, 如代码清单 7.2 所示。

代码清单 7.2　BINARY_SUBSCR

```
1   void Interpreter::run(CodeObject* codes) {
2       _frame = new FrameObject(codes);
3       while (_frame->has_more_codes()) {
4           unsigned char op_code = _frame->get_op_code();
5           ...
6           FunctionObject* fo;
7           ...
8           switch (op_code) {
9               ...
10              case ByteCode::BINARY_SUBSCR:
11                  v = POP();
12                  w = POP();
13                  PUSH(w->subscr(v));
14                  break;
15              ...
16              }
17          }
18  }
```

至此，本小节开始的那个测试就可以正确执行了。

在完成了 list 的 subscr 操作之后，为 string 添加相应的操作就很简单了。整个流程的框架已经搭起来了，只需要在 StringKlass 中添加 subscr 即可，代码如下：

```
1   // object/hiString.hpp
2   class StringKlass : public Klass {
3   private:
4       ...
5   public:
6       ...
7       virtual HiObject* subscr (HiObject* x, HiObject* y);
8   };
9
10  // object/hiString.cpp
11  HiObject* StringKlass::subscr(HiObject* x, HiObject* y) {
12      assert(x && x->klass() == (Klass*) this);
13      assert(y && y->klass() == (Klass*) IntegerKlass::get_instance());
14
15      HiString* sx = (HiString*)x;
16      HiInteger* iy = (HiInteger*)y;
```

```
17
18          return new HiString(&(sx->value()[iy->value()]), 1);
19      }
```

string 的取下标操作与列表的取下标操作几乎一样,唯一不同的是,subscr 方法的返回值,在 list 中直接从列表中读出就可以了,在 StringKlass 中则必须先创建一个新的 string 对象。我们使用了带有长度参数的构造方法来创建这个字符串对象。这个构造方法的具体实现,请读者参考第五章字符串的实现部分。

2. 查　找

在 Python 中,查找列表是否包含了某个对象,通常使用 in 关键字,代码如下:

```
1   l = ["hello", "world"]
2
3   if "hello" in l:
4       # this statement will be executed
5       print "yes"
6   else:
7       print "no"
```

使用 in 关键字可以判断"hello"是否在列表中。和以前一样,使用 show_file 工具查看这个例子的字节码:

```
1               ...
2    4          12 LOAD_CONST               0 ('hello')
3               15 LOAD_NAME                0 (l)
4               18 COMPARE_OP               6 (in)
5               21 POP_JUMP_IF_FALSE        32
6               ...
```

注意第 4 行的字节码:COMPARE_OP。这个字节码我们已经很熟悉了,在第四章已经为这个字节码实现了是否相等和比较大小等操作。我们知道,这个字节码是带有参数的,它的参数的意义是比较操作符的类型,比如 4 代表大于,0 代表小于,2 代表等于。在这一节,COMPARE_OP 带了一个新的参数:6,括号里的注释也标明了这个参数代表 in。首先,要先把 in 操作添加到 COMPARE 类型中去,代码如下:

```
1   enum COMPARE {
2       LESS = 0,
3       LESS_EQUAL,
4       EQUAL,
5       NOT_EQUAL,
6       GREATER,
7       GREATER_EQUAL,
```

```
8            IN,
9            NOT_IN,
10           IS,
11           IS_NOT
12       };
```

在添加 in 比较符的同时,把 notin 也添加进去,它的编号是 7。

然后,就可以在 COMPARE_OP 中实现 in 的比较操作了,具体的实现如代码清单 7.3 所示。

代码清单 7.3 COMPARE_OP

```
1   void Interpreter::run(CodeObject * codes) {
2       _frame = new FrameObject(codes);
3       while (_frame->has_more_codes()) {
4           unsigned char op_code = _frame->get_op_code();
5           ...
6           switch (op_code) {
7               ...
8               case ByteCode::COMPARE_OP:
9                   w = POP();
10                  v = POP();
11
12                  switch(op_arg) {
13                      ...
14                      case ByteCode::IN:
15                          PUSH(w->contains(v));
16                          break;
17                      ...
18                      default:
19                          printf("Error: Unrecognized compare op %d\n", op_arg);
20
21                  }
22                  break;
23              ...
24          }
25      }
26  }
```

同取下标操作一样,或者与比较是否相等的操作一样,通过调用 w 的 contains 方法来判断 w 中是否含有 v。notin 的实现就交给读者自己实现了,只需将 contains 的返回进行取反操作就可以了。也就是说,如果 contains 为 True,就往栈顶送入 False,如果 contains 的返回值为 False,就往栈顶送入 True。

接下来,就从 HiObject 开始增加 contains 方法,其思路、步骤与之前添加 subscr

是一样的，代码如下：

```
1   // object/hiObject.hpp
2   class HiObject {
3       ...
4       HiObject * subscr(HiObject * x);
5       HiObject * contains(HiObject * x);
6   };
7
8   // object/hiObject.cpp
9   HiObject * HiObject::contains(HiObject * x) {
10      return klass()->contains(this, x);
11  }
12
13  // object/klass.hpp
14  class Klass {
15  private:
16      ...
17  public:
18      ...
19      virtual HiObject * contains (HiObject * x, HiObject * y) { return 0; }
20  };
```

然后，在 ListKlass 中添加 contains 方法的具体实现，代码如下：

```
1   // object/hiList.hpp
2   class ListKlass : public Klass {
3   private:
4       ...
5   public:
6       ...
7       virtual HiObject * contains (HiObject * x, HiObject * y);
8   };
9
10  // object/hiList.cpp
11  HiObject * ListKlass::contains(HiObject * x, HiObject * y) {
12      HiList * lx = (HiList *)x;
13      assert(lx && lx->klass() == (Klass *) this);
14
15      int size = lx->_inner_list->size();
16      for (int i = 1; i < size; i++) {
17          if (lx->_inner_list->get(i)->equal(y))
18              return Universe::HiTrue;
```

```
19        }
20
21        return Universe::HiFalse;
22    }
```

contains 方法的核心逻辑位于第 15～19 行。这段代码用于遍历整个 list，它的每一个元素都与参数 y 进行比较，查看它们是否相等。如果相等，就返回 True，如果不相等，就在方法的结尾返回 False。注意，这里调用的是 equal 方法，这个方法我们也已经很熟悉了，它在 klass 中也是一个虚函数。比较的具体逻辑都封装在相应类型的 klass 中了。大家可以通过查看第四章的相关内容进行复习。

字符串类型也支持 in 比较，代码如下：

```
1   if "lo" in "hello":
2       # this statement will be executed
3       print "yes"
4   else:
5       print "no"
```

在字符串里添加 contains 方法，相信读者已经驾轻就熟了，这里就不再重复了，大家可以自己动手，尝试一下。

3. 添加元素

往列表中添加元素有两个比较常用的方法，一个是调用 append 方法，另一个是调用 insert 方法。先来考察 append 方法，代码如下：

```
1   l = []
2   l.apppend(0)
3   print l
```

在使用 show_file 工具查看字节码之前，读者可以自己推测一下，这段代码所对应的字节码是什么。然后再来看自己的推测是不是正确。append 方法的调用会被翻译成以下字节码：

```
1       ...
2       52 LOAD_NAME         0 (l)
3       55 LOAD_ATTR         1 (append)
4       58 LOAD_CONST        5 (0)
5       61 CALL_FUNCTION     1
6       64 POP_TOP
7       ...
```

这次真的是太好了，这些字节码竟然全部都已经实现过了。这里并没有出现新的字节码。但我们还是要停下来思考一下，使用 LOAD_ATTR 在 list 对象上查找 append 方法，要求必须为 list 类增加这个方法。在第六章，有为字符串增加 upper 方

法的过程。list 的 append 方法是完全一样的。首先,定义 append 方法,代码如下:

```
1   // object/hiList.hpp
2   HiObject * list_append(ObjList args);
3
4   // object/hiList.cpp
5   HiObject * list_append(ObjList args) {
6       ((HiList *)(args->get(0)))->append(args->get(1));
7       return Universe::HiNone;
8   }
```

list_append 方法接受的参数同 string_upper 一样,也是一个 ArrayList。ArrayList 的第一项,也就是第一个参数是要添加元素的列表,第二个参数是待添加的元素,它的返回值是 None。接下来,要把它放到 ListKlass 的 klass_dict 中去。只需要在 ListKlass 的构造方法中添加 klass_dict 的初始化逻辑即可,代码如下:

```
1   ListKlass::ListKlass() {
2       HiDict * klass_dict = new HiDict();
3       klass_dict->put(new HiString("append"),
4           new FunctionObject(list_append));
5       set_klass_dict(klass_dict);
6   }
```

将字符串"append"与 native function 联系起来。当虚拟机执行到了 LOAD_ATTR 时,就通过字符串查找到了 list_append 所对应的 FunctionObject。然后,在 HiObject 的 getattr 方法中,列表对象会与 append 方法绑定在一起生成一个 MethodObject。

因此,当执行到 CALL_FUNCTION 时,本质上是通用了这个经过绑定的 MethodObject,进一步就会调用 Interpreter::build_frame 方法。在那里对 MethodObject 做了正确的处理。经过这样的推演,我们知道这个过程是完整的,就可以执行这个测试程序了。

往列表中添加元素的第二种方法是 insert 方法,代码如下:

```
1   l = [1, 2]
2   l.insert(0, 3)
3   # result is [3, 1, 2]
4   print l
```

insert 方法与 append 方法在原理上并无二致。作为练习,请读者自行添加。

4. 修改元素

修改列表中的元素与 C 语言中的数组操作相同,均是使用取下标操作符和赋值操作完成的。代码如下:

```
1    l = [1, 2]
2    l[0] = 3
3    # result is [3, 2]
4    print l
```

修改元素与添加元素不同，不再使用内建方法来完成这个功能，而是使用了一种新的语法。我们也有了经验，往往新的语法所对应的是新的字节码。接下来就验证一下上述例子所对应的字节码，如下所示：

```
1             ...
2    12       12 LOAD_CONST         2 (3)
3             15 LOAD_NAME          0 (l)
4             18 LOAD_CONST         3 (0)
5             21 STORE_SUBSCR
6             ...
```

正如我们所预料的，在第 5 行出现了一个新的字节码：STORE_SUBSCR。这个字节码和 BINARY_SUBSCR 正好是一对相对应的操作，一个用于取列表元素，一个用于修改列表元素。

除了列表支持修改列表元素的操作之外，本章下一节所讲的字典类型，也支持这个操作，另外，自定义类型也可以重载这个操作。因此，有必要在 HiObject 类型中增加元素修改的操作，代码如下：

```
1    // object/hiObject.hpp
2    class HiObject {
3        ...
4        HiObject * subscr(HiObject * x);
5        void      store_subscr(HiObject * x, HiObject * y);
6        HiObject * contains(HiObject * x);
7    };
8
9    // object/hiObject.cpp
10   void HiObject::store_subscr(HiObject * x, HiObject * y) {
11       klass()->store_subscr(this, x, y);
12   }
```

与前边添加 subscr 和 contains 方法一样，在 HiObject 类的 store_subscr 方法中，直接调用它所对应的 klass 的 store_subscr 方法。接下来就要在 klass 中添加 store_subscr 方法，代码如下：

```
1    // object/klass.hpp
2    class Klass {
3    private:
```

列表和字典 7

```
4      ...
5  public:
6      ...
7      virtual void store_subscr (HiObject * x, HiObject * y, HiObject * z) { return; }
8  };
9
10 // object/hiList.hpp
11 class ListKlass : public Klass {
12 private:
13     ...
14 public:
15     ...
16     virtual void store_subscr (HiObject * x, HiObject * y, HiObject * z);
17 };
18
19 // object/hiList.cpp
20 void ListKlass::store_subscr(HiObject * x, HiObject * y, HiObject * z) {
21     assert(x && x->klass() == (Klass *) this);
22     assert(y && y->klass() == IntegerKlass::get_instance());
23
24     HiList * lx = (HiList *)x;
25     HiInteger * iy = (HiInteger *)y;
26
27     lx->inner_list()->set(iy->value(), z);
28 }
```

ListKlass 的 store_subscr 方法的第一个参数代表要修改的列表,第二个参数代表下标,第三个参数代表真正的目标对象。store_subscr 的主要逻辑很简单,它只是调用了 inner_list 的 set 方法,将相应序号的元素设为 z。最后,要实现的字节码 STORE_SUBSCR 也就水到渠成了。其具体实现如代码清单 7.4 所示。

代码清单 7.4　STORE_SUBSCR

```
1  void Interpreter::run(CodeObject * codes) {
2      _frame = new FrameObject(codes);
3      HiObject *v, *w, *u;
4      ...
5      while (_frame->has_more_codes()) {
6          unsigned char op_code = _frame->get_op_code();
7          ...
8          switch (op_code) {
9              ...
```

```
10              case ByteCode::STORE_SUBSCR:
11                  u = POP();
12                  v = POP();
13                  w = POP();
14                  v->store_subscr(u, w);
15                  break;
16              ...
17          }
18      }
19  }
```

需要注意的是,这是我们第一次遇到一个不带参数的字节码关系到三个对象的情况,所以一定要注意三个参数的顺序,不要搞错了。到这里,就能正确地执行本小节开始的那个例子了。

5. 查找元素

查找元素本质上与判断列表是否包含特定元素的操作是一样的。不同之处在于查找元素的操作,其返回值是该元素在列表中的序号,如果元素不在列表中,则抛出异常。而判断是否包含操作的返回值是布尔型。

在列表中查找元素的位置,需使用 index 方法。与 append 方法类似,采用 native 方法的办法来实现它。先来定义一个名为 list_index 的方法:

```
1   HiObject * list_index(ObjList args) {
2       HiList * list = (HiList *)(args->get(0));
3       HiObject * target = (HiObject *)(args->get(1));
4
5       assert(list && list->klass() == ListKlass::get_instance());
6
7       for (int i = 0; i < list->inner_list()->size(); i++) {
8           if (list->get(i)->equal(target) == (HiObject *)Universe::HiTrue) {
9               return new HiInteger(i);
10          }
11      }
12
13      return NULL;
14  }
```

这个方法的核心逻辑是遍历列表的每一个元素,将其与目标元素进行比较,如果 equal 方法的返回值为 True,就认为在列表中找到目标元素,然后将目标元素的序号返回。如果没有找到,应该抛出异常,由于我们还没有实现异常,这里先使用空返回值代替。

最后只需要在 ListKlass 的构造函数里将字符串"index"与 list_index 方法关联起来就可以了：

```
1  ListKlass::ListKlass() {
2      HiDict * klass_dict = new HiDict();
3      ...
4      klass_dict->put(new HiString("index"),
5          new FunctionObject(list_index));
6      ...
7      set_klass_dict(klass_dict);
8  }
```

6. 删除元素

从列表中删除元素，如果删除最后一个元素，可以直接使用 list 的 pop 方法。如果删除指定位置的元素，则有两种方法，一种是使用 del 关键字，另一种是使用 remove 方法。接下来，逐个实现它们。

pop 方法与 append 方法刚好是一对逆操作。append 用于在列表的末尾添加元素，而 pop 则是删除列表的最后一个元素。首先，定义 list_pop 这个 native 方法，用于将列表末尾的元素删除。list_pop 只需要简单地调用 list 对象上的 pop 方法即可。pop 方法在第一节中定义 list 时就已经实现了。代码如下：

```
1  HiObject * list_pop(ObjList args) {
2      HiList * list = (HiList *)(args->get(0));
3      assert(list && list->klass() == ListKlass::get_instance());
4      return list->pop();
5  }
```

然后，在 ListKlass 的构造方法里，把字符串"pop"与这个 native 方法关联在一起，代码如下：

```
1  ListKlass::ListKlass() {
2      HiDict * klass_dict = new HiDict();
3      klass_dict->put(new HiString("append"),
4          new FunctionObject(list_append));
5      klass_dict->put(new HiString("pop"),
6          new FunctionObject(list_pop));
7      set_klass_dict(klass_dict);
8  }
```

从上面的代码里，可以看到，添加 pop 方法与添加 append 方法要做的事情几乎是一样的。

接下来再看一下使用 del 关键字删除指定的列表元素。这个关键字要引入新的字节码，因此，还是创建一个简单的例子，然后观察它的字节码，如下所示：

```
1       l = [4, 1, 2, 3]
2       del l[0]
3       17          56 LOAD_NAME              0 (l)
4                   59 LOAD_CONST             4 (0)
5                   62 DELETE_SUBSCR
```

为了方便查看，我把 Python 源代码和字节码放在一起了。注意上述代码的最后一行，出现新的字节码：DELETE_SUBSCR。这个字节码是不带参数的，它的参数实际上都在操作数栈上。栈顶第一个元素是整数 0，也就是序号，栈顶第二个元素是列表对象，而且这个字节码没有返回值，所以也就不必再将任何值送回到栈上了。由此，可以这样实现这个字节码，如代码清单 7.5 所示。

代码清单 7.5　STORE_SUBSCR

```
1   void Interpreter::run(CodeObject * codes) {
2       _frame = new FrameObject(codes);
3       HiObject * v, * w, * u;
4       ...
5       while (_frame->has_more_codes()) {
6           unsigned char op_code = _frame->get_op_code();
7           ...
8           switch (op_code) {
9           ...
10              case ByteCode::DELETE_SUBSCR:
11                  w = POP();
12                  v = POP();
13                  v->del_subscr(w);
14                  break;
15          ...
16          }
17      }
18  }
```

从代码里可以看到，v 和 w 都是指向 HiObject 的指针，这就要求在 HiObject 中添加 del_subscr 方法。这个逻辑推演与 store_subscr 方法是完全一样的。这里就直接给出 del_subscr 方法的实现，代码如下：

```
1   // object/hiObject.cpp
2   void HiObject::del_subscr(HiObject * x) {
3       klass()->del_subscr(this, x);
4   }
```

```
5
6    // object/klass.hpp
7    class Klass {
8    private:
9        Klass *           _super;
10       HiString *        _name;
11       HiDict *          _klass_dict;
12
13   public:
14       ...
15       virtual void del_subscr   (HiObject * x, HiObject * y) { return; }
16   };
```

然后,在 ListKlass 中实现这个虚函数,代码如下:

```
1    // object/hiList.hpp
2    class ListKlass : public Klass {
3    public:
4        ...
5        virtual void del_subscr (HiObject * x, HiObject *  y);
6    };
7
8    // object/hiList.cpp
9    void ListKlass::del_subscr(HiObject * x, HiObject * y) {
10       assert(x && x->klass() == (Klass *) this);
11       assert(y && y->klass() == IntegerKlass::get_instance());
12
13       HiList * lx = (HiList *)x;
14       HiInteger * iy = (HiInteger *)y;
15
16       lx->inner_list()->delete_index(iy->value());
17   }
18
19   // util/arrayList.cpp
20   template <typename T>
21   void ArrayList<T>::delete_index(int index) {
22       for (int i = index; i + 1 < _size; i++) {
23           _array[i] = _array[i+1];
24       }
25       _size--;
26   }
```

上述代码的第 20~26 行,定义了从 ArrayList 中删除指定位置的元素的方法。

由于其内部的数据结构是一个数组，在删除的时候，必须将后面的元素向前移，覆盖掉被删除的那个元素。在完成这个操作以后，再把"_size"减一。这样，del 关键字删除元素的功能就全部完成了。

最后，再来看 remove 方法的实现。这个方法接受一个参数，将列表中与该参数相等的值删除掉。代码如下：

```
1   l = ["hello", "world", "hello"]
2   l.remove("hello")
3   print l  # ["world"]
```

在列表中添加一个 native 方法，已经做过很多次了。对 ListKlass 构造函数的修改，这里不再列出，读者可以练手自行实现。这里重点关注一下 list_remove 方法的实现，代码如下：

```
1   HiObject * list_remove(ObjList args) {
2       HiList * list = (HiList *)(args->get(0));
3       HiObject * target = (HiObject *)(args->get(1));
4
5       assert(list && list->klass() == ListKlass::get_instance());
6
7       for (int i = 0; i < list->inner_list()->size(); i++) {
8           if (list->get(i)->equal(target) == (HiObject *)Universe::HiTrue) {
9               list->inner_list()->delete_index(i);
10          }
11      }
12
13      return Universe::HiNone;
14  }
```

在第 8 行，比较列表中的元素与输入参数 target 是否相等，是通过直接调用 equal 来实现的。如果相等，equal 方法的返回值就是 HiTrue，否则就是 HiFalse。当元素与参数相等时，可以通过直接调用 delete_index 方法将元素删除。

到这里，删除元素的所有方法就全部实现了。可以通过以下测试用例进行综合测试，代码如下：

```
1   l = [4, 1, 2, 3]
2   print l
3   l.remove(2)
4   print l         # [4, 1, 3]
5   l[0] = 3
6   print l         # [3, 1, 3]
7   del l[0]
```

```
8    print l        # [1,3]
9    print l.pop()  # 3
10   print l        # [1]
```

大家自己运行一下这个例子，看看自己的测试结果是否与预期相符。

7. 排　序

列表中有两个方法与列表元素的序列有关，一个是 reverse，一个是 sort。reverse 方法用于将列表中的所有元素倒序。sort 用于将列表中的元素按从小到大的升序排列。

reverse 是列表的一个方法，添加 reverse 方法的过程，代码如下：

```
1    ListKlass::ListKlass() {
2        HiDict * klass_dict = new HiDict();
3        ...
4        klass_dict->put(new HiString("reverse"),
5            new FunctionObject(list_reverse));
6        set_klass_dict(klass_dict);
7    }
8
9    HiObject * list_reverse(ObjList args) {
10       HiList * list = (HiList *)(args->get(0));
11
12       int i = 0;
13       int j = list->size() - 1;
14       while (i < j) {
15           HiObject * t = list->get(i);
16           list->set(i, list->get(j));
17           list->set(j, t);
18
19           i++;
20           j--;
21       }
22
23       return Universe::HiNone;
24   }
```

这段代码，逻辑的重点在于第 14～21 行。i 指向列表头，j 指向列表尾，不停地交换前半部分元素和后半部分元素，直到 i 不再指向前半部分。

然后再来看 sort 方法。绝大多数的排序算法，都是基于比较的，就是说，如果要把所有元素按照从小到大升序排列，首先得定义大和小。两个元素能比较大小了，它们的先后顺序也就决定了。所以，要先解决的第一个问题是列表的所有元素都可以比较大小。

在 HiObject 中，已经定义好了 less 和 greater 等方法用于比较对象大小。并且在第 5 章的 IntegerKlass 中实现了相应的方法。在那里，整数类之间是可以相互比较的，但如果比较的对象是不同的类型，当时的做法是直接 assert 失败退出程序。实际上，Python 是支持不同类型的对象相互比较大小的；它的规则是，整数类型比其他所有类型都小；其他类型之间相互比较的时候按照类型名称的字符串比较规则进行比较。例如，列表的类型名称是"list"，字符串类的类型名称是"str"。这两个类名称的字符串进行比较时，"list"小于"str"，这就意味着所有的列表对象都比字符串对象小。

为了验证这一点，可以通过自定义类来测试这个比较逻辑，代码如下：

```
1    class mall(object):
2        pass
3
4    class zebra(object):
5        pass
6
7    m = mall()
8    z = zebra()
9    print m < "hello"        # True
10   print [] < m             # True
11   print [] < "hello"       # True
12   print "hello" < z        # True
```

使用 Python 执行上面的测试用例就会发现，由于 m 的类型名称是"mall"，而 z 的类型名称是"zebra"，字符串"hello"的类型名称是"str"，列表的类型名称是"list"，所以它们的顺序应该是：[]<m<"hello"<z。

要把这个规则加入到虚拟机中，先来定义一个方法，用于比较所有类型，代码如下：

```
1    // object/klass.hpp
2    class Klass {
3        ...
4    public:
5        ...
6        static int compare_klass(Klass* x, Klass* y);
7    };
8
9    // object/klass.cpp
10   int Klass::compare_klass(Klass* x, Klass* y) {
11       if (x == y)
12           return 0;
```

```
13
14      if (x == IntegerKlass::get_instance())
15          return -1;
16      else if (y == IntegerKlass::get_instance())
17          return 1;
18
19      if (x->name()->less(y->name()) == (HiObject *)Universe::HiTrue)
20          return -1;
21      else
22          return 1;
23  }
```

在 Klass 中定义一个静态方法,用于比较所有类型。它的返回值是一个整数,如果返回值等于 0,表示两个类型相同,如果返回值小于 0,代表第一个参数小于第二个参数,如果返回值大于 0,代表第一个参数大于第二个参数。

第 14~17 行的逻辑是为了处理整数类型,整数类型比所有其他类型都小。第 19~22 行,如果 x 和 y 都不是整数类型,就比较它们的 name。Klass 的 name 是一个字符串类型。

然后,在 IntegerKlass 中,less 和 greater 等比较对象大小的方法,也要做出相应的修改。以前,比较的参数必须是相同类型的,现在就应该增加类型不相同的对象的比较逻辑了,代码如下:

```
1   HiObject * IntegerKlass::less(HiObject * x, HiObject * y) {
2       HiInteger * ix = (HiInteger *) x;
3       assert(ix && (ix->klass() == (Klass *)this));
4
5       if (x->klass() != y->klass()) {
6           if (Klass::compare_klass(x->klass(), y->klass()) < 0)
7               return Universe::HiTrue;
8           else
9               return Universe::HiFalse;
10      }
11
12      HiInteger * iy = (HiInteger *)y;
13      assert(iy && (iy->klass() == (Klass *)this));
14
15      if (ix->value() < iy->value())
16          return Universe::HiTrue;
17      else
18          return Universe::HiFalse;
19  }
```

第 5～10 行，是为了处理 x 与 y 是不同类型的情况。当它们的类型不相同时，compare_klass 的返回值就不会为 0。如果 compare_klass 的返回值小于 0，那么 less 方法就可以直接返回 True 了。只有当 x 与 y 的类型相同时，才会沿着原来的逻辑继续执行，也就是比较 x 与 y 的 value 值的大小。

与整型的 less 方法类似，字符串类型的 less 方法也应该添加不同类型的比较，代码如下：

```
1   HiObject * StringKlass::less(HiObject * x, HiObject * y) {
2       HiString * sx = (HiString *) x;
3       assert(sx && (sx->klass() == (Klass *)this));
4   
5       if (x->klass() != y->klass()) {
6           if (Klass::compare_klass(x->klass(), y->klass()) < 0)
7               return Universe::HiTrue;
8           else
9               return Universe::HiFalse;
10      }
11  
12      HiString * sy = (HiString *)y;
13      assert(sy && (sy->klass() == (Klass *)this));
14  
15      int len = sx->length() < sy->length() ?
16          sx->length() : sy->length();
17  
18      for (int i = 0; i < len; i++) {
19          if (sx->value()[i] < sy->value()[i])
20              return Universe::HiTrue;
21          else if (sx->value()[i] > sy->value()[i])
22              return Universe::HiFalse;
23      }
24  
25      if (sx->length() < sy->length()) {
26          return Universe::HiTrue;
27      }
28  
29      return Universe::HiFalse;
30  }
```

第 5～10 行，就是对不同类型的对象进行比较。后面的逻辑是两个对象是字符串对象的情况，仍然保留了原来的代码。

在对象能够比较大小以后，再来实现 sort 方法，代码如下：

```cpp
1   ListKlass::ListKlass() {
2       HiDict * klass_dict = new HiDict();
3       ...
4       klass_dict->put(new HiString("sort"),
5           new FunctionObject(list_sort));
6       set_klass_dict(klass_dict);
7
8       set_name(new HiString("list"));
9   }
10
11  HiObject * list_sort(ObjList args) {
12      HiList * list = (HiList *)(args->get(0));
13      assert(list && list->klass() == ListKlass::get_instance());
14
15      // bubble sort
16      for (int i = 0; i < list->size(); i++) {
17          for (int j = list->size() - 1; j > i; j--) {
18              if (list->get(j)->less(list->get(j-1)) == Universe::HiTrue) {
19                  HiObject * t = list->get(j);
20                  list->set(j, list->get(j-1));
21                  list->set(j-1, t);
22              }
23          }
24      }
25
26      return Universe::HiNone;
27  }
```

list_sort 是列表的 sort 方法的真正实现。在 list_sort 中,采用了冒泡排序算法,这是一种最简单的排序算法。

它重复地访问要排序的元素列,依次比较两个相邻的元素,如果他们的顺序错误(如从小到大排序时,更大的数在前边)就把他们交换过来。这个过程一直重复进行,直到没有相邻元素需要交换,也就是说该元素序列的排序已经全部完成。这个算法的名字由来是因为越小的元素会经由交换慢慢"浮"到数列的顶端,就如同水中的气泡最终会上浮到顶端一样,故名"冒泡排序"。

更多的高级排序算法,读者可以通过附录 B 查看,也可以尝试着使用快排或者堆排序来替换冒泡排序算法,从而使 list 的排序效率更高。

为了让列表对象相互之间能够比较,还要为列表增加比较的方法,代码如下:

```
1   HiObject * ListKlass::less(HiObject * x, HiObject * y) {
2       HiList * lx = (HiList *)x;
3       assert(lx && lx->klass() == (Klass *)this);
4
5       if (x->klass() != y->klass()) {
6           if (Klass::compare_klass(x->klass(), y->klass()) < 0)
7               return Universe::HiTrue;
8           else
9               return Universe::HiFalse;
10      }
11
12      HiList * ly = (HiList *)y;
13      assert(ly && ly->klass() == (Klass *)this);
14
15      int len = lx->size() < ly->size() ?
16                lx->size() : ly->size();
17
18      for (int i = 0; i < len; i++) {
19          if (lx->get(i)->less(ly->get(i)) == Universe::HiTrue) {
20              return Universe::HiTrue;
21          }
22          else if (lx->get(i)->equal(ly->get(i)) != Universe::HiTrue) {
23              return Universe::HiFalse;
24          }
25      }
26
27      if (lx->size() < ly->size())
28          return Universe::HiTrue;
29
30      return Universe::HiFalse;
31  }
```

这个比较的逻辑与字符串比较的逻辑十分相似。首先检查两个对象的类型是否相同，如果不相同，就先比较类型的大小。如果类型相同，就逐个元素进行比较。在 x 某位置上的元素如果小于 y 相同位置上的元素，就可以直接返回 True。x 某位置上的元素如果大于 y 相同位置上的元素，就直接返回 False。如果在相同位置上的元素相等，那就继续比较下一位。如果所有位置上的元素都相等，但是 x 和 y 的长度不同，那么更短的那个列表更小。

到这里，可以使用下面的测试用例来检查我们的实现是否正确，如代码清单 7.6 所示。

代码清单 7.6　test_sort.py

```
1  t = ["a", 2, "c", 1, "b", 3, [1, 2], [3, 4]]
2  t.sort()
3  # [1, 2, 3, [1, 2], [3, 4], "a", "b", "c"]
4  print t
```

8. 遍　历

列表还有一个重要的机制，在 Python 编程实践中，遍历使用频率非常高。在第 4 章讲解控制流的时候，只讲解了 while 循环，而没有使用 for 关键字，这是因为 for 关键字要依赖更多的数据结构。用一个例子来查看 for 循环所使用的字节码，如代码清单 7.7 所示。

代码清单 7.7　test_for.py

```
1  l = [1, 2, 3]
2  for i in l:
3      print i
```

将这个测试用例编译以后，再使用 show_file 工具查看其字节码，如下所示：

```
1   1         0 LOAD_CONST               0 (1)
2             3 LOAD_CONST               1 (2)
3             6 LOAD_CONST               2 (3)
4             9 BUILD_LIST
5            12 STORE_NAME               0 (l)
6
7   2        15 SETUP_LOOP              19 (to 37)
8            18 LOAD_NAME                0 (l)
9            21 GET_ITER
10      >>   22 FOR_ITER                11 (to 36)
11           25 STORE_NAME               1 (i)
12
13  3        28 LOAD_NAME                1 (i)
14           31 PRINT_ITEM
15           32 PRINT_NEWLINE
16           33 JUMP_ABSOLUTE           22
17      >>   36 POP_BLOCK
```

字节码的前 5 行，是创建列表。接下来的 5 行，对应源码文件的第 2 行，也就是那条 for 语句。这 5 条字节码中，有 2 个是还没有实现的，分别是 GET_ITER 和 FOR_ITER。

这里引入了一个全新的概念：迭代器(iterator)。迭代器在 C++ STL 中和 Java

容器里被广泛使用。是一种非常常见的软件设计模式。迭代器是一种对象，它能够遍历容器中的所有元素。迭代器并不仅仅是列表专用的，它用在很多地方，例如，字典、文件等，程序员甚至可以自己定义迭代器。它的作用就是屏蔽底层的数据结构，让程序可以使用统一的接口。

GET_ITER 可以获得栈顶对象的迭代器，并把迭代器送到栈顶。FOR_ITER 将迭代器往前推进。比如，迭代器在刚被创建的时候，总是指向第一个元素，而执行一次 FOR_ITER 以后，就会把第一个元素送入到栈顶，同时将迭代器推进一次，指向第二个元素。

知道了迭代器的作用以后，我们就来设计列表的迭代器。Python 提供了一个函数，名为 iter，可以获取对象上的迭代器，此处可以先探究一下，代码如下：

```
1  >>> l = []
2  >>> it = iter(l)
3  >>> print it
4  <listiterator object at 0x7fac4be785d0>
5  >>> dir(it)
6  [...'next']
```

在 Python 的 REPL 环境里（在命令行下手动输入 python 并回车即可进入），通过调用 iter 函数，获得一个空列表对象的迭代器，并输出，可以看到，迭代器对象本身也是一个普通的 Python 对象，并且它的类型是"listiterator"。通过 dir 查看它的属性，可以看到 listiterator 类型上定义了 next 方法，这就为实现迭代器指明了方向。首先，迭代器也是一个 HiObject 对象，其 klass 的名称为"listiterator"。把这些分析转化成代码，代码如下：

```
1  // object/hiList.hpp
2  class ListIteratorKlass : public Klass {
3  private:
4      static ListIteratorKlass* instance;
5      ListIteratorKlass();
6
7  public:
8      static ListIteratorKlass* get_instance();
9  };
10
11 class ListIterator : public HiObject {
12 private:
13     HiList*  _owner;
14     int      _iter_cnt;
15 public:
16     ListIterator(HiList* owner);
```

```
17
18        HiList * owner()          { return _owner; }
19        int iter_cnt()            { return _iter_cnt; }
20        void inc_cnt()            { _iter_cnt ++ ; }
21    };
```

ListIteratorKlass 与之前实现的 ListKlass 等其他 Klass 相同,也是一个单例对象。ListIterator 才是真正的迭代器,它继承自 HiObject。为了遍历列表,迭代器上要记录目标列表(_owner),还要记录当前已经遍历到什么位置(_iter_cnt)。

接下来,要在代表迭代器类型的 ListIteratorKlass 中添加 next 方法。这个工作可以在构造函数里完成,代码如下:

```
1   // object/hiList.hpp
2   HiObject * listiterator_next(ObjList args);
3
4   // object/hiList.cpp
5   ListIteratorKlass::ListIteratorKlass() {
6       HiDict * klass_dict = new HiDict();
7       klass_dict->put(new HiString("next"),
8               new FunctionObject(listiterator_next));
9       set_klass_dict(klass_dict);
10
11      set_name(new HiString("listiterator"));
12  }
13
14  ListIterator::ListIterator(HiList * list) {
15      _owner = list;
16      _iter_cnt = 0;
17      set_klass(ListIteratorKlass::get_instance());
18  }
19
20  HiObject * listiterator_next(ObjList args) {
21      ListIterator * iter = (ListIterator *)(args->get(0));
22
23      HiList * alist = iter->owner();
24      int iter_cnt = iter->iter_cnt();
25      if (iter_cnt < alist->inner_list()->size()) {
26          HiObject * obj = alist->get(iter_cnt);
27          iter->inc_cnt();
28          return obj;
29      }
30      else // TODO : we need StopIteration here to mark iteration end
31          return NULL;
32  }
```

listiterator_next 方法的逻辑是取出当前 iter_cnt 所对应的对象,将其作为返回值返回给调用者。并且把 iter_cnt 加 1。如果遍历结束,iter_cnt 的值就会等于 list 的 size,通过返回 NULL 来表示结束。实际上,按照 Python 标准的要求,这里应该抛出一个 StopIteration 的异常,但由于现在还没有实现异常机制,所以这里就先使用 NULL 来代表迭代器遍历结束。

实现完列表的迭代器以后,就可以实现两个字节码了,具体如代码清单 7.8 所示。

代码清单 7.8　ITER

```
1   void Interpreter::run(CodeObject * codes) {
2       _frame = new FrameObject(codes);
3       HiObject * v, * w, * u;
4       ...
5       while (_frame->has_more_codes()) {
6           unsigned char op_code = _frame->get_op_code();
7           ...
8           switch (op_code) {
9               ...
10              case ByteCode::GET_ITER:
11                  v = POP();
12                  PUSH(v->iter());
13                  break;
14
15              case ByteCode::FOR_ITER:
16                  v = TOP();
17                  w = v->getattr(new HiString("next"));
18                  build_frame(w, NULL);
19
20                  if (TOP() == NULL) {
21                      _frame->_pc += op_arg;
22                      POP();
23                  }
24                  break;
25              ...
26          }
27      }
28  }
```

第 10～13 行是 GET_ITER 的实现。它调用了 v 的 iter 方法,v 的类型虽然是指向 HiObject 的指针,但它本质上是一个列表对象。这个方法的作用是生成与 v 相联系的 ListIterator。在 HiObject 及 Klass 类中添加 iter 方法的原型的代码，这里不再列出，只列出 ListKlass 中 iter 的具体实现，代码如下：

```
1    HiObject * ListKlass::iter(HiObject * x) {
2        assert(x && x->klass() == this);
3        return new ListIterator((HiList * )x);
4    }
```

执行完 GET_ITER 字节码以后，列表的迭代器对象就已经在操作数栈顶了。接下来就是循环地执行 FOR_ITER。

如果迭代的过程正常，也就是返回值不为 NULL，那么就继续执行下一条字节码。如果迭代的过程结束了，就跳转到目标字节码继续执行；这个目标字节码由 FOR_ITER 的参数描述，FOR_ITER 的参数的意义是迭代结束的目标指令与当前指令的偏移量。因此，在迭代结束以后，将 "_frame" 的 "_pc" 值加上这个参数，就得到了要跳转的目标指令地址。

从列表中迭代取出元素的过程，就是不断地通过 build_frame 调用 ListIterator 的 next 方法的过程。这个调用最终会执行到 listiterator_next 函数中去。在这个函数里，不断地从列表中取出它的元素。

到这里，迭代器就全部实现完了。编译运行，就可以执行本小节开始的测试用例了。

最后，再添加一点优化。注意，FOR_ITER 的每一次执行都会生成一个新的字符串对象，这种做法不仅仅是性能比较差，在没有正确地实现自动内存管理之前，还带来了更多的内存泄露。其实 next 是一个常量，没有必要每次都重新生成。所以就可以以静态变量的形式将其记录下来。为此，此处创建一个名为 StringTable 的类，把虚拟机中的所有字符串常量都记录在这个类里，代码如下：

```
1    class StringTable {
2    private:
3        static StringTable * instance;
4        StringTable();
5
6    public:
7        static StringTable * get_instance();
8
9        HiString * next_str;
10   };
```

因为 StringTable 在整个虚拟机里只需要一份即可，所以采用单例模式实现它。单例模式的具体实现此处略去。在构造函数里，初始化 next_str；这样在 FOR_ITER 里，就可以使用这个字符串常量了，避免了每次执行都需要创建一个新的对象，代码如下：

```
1   StringTable::StringTable() {
2       next_str = new HiString("next");
3   }
4
5   void Interpreter::run(CodeObject * codes) {
6       ...
7           case ByteCode::FOR_ITER:
8               v = TOP();
9               w = v->getattr(StringTable::get_instance()->next_str);
10      ...
11  }
```

关于迭代器先介绍到这里，Python 的迭代器是一个很复杂的机制，这里只是开了个头，后面会慢慢补充。

9. 加法乘法和扩展

列表上定义的各种操作，已经介绍得差不多了。最后，还有三种简单的操作值得再介绍一下。第一个就是加法，两个列表相加的结果是，一个新的列表包含了两个列表的所有内容。代码如下：

```
1   a = [1, 2]
2   b = ["hello", "world"]
3   c = a + b
4   #       24 LOAD_NAME            0 (a)
5   #       27 LOAD_NAME            1 (b)
6   #       30 BINARY_ADD
7   #       31 STORE_NAME           2 (c)
8   print a   # [1, 2]
9   print b   # ["hello", "world"]
10  print c   # [1, 2, "hello", "world"]
```

使用 Python 运行这个测试，就会发现，a 和 b 所指向的列表并没有发生改变。而 c 是一个新的列表，它包含了 a 和 b 的内容。为了方便观察，测试用例中以注释的形式把字节码列出来了。可以看到，列表的加法操作并没有引入新的字节码，与整数一样，使用了 BINARY_ADD 来进行列表的相加操作。我们知道，BINARY_ADD 的实现依赖于对象的 add 方法。为了支持列表类型的加法操作，就需要在 ListKlass 中增加加法操作的实现。这是比较容易的，代码如下：

```
1   HiObject * ListKlass::add(HiObject * x, HiObject * y) {
2       HiList * lx = (HiList *)x;
3       assert(lx && lx->klass() == (Klass *) this);
```

```
4       HiList * ly = (HiList * )y;
5       assert(ly && ly->klass() == (Klass * ) this);
6
7       HiList * z = new HiList();
8       for (int i = 0; i < lx->size(); i++) {
9           z->inner_list()->set(i, lx->inner_list()->get(i));
10      }
11
12      for (int i = 0; i < ly->size(); i++) {
13          z->inner_list()->set(i + lx->size(),
14              ly->inner_list()->get(i));
15      }
16
17      return z;
18  }
```

在 add 方法中,先创建一个新的空列表 z,然后将 x 中的所有元素都复制到 z 中去,再把 y 中的所有元素都复制到 z 中去,最后将 z 返回给调用者即可。

与加法相类似,列表还支持乘法。列表只能与整数相乘,记整数为 n,则列表 lst 乘以 n 的结果与 n 个 lst 相加的结果相同。乘法对应的字节码是 BINARY_MULTIPLY,这个字节码的实现依赖于对象的 mul 方法。在 ListKlass 中增加 mul 的实现即可,代码如下:

```
1   HiObject * ListKlass::mul(HiObject * x, HiObject * y) {
2       HiList * lx = (HiList * )x;
3       assert(lx && lx->klass() == (Klass * ) this);
4       HiInteger * iy = (HiInteger * )y;
5       assert(iy && iy->klass() == IntegerKlass::get_instance());
6
7       HiList * z = new HiList();
8       for (int i = 0; i < iy->value(); i++) {
9           for (int j = 0; j < lx->size(); j++) {
10              z->inner_list()->set(i * lx->size() + j,
11                  lx->inner_list()->get(j));
12          }
13      }
14
15      return z;
16  }
```

乘法的逻辑也很直接,大家可以与加法相互对照着研究。

7.2 字典

7.2.1 字典的定义

字典是 Python 中另外一个非常重要的数据结构。它类似于 C++ 中的 map 或者 Java 中的 HashMap。字典支持键和对应值的成对插入、添加和删除等操作。

以一个例子来说明 dict 的具体用法，代码如下：

```
1    d = {1 : "hello", "world" : 2}
2
3    print d
4    print d[1]
5    print d["world"]
```

可以看到，上面的代码中定义了一个字典，这个字典包含了两组键值对。第一组键是整数 1，值是字符串"hello"。第二组键是字符串"world"，值是整数 2。代码的第 3 行将输出字典，第 4 行则将输出整数 1 所对应的值"hello"，第 5 行输出字符串"world"所对应的值，整数 2。

通过 show_file 工具，能观察到 Python 为了定义字典引入了新的字节码。和列表一样，也要实现这些专门为字典而创造的字节码，代码如下：

```
1    d = {1 : "hello", "world" : 2}
2      1            0 BUILD_MAP            2
3                   3 LOAD_CONST           0 ('hello')
4                   6 LOAD_CONST           1 (1)
5                   9 STORE_MAP
6                  10 LOAD_CONST           2 (2)
7                  13 LOAD_CONST           3 ('world')
8                  16 STORE_MAP
9                  17 STORE_NAME           0 (d)
10
11   print d[1]
12     4           25 LOAD_NAME            0 (d)
13                 28 LOAD_CONST           1 (1)
14                 31 BINARY_SUBSCR
15                 32 PRINT_ITEM
16                 33 PRINT_NEWLINE
```

这一段字节码中，有两个新的字节码：BUILD_MAP 和 STORE_MAP。BUILD_MAP 和 BUILD_LIST 的原理相同，它的行为是创建一个字典对象，并把它送到栈顶。我们已经实现了一个维护键值对的二维结构 Map,支持数据的增删查改。此时只需要对 Map 进行封装,将其包装成一个 HiObject 的子类即可,代码如下:

```
1   class DictKlass : public Klass {
2   private:
3       DictKlass();
4       static DictKlass * instance;
5
6   public:
7       static DictKlass * get_instance();
8
9       virtual HiObject * subscr(HiObject * x, HiObject * y);
10      virtual HiObject * iter(HiObject * x);
11      virtual void print(HiObject * obj);
12      virtual void store_subscr(HiObject * x, HiObject * y, HiObject * z);
13  };
14
15  class HiDict : public HiObject {
16  friend class DictKlass;
17  private:
18      Map<HiObject *, HiObject *> * _map;
19
20  public:
21      HiDict();
22      HiDict(Map<HiObject *, HiObject *> * map);
23      Map<HiObject *, HiObject *> * map()    { return _map; }
24      void put(HiObject * k, HiObject * v) { _map->put(k, v); }
25      HiObject * get(HiObject * k)          { return _map->get(k); }
26      bool has_key(HiObject * k)            { return _map->has_key(k); }
27      int  size()                           { return _map->size(); }
28      HiObject * remove(HiObject * k)       { return _map->remove(k); }
29  };
```

上面的代码,定义了一个新的类型 HiDict,它是 HiObject 的子类。在 HiDict 中,有一个域_map,它的类型是 Map。我们在 HiDict 中定义了各种操作,最终都转化成了对_map 的操作。这些操作包括:

① put,向字典中添加新的键值对;

② get,给定键,取出字典中相应的值;

③ remove,给定键,删除相应的键值对,由于在一个字典中,所有的键都是不重复的,因此,这个方法最多只能删除一个键值对。

DictKlass 的设计与 ListKlass 的设计十分相似,也采用了单例模式实现。Dict-

Klass 中还定义了 print 方法等,这些方法逻辑比较简单,为了节约篇幅,这里不再列出,请读者自行实现。

有了字典的定义,BUILD_MAP 的实现就很简单了,具体如代码清单 7.9 所示。

代码清单 7.9 BUILD_MAP

```
1   void Interpreter::run(CodeObject * codes) {
2       _frame = new FrameObject(codes);
3       while (_frame->has_more_codes()) {
4           unsigned char op_code = _frame->get_op_code();
5           ...
6           FunctionObject * fo;
7           ...
8           switch (op_code) {
9               ...
10              case ByteCode::BUILD_MAP:
11                  v = new HiDict();
12                  PUSH(v);
13                  break;
14              ...
15          }
16      }
17  }
```

有一点需要关注,BUILD_MAP 本身是带有参数的,它的参数值指示了这个字典初始化时键值对的个数,但这个参数值并没有用,它是因为历史原因而保留下来的,这和 BUILD_LIST 是不同的。这是因为字典多了一个 STORE_MAP 字节码。STORE_MAP 负责将栈上的键值对存入字典中,具体实现如代码清单 7.10 所示。

代码清单 7.10 STORE_MAP

```
1   void Interpreter::run(CodeObject * codes) {
2       _frame = new FrameObject(codes);
3       while (_frame->has_more_codes()) {
4           unsigned char op_code = _frame->get_op_code();
5           ...
6           switch (op_code) {
7               ...
8               case ByteCode::STORE_MAP:
9                   w = POP();
10                  u = POP();
11                  v = TOP();
12                  ((HiDict *)v)->put(w, u);
```

```
13                  break;
14              ...
15          }
16      }
17  }
```

在实现了这两个字节码以后,就可以运行本节开始时的 test_dict 这个测试用例了。

在没有定义 HiDict 之前,我们在 FrameObject 和 FunctionObject 中使用了大量的 Map 来做键值对的容器。有了 HiDict 以后,就不必再使用 Map 了,我们把所有的 Map 全部替换为 HiDict。字典作为豪装版 Map,可以在 Python 测试代码里输出它的内容,这是非常有用的一个能力。另外,将来在实现自动内存管理的时候,HiDict 也比 Map 更加容易操作。以上重构所涉及的代码都可以在本书所附代码里查找,请读者自行查阅,这里就不再列出了。

7.2.2 操作字典

1. 查询和插入

字典的查询是通过 BINARY_SUBSCR 字节码实现的,插入则依赖 STORE_SUBSCR 字节码。只要在 DictKlass 中实现了 subscr 和 store_subscr 方法即可(请读者参考上一小节,列表的实现,自行实现字典的相应功能)。

除此之外,字典还定义了 get 方法和 has_key 方法,用于查询数据。逻辑都比较简单,这里不再列出。

字典中有一个特别的方法,名为 setdefault,它的作用是,为字典设置默认值。比如,setdefault(key, value) 的作用是先查看字典中是否有 key,如果有,就什么也不做,如果没有,就把(key, value)插入字典。下面给出这个方法的实现,如代码清单 7.11 所示。

代码清单 7.11　dict.setdefault

```
1   void DictKlass::initialize() {
2       HiDict * klass_dict = new HiDict();
3       klass_dict->put(new HiString("setdefault"),
4               new FunctionObject(dict_set_default));
5       set_klass_dict(klass_dict);
6   }
7
8   HiObject * dict_set_default(ObjList args) {
9       HiDict * dict = (HiDict *)(args->get(0));
10      HiObject * key = args->get(1);
```

```
11      HiObject * value = args->get(2);
12
13      if (! dict->has_key(key))
14          dict->put(key, value);
15
16      return Universe::HiNone;
17  }
```

可以通过以下测试用例进行测试,如代码清单 7.12 所示。

代码清单 7.12 dict.setdefault

```
1   d = {1 : "hello"}
2
3   d.setdefault(1, 2)
4   d.setdefault(2, 3)
5
6   print d[1]      # "hello"
7   print d[2]      # 3
```

2. 删　除

字典的删除操作有两种办法,一种是使用 remove 方法,另一种是使用 del 关键字。

在 Klass 中添加新的方法,已经操作过很多次,这里不再讲解。在 DictKlass 中增加 remove 方法,具体实现如代码清单 7.13 所示。

代码清单 7.13 dict.remove

```
1   void DictKlass::initialize() {
2       HiDict * klass_dict = new HiDict();
3       klass_dict->put(new HiString("setdefault"),
4               new FunctionObject(dict_set_default));
5       klass_dict->put(new HiString("remove"),
6               new FunctionObject(dict_remove));
7       set_klass_dict(klass_dict);
8   }
9
10  HiObject * dict_remove(ObjList args) {
11      HiObject * x = args->get(0);
12      HiObject * y = args->get(1);
13
14      ((HiDict * )x)->remove(y);
```

```
15
16          return Universe::HiNone;
17      }
```

使用 del 关键字,则需要依赖 DELETE_SUBSCR 字节码。在删除列表元素的时候,也已经使用过这个字节码。这里再展示一下删除字典数据的具体做法,如代码清单 7.14 所示。

代码清单 7.14 del

```
1   void DictKlass::del_subscr(HiObject * x, HiObject * y) {
2       assert(x && x->klass() == (Klass *) this);
3       ((HiDict *)x)->remove(y);
4   }
```

不管是 remove 方法,还是 del 关键字,都会调用到 HiDict 的 remove 方法,最终会调用 Map 的 remove 方法删除元素。

3. 遍 历

增加和删除相对比较简单,这一小节,关注字典的遍历。字典的遍历有很多种方法,这里列出了其中的七种,如代码清单 7.15 所示。

代码清单 7.15 test_dict_iter.py

```
1   d = {1 : "a", 2 : "b"}
2
3   print d.keys()         # [1, 2]
4   for k in d.keys():
5       print k, d[k]
6
7   for v in d.values():
8       print v
9
10  print d.items()        # [(1, 'a'), (2, 'b')]
11  for k, v in d.items():
12      print k, v
13
14  for k in d:
15      print k, d[k]
16
17  for k in d.iterkeys():
18      print k, d[k]
19
20  for v in d.itervalues():
21      print v
```

```
22
23      for k, v in d.iteritems():
24          print k, v
```

先来看第一种：d.keys()。通过第三行的输出结果知道，d.keys()的返回值是一个列表，这个列表里存储了字典中的所有 key。所谓的字典遍历，不过是遍历了一个列表而已。这也提示我们，使用 d.keys()这样的接口会生成一个中间列表。如果字典中有很多值，那么这个中间列表也会很大。这有时会带来比较严重的性能下降。不管怎么样，先实现这个方法，代码如下：

```
1   void DictKlass::initialize() {
2       HiDict * klass_dict = new HiDict();
3       ...
4       klass_dict->put(new HiString("keys"),
5               new FunctionObject(dict_keys));
6       ...
7       set_klass_dict(klass_dict);
8   }
9
10  HiObject * dict_keys(ObjList args) {
11      HiDict * x = (HiDict *)(args->get(0));
12
13      HiList * keys = new HiList();
14
15      for (int i = 0; i < x->size(); i++) {
16          keys->append(x->map()->get_key(i));
17      }
18
19      return keys;
20  }
```

在 dict_keys 中，先创建一个列表，然后遍历整个 Map，将所有的 key 都放到这个列表中，最后将这个列表返回。

test_dict_iter 的第 7 行的 values 方法与 keys 方法是相同的，也是返回一个列表，列表中包含的是字典中的所有值（value）。它的实现与 keys 的实现几乎完全相同，留给读者自行实现。

代码 7.15 第 11 行的遍历出现了一种新的赋值机制，它使用了两个变量作为循环变量，这是用一个新的字节码实现的：UNPACK_SEQUENCE。例如，使用如下的赋值操作，就会出现这个字节码，代码如下：

```
1   lst = [1, 2, 3]
2   a, b = lst
3   #       12 LOAD_NAME              0 (lst)
4   #       15 UNPACK_SEQUENCE        2
5   #       18 STORE_NAME             1 (a)
6   #       21 STORE_NAME             2 (b)
```

UNPACK_SEQUENCE 这个字节码的作用就是把栈顶对象中的元素按照要求取出来。例如，把上面例子中的列表的前两个元素取出来放到栈顶，这种操作有点像解压缩，所以叫 unpack。注意到 UNPACK_SEQUENCE 的参数是 2，而 lst 的元素个数是 3，这说明在从列表中取元素时，并不是列表中有多少就取多少的，而是根据需要去取。比如上面的例子只需要给两个变量赋值，所以只取前两个元素就够了。由此，来实现这个字节码，具体如代码清单 7.16 所示。

代码清单 7.16　UNPACK_SEQUENCE

```
1   void Interpreter::eval_frame() {
2       ...
3       while (_frame->has_more_codes()) {
4           unsigned char op_code = _frame->get_op_code();
5           ...
6           switch (op_code) {
7               ...
8               case ByteCode::UNPACK_SEQUENCE:
9                   v = POP();
10
11                  while (op_arg--) {
12                      PUSH(v->subscr(new HiInteger(op_arg)));
13                  }
14                  break;
15              ...
16          }
17      }
18  }
```

通过调用 subscr 方法不断地取出 v 中的元素，并将这个值送到栈顶，以便接下来的两个 STORE_NAME 使用。

test_dict_iter 的第 10 行显示了 items 方法的返回值是一个列表，这个列表中的每一个元素又是一个列表。这个内部的列表长度为 2，分别是一个 key 及其对应的 value。test_dict_iter 的第 11 行也会被翻译成 UNPACK_SEQUENCE，因此，每一次循环，k 和 v 都会被赋予一个新的 key 和 value，这就起到了遍历整个字典的作用。

经过这些分析，就知道应该如何实现 items 方法了，如代码清单 7.17 所示。

代码清单 7.17 dict.items

```
1   HiObject * dict_items(ObjList args) {
2       HiDict * x = (HiDict *)(args->get(0));
3
4       HiList * items = new HiList();
5
6       for (int i = 0; i < x->size(); i++) {
7           HiList * item = new HiList();
8           item->append(x->map()->get_key(i));
9           item->append(x->map()->get_value(i));
10          items->append(item);
11      }
12
13      return items;
14  }
```

dict_items 方法中，先创建一个列表，然后它的每一项又是一个小的列表，小列表里包含了 key 和 value，这个逻辑是比较清晰的。

本书中的虚拟机和 Python 在实现 items 方法时略有不同，Python 虚拟机的内部元素是用小括号表示的，这里的结果则是用中括号。小括号代表元组（tuple），元组是一种不可变对象，除了不能更改其所包含的元素以外，它的其他特性都和列表一样，所以这里就使用列表代替元组，不再实现它了。感兴趣的读者可以自行实现。

再来研究一下 iterkeys 的实现。与列表的迭代器相同，字典也有迭代器，以 iterkeys 为例，对一个字典对象调用它的 iterkeys 方法，也会得到一个迭代器对象。

因此，首先创建一个迭代器对象，代码如下：

```
1   class DictIterator : public HiObject {
2   private:
3       HiDict *    _owner;
4       int         _iter_cnt;
5   public:
6       DictIterator(HiDict * owner);
7
8       HiDict * owner()        { return _owner; }
9       int iter_cnt()          { return _iter_cnt; }
10      void inc_cnt()          { _iter_cnt ++; }
11  };
```

和列表迭代器相同，此处也使用了一个计数器来记录当前迭代器所进行到的位置。字典提供了三种类型的迭代器，分别是 iterkeys、itervalues 和 iteritems。三种不同的迭代器,它们的逻辑几乎是全部相同的,为了避免重复编码,使用模板来实现这三种不同的迭代器的 Klass,具体实现如代码清单 7.18 所示。

代码清单 7.18　**DictIteratorKlass**

```
1   // [object/hiDict.hpp]
2   enum ITER_TYPE {
3       ITER_KEY = 0,
4       ITER_VALUE,
5       ITER_ITEM
6   };
7
8   template<ITER_TYPE n>
9   class DictIteratorKlass : public Klass {
10  private:
11      static DictIteratorKlass * instance;
12      DictIteratorKlass();
13
14  public:
15      static DictIteratorKlass * get_instance();
16      virtual HiObject * iter(HiObject * x)  { return x; }
17      virtual HiObject * next(HiObject * x);
18  };
19
20  // [object/hiDict.cpp]
21  void DictKlass::initialize() {
22      HiDict * klass_dict = new HiDict();
23      ...
24      klass_dict->put(new HiString("iterkeys"),
25              new FunctionObject(dict_iterkeys));
26      klass_dict->put(new HiString("itervalues"),
27              new FunctionObject(dict_itervalues));
28      klass_dict->put(new HiString("iteritems"),
29              new FunctionObject(dict_iteritems));
30      ...
31  }
32
33  HiObject * dict_iterkeys(ObjList args) {
34      HiDict * x = (HiDict *)(args->get(0));
35      HiObject * it = new DictIterator(x);
36      it->set_klass(DictIteratorKlass<ITER_KEY>::get_instance());
37      return it;
38  }
```

在第 23 行,先将 iterkeys 这个方法与 dict_iterkeys 相关联,dict_iterkeys 方法的

返回值是一个 DictIterator 对象。第 16 行,在 iter 方法中,直接将入参返回。入参实际上是一个迭代器对象,这是为了实现 GET_ITER 字节码,这种方式与 ListIterator 是完全一样的。

使用枚举常量来代表不同类型的迭代器,其中 ITER_KEY 代表了遍历字典键的迭代器,而 ITER_VALUE 则代表了遍历字典值的迭代器。在第 36 行,就是把一个迭代器与键迭代器的 Klass 相关联。

接下来,要在 Klass 中实现 next 方法,代码如下:

```
1   template<ITER_TYPE iter_type>
2   DictIteratorKlass<iter_type>::DictIteratorKlass() {
3       const char * klass_names[] = {
4           "dictionary-keyiterator",
5           "dictionary-valueiterator",
6           "dictionary-itemiterator",
7       };
8       set_klass_dict(new HiDict());
9       set_name(new HiString(klass_names[iter_type]));
10  }
11
12  template<ITER_TYPE iter_type>
13  HiObject * DictIteratorKlass<iter_type>::next(HiObject * x) {
14      DictIterator * iter = (DictIterator * )x;
15
16      HiDict * adict = iter->owner();
17      int iter_cnt = iter->iter_cnt();
18      if (iter_cnt < adict->map()->size()) {
19          HiObject * obj;
20          if (iter_type == ITER_KEY)
21              obj = adict->map()->get_key(iter_cnt);
22          else if (iter_type == ITER_VALUE) {
23              obj = adict->map()->get_value(iter_cnt);
24          }
25          else if (iter_type == ITER_ITEM) {
26              HiList * lobj = new HiList();
27              lobj->append(adict->map()->get_key(iter_cnt));
28              lobj->append(adict->map()->get_value(iter_cnt));
29              obj = lobj;
30          }
31          iter->inc_cnt();
32          return obj;
```

```
33              }
34          else
35              return NULL;
36      }
```

注意第 13 行的写法,这里实现了模板类中的 next 方法。

不同的迭代器类型,它的返回值各不相同,第 21 行返回的是键迭代器每一次迭代的结果,第 23 行返回的是值迭代器迭代的结果,第 26～29 行则是 item 迭代器的迭代结果。

从这个实现中也可以看到,iterkeys 与 keys 的最大不同在于,keys 的返回值是一个列表,而 iterkeys 的返回值则是一个迭代器,这个迭代器每调用一次 next 方法,就得到一个迭代结果。因此,从内存使用的角度来说,使用 iterkeys 进行遍历无疑是优于 keys 方法的。

至此,关于字典的遍历,就全部介绍完了。本小节开始的测试用例 test_dict_iter 已经可以正确执行了。

7.3 增强函数功能

在讲解方法和函数的时候,有一些比较重要的特性没有讲,因为这些特性都依赖于列表和字典。在实现了列表和字典以后,我们回过头再把函数相关的特性加以完善。从这个例子中也可以体会到,开发一个系统,往往是各个功能模块相互依赖,这就需要采用螺旋式地开发。例如,先实现最简陋的整数和字符串类型,字符串的内建方法则要等到函数和方法完成以后再来完善,而有一些方法的参数或者返回值又是列表,因此只能等列表功能完成以后才能把这些功能全部完成。现在列表和字典已经实现了,就可以来补全这些功能了。

7.3.1 灵活多变的函数参数

Python 的函数参数十分灵活多变,很难再采取小步快走的方式来进行实现和讲解,很多功能是相互纠缠在一起的,所以先通过几个测试用例,将 Python 参数传递的全部细节都了解了以后,再动手来做这部分的设计。

1. 键参数

第一个要研究的是键参数,测试用例代码如下:

```
1   def foo(a, b):
2       return a / b
3
4   print foo(b = 2, a = 6)
```

这个例子的运行结果是 3。注意到,在第 4 行参数传递的顺序与第一行参数定义的顺序并不相同。在传参的时候,把形参的名字也一起带上了,这就指明了a是6,b是2。

观察一下这种写法所对应的字节码,如下所示:

```
1    4     9 LOAD_NAME              0 (foo)
2         12 LOAD_CONST             1 ('b')
3         15 LOAD_CONST             2 (2)
4         18 LOAD_CONST             3 ('a')
5         21 LOAD_CONST             4 (6)
6         24 CALL_FUNCTION        512
7         27 PRINT_ITEM
8         28 PRINT_NEWLINE
```

在执行CALL_FUNCTION之前,使用了4个LOAD_CONST往栈上加载数据,分别是形参名字b、实参2、形参名字a和实参6。关键的地方在于第6行,CALL_FUNCTION的操作数是一个比较奇怪的数字:512。以前曾经说过,CALL_FUNCTION的操作数代表了调用函数时实际传的参数的个数,这里只有两个参数,那这个512怎么来的呢?Python为了区分普通的位置参数和键参数,使用了指令操作数的高8位代表键参数的个数,低8位代表位置参数的个数。由于以前的例子中,我们从来没有涉及键参数的形式,所以操作数的高8位始终是0,也就是说可以直接把整个操作数都当成位置参数的个数。在这个例子中,键参数个数是2,而将512右移8位,就得到了2,这才是真正的键参数的数量。

2. 扩展位置参数

在很多语言中,都可以定义带有不定项参数的函数,例如在C语言中,最常用的printf就是一个可以接受不定项参数的函数:它的参数个数可以是任意的。

Python中使用扩展参数的方式来支持不定项参数,代码如下:

```
1  def sum(*args):
2      t = 0
3      for i in args:
4          t += i
5
6      return t
7
8  print sum(1, 2, 3, 4)
```

sum函数的定义里,形式参数只有一个args,使用"*"修饰,这代表args是一个列表,所有调用时传给sum函数的参数都会被放到列表args中去。在sum函数里通过遍历这个列表,还可以访问到列表中所有的元素,然后对这些元素进行求和。args参数就被称为sum函数的扩展参数。

还是通过 show_file 工具来探究这一段代码背后的秘密，代码如下：

```
1    <argcount> 0 </argcount>
2    <nlocals> 3 </nlocals>
3    <flags> 0047 </flags>
4    <varnames> ('args', 't', 'i') </varnames>
5    <name> 'sum' </name>
```

第一个要注意的是 flags 的值，如果带有扩展参数的话，flags 值的 0x4 就会被置位，对于 sum 函数，flags 和 0x4 做与运算以后不为 0，这就指示了 sum 函数带有扩展参数。第二，argcount 的值为 0，说明参数 args 并没有被当成参数来对待，而被认为是一个局部变量，和 t、i 一样。除此之外，sum 方法和其他的普通方法并没有什么区别。

3．扩展键参数

通过扩展位置参数，可以将不定项的位置参数传给函数，同样，Python 也可以使用扩展键参数来将不定项的键参数传递给函数，参考代码如下：

```
1    def foo( * * kwargs):
2        for k, v in kwargs.iteritems():
3            print k
4            print v
5
6    foo(a = 1, b = 2)
```

使用两个"＊＊"修饰 kwargs，这指明了它是一个字典对象，$(a:1)$ 和 $(b:2)$ 这两组键值对都被存储到这个对象里了。既然是字典对象，那么可以接受的参数个数就是没有限制的，这个特性与扩展位置参数相互对照着看就明白了。

这里强调一下，在 Python 的语法中规定了默认值参数、扩展位置参数和扩展键参数必须按照固定的顺序排列，例如以下的函数定义都是不合法的：

```
1    def foo( * * kw, * arg):
2    def foo(a = 2, b):
3    def foo( * args, a):
```

而下面的定义是合法的：

```
    def foo(a, b = 2, * args, * * kw):
```

在语法中做了这样的规定以后，虚拟机的实现就变得简单了，我们不用担心扩展位置参数可以出现在任意位置，只要按顺序先处理位置参数、默认参数和键参数，然后再处理扩展位置参数，最后处理扩展键参数就好了。

4．在 frame 中处理参数

在第 6 章讲过，调用函数的时候传参，最重要的步骤是把传进某个函数的参数放到这个函数所对应的 frame 中的正确位置，以便函数的字节码在执行的时候可以访问到这些参数。

经过之前三个小节的探索，已经知道 CodeObject 的 argcount 代表函数所能接受的参数，而扩展位置参数和扩展键参数都不计入 argcount 中。第 6 章已讲过，参数是被安放在 _fast_locals 里的。研究字节码就可以知道扩展位置参数和扩展键参数也是放在 _fast_locals 里，它们位于正常普通的位置参数后面。

经过这些简单的分析，可以修改 FrameObject 的构造函数，来处理扩展参数了。先从 CALL_FUNCTION 的实现开始，代码如下：

```
1    void Interpreter::eval_frame() {
2        ...
3        while (_frame->has_more_codes()) {
4            unsigned char op_code = _frame->get_op_code();
5            ...
6            switch (op_code) {
7                ...
8                case ByteCode::CALL_FUNCTION:
9                    if (op_arg > 0) {
10                       int na = op_arg & 0xff;
11                       int nk = op_arg >> 8;
12                       int arg_cnt = na + 2 * nk;
13                       args = new ArrayList<HiObject*>(arg_cnt);
14                       while (arg_cnt--) {
15                           args->set(arg_cnt, POP());
16                       }
17                   }
18
19                   build_frame(POP(), args, op_arg);
20
21                   if (args != NULL) {
22                       args = NULL;
23                   }
24                   break;
25                ...
26            }
27        }
28   }
```

对于 op_arg，在讲键参数时就说过，它的高 8 位代表键参数的个数，低 8 位代表位置参数的个数；也就是代码的第 10 行，na 代表位置参数的个数，nk 代表键参数的个数。由于一个键参数包含了键名和参数的实际值，所以在操作数栈上，一个键参数会对应两个值。在计算真实的参数个数 arg_count 时,就用 na 加 nk 乘以 2。然后,从操作数栈上把参数都取出来放到 args 中去,接着再调用 build_frame。注意,build_frame 的定义被修改了,op_arg 被传了进来,它可以描述键参数和位置参数的个数。

实参被原封不动地传到 build_frame 中了,接下来看 build_frame 怎么处理这些实参,代码如下:

```
1   void Interpreter::build_frame(HiObject * callable, ObjList args, int op_arg) {
2       ...
3       if (callable->klass() == MethodKlass::get_instance()) {
4           MethodObject * method = (MethodObject *) callable;
5           if (! args) {
6               args = new ArrayList<HiObject *>(1);
7           }
8           args->insert(0, method->owner());
9           build_frame(method->func(), args, op_arg + 1);
10      }
11      else if (callable->klass() == FunctionKlass::get_instance()) {
12          FrameObject * frame = new FrameObject((FunctionObject *) callable, args, op_arg);
13          frame->set_sender(_frame);
14          _frame = frame;
15      }
16      ...
17  }
18
19  FrameObject::FrameObject (FunctionObject * func, ObjList args, int op_arg) {
20      assert((args && op_arg != 0) || (args == NULL && op_arg == 0));
21
22      _codes    = func->_func_code;
23      _consts   = _codes->_consts;
24      _names    = _codes->_names;
25
26      _locals   = new HiDict();
27      _globals  = func->_globals;
28      _fast_locals = new HiList();
29      const int argcnt    = _codes->_argcount;
30      const int na = op_arg & 0xff;
31      const int nk = op_arg >> 8;
32      int kw_pos = argcnt;
```

```cpp
33
34          if (func -> _defaults) {
35              int dft_num = func -> _defaults -> length();
36              int arg_num = _codes -> _argcount;
37              while (dft_num -- ) {
38                  _fast_locals -> set( -- arg_num, func -> _defaults -> get(dft_num));
39              }
40          }
41
42          HiList * alist = NULL;
43          HiDict * adict = NULL;
44
45          if (argcnt < na) {
46              int i = 0;
47              for (; i < argcnt; i++) {
48                  _fast_locals -> set(i, args -> get(i));
49              }
50              alist = new HiList();
51              for (; i < na; i++) {
52                  alist -> append(args -> get(i));
53              }
54          }
55          else {
56              for (int i = 0; i < na; i++) {
57                  _fast_locals -> set(i, args -> get(i));
58              }
59          }
60
61          for (int i = 0; i < nk; i++) {
62              HiObject * key = args -> get(na + i * 2);
63              HiObject * val = args -> get(na + i * 2 + 1);
64
65              int index = _codes -> _var_names -> index(key);
66              if (index >= 0) {
67                  _fast_locals -> set(index, val);
68              }
69              else {
70                  if (adict == NULL)
71                      adict = new HiDict();
72
73                  adict -> put(key, val);
```

```
74            }
75        }
76
77        if (_codes->_flag & FunctionObject::CO_VARARGS) {
78            if (alist == NULL)
79                alist = new HiList();
80            _fast_locals->set(argcnt, alist);
81            kw_pos += 1;
82        }
83        else {
84            // give more parameters than need.
85            if (alist != NULL) {
86                printf("takes more extend parameters.\n");
87                assert(false);
88            }
89        }
90
91        if (_codes->_flag & FunctionObject::CO_VARKEYWORDS) {
92            if (adict == NULL)
93                adict = new HiDict();
94
95            _fast_locals->set(kw_pos, adict);
96        }
97        else {
98            if (adict != NULL) {
99                printf("takes more extend kw parameters.\n");
100                assert(false);
101            }
102        }
103
104        _stack      = new HiList();
105        _loop_stack = new ArrayList<Block*>();
106
107        _pc          = 0;
108        _sender      = NULL;
109        _entry_frame = false;
110    }
```

这段代码非常长,其中融合了好多种机制的处理,但如果从功能上进行划分,就会发现还是比较简单的。第 34～40 行是为了处理默认参数,这一段代码在第 6 章已经讲过,这里不再重复。

第 42 行声明了 alist,用于处理扩展位置参数;第 43 行声明了 adict,用于处理扩展键参数;第 45 行的 argcnt 代表了函数定义时规定的形式参数,或者叫位置参数的个数,na 代表了实际传入的参数个数。如果实际传入的参数比函数的形式参数多,就把不超出的那部分放到 fast_locals 表里,把多出来的那部分放到 alist,也就是扩展位置参数中。

从第 61 行开始,是处理键参数的逻辑,键名称为 key,代表参数名称,val 代表实际的参数值。第 65 行,在 var_names 中查找该参数名在函数定义时的序号,然后把值放到 fast_locals 表的相应序号处。如果没找到,那就把这一组键值对放到扩展键参数中去,如第 73 行所示。

在第 77 行判断该函数的 flags 的 CO_VARARGS 标记是否置位,如果置位,证明该函数有扩展位置参数,alist 就是这个扩展参数,同时要把 alist 放到 fast_locals 表里。但如果没有置位,alist 就必须为空,否则就表明实际传入的参数多于函数定义时规定的参数。

第 91 行的判断也是同样的道理,判断该函数的 flags 的 CO_VARKEYWORDS 标记是否置位,如果置位,证明该函数有扩展键参数,adict 就是这个扩展键参数,也把它放到 fast_locals 表里的合适位置。但如果没有置位,adict 就必须为空。

经过这样的修改,就可以处理 Python 中各种复杂的键参数和扩展参数了。

7.3.2 闭包和函数修饰器

上一章提到的 LEGB 规则中,L 代表局部变量,G 代表全局变量,B 则代表虚拟机内建变量。当时没有解释 E 是什么,在这一节,专门研究 Enclosing 的功能和影响。从最简单的例子开始,代码如下:

```
1   def func():
2       x = 2
3
4       def say():
5           print x
6
7       return say
8
9   f = func()
10  f()
```

运行这个例子,最后一行会输出 2。首先,调用 func 时,得到的返回值是在 func 函数内部定义的函数 say;所以第 9 行的 f,指向的是函数 say,调用它的时候,输出 2。也就是说,当 say 函数在 func 函数的定义之外执行的时候,依然可以访问到 x 的值。这就好像在定义 say 函数的时候,把 x 和 say 打包在一起了,这个包裹称为闭包(closure)。

再把这段代码翻译成 pyc 文件，然后通过 show_file 工具查看它的内容。先来看 func 函数的字节码，如下所示：

```
1                <dis>
2      28        0 LOAD_CONST               1 (2)
3                3 STORE_DEREF              0 (x)
4
5      30        6 LOAD_CLOSURE             0 (x)
6                9 BUILD_TUPLE              1
7               12 LOAD_CONST               2 (<code object say>)
8               15 MAKE_CLOSURE             0
9               18 STORE_FAST               0 (say)
10
11     33       21 LOAD_CONST               3 (3)
12              24 STORE_DEREF              0 (x)
13
14     34       27 LOAD_FAST                0 (say)
15              30 RETURN_VALUE
16               </dis>
17               <names> ()</names>
18               <varnames> ('say',)</varnames>
19               <freevars> ()</freevars>
20               <cellvars> ('x',)</cellvars>
```

一下子出现了很多我们未曾见过的字节码，而且 func 所对应的 CodeObject 的 cellvars 也不为空，这是我们第一次遇到的。cellvars 里的变量，都是在本函数中定义，在内部函数中被引用的。在这个例子中，只有一个 x，说明内部函数所引用的本地定义变量只有 x 一个。

我们从头开始理一下这段字节码，第三行的 STORE_DEREF 是为 x 赋值，因为 x 是 cell 变量，Python 专门为 cell 变量引入了一类新的字节码。然后在第 5 行通过 LOAD_CLOSURE 又将 x 加载到操作数栈上，BUILD_TUPLE 参数为 1，代表创建一个列表，列表中只有一个元素，那就是 x。再接着就是加载 CodeObject 到栈顶，然后执行 MAKE_CLOSURE。这个字节码和 MAKE_FUNCTION 很像，都是会创建一个 FunctionObject，不同的是，它会把刚才放在栈顶的那个列表也打包塞进 FunctionObject 中。这种把外部定义的变量一起打包的情况就是闭包了，所以这条字节码叫做 MAKE_CLOSURE。理解了这些字节码的具体动作以后，我们就能实现它们了。

为了实现 STORE_DEREF，在 FrameObject 中引入了 closure 这个域来记录所有的 cell 变量，具体实现如代码清单 7.19 所示。

代码清单7.19 STORE_DEREF

```
1    void Interpreter::eval_frame() {
2        ...
3        while (_frame->has_more_codes()) {
4            unsigned char op_code = _frame->get_op_code();
5            ...
6            switch (op_code) {
7                ...
8                case ByteCode::STORE_DEREF:
9                    _frame->closure()->set(op_arg, POP());
10                   break;
11               ...
12           }
13       }
14   }
```

可以看到, STORE_DEREF 和 STORE_FAST 非常相似, 它们的参数都是变量表的序号。不同的是, STORE_FAST 修改的是 fast_locals 表, 而 STORE_DEREF 修改的是 closure 表。

接下来再实现 LOAD_CLOSURE, 这个字节码有点特殊, 它需要一种新的数据结构, 这种数据结构可以记录 cell 变量所在的表和表中的序号。如果直接把 cell 变量的值传到内部函数里, 那么当在外部修改过这个变量的值的话, 内部函数就无法看到了, 这本质上是传值和传引用的区别。先来实现这个数据结构, 代码如下:

```
1    class CellKlass : public Klass {
2    private:
3        CellKlass();
4        static CellKlass* _instance;
5
6    public:
7        static CellKlass* get_instance();
8
9        virtual void oops_do(OopClosure* closure, HiObject* obj);
10       virtual size_t size();
11   };
12
13   class CellObject : public HiObject {
14   friend class CellKlass;
15
16   private:
```

```
17         HiList * _table;
18         int _index;
19
20    public:
21         CellObject(HiList * l, int i);
22         HiObject * value();
23    };
```

CellObject有两个属性,"_table"用于记录该cell变量所在的closure表,"_index"则用于记录该cell变量在表中的序号。这样做的话,如果closure表中的变量被STORE_CLOSURE修改过,通过CellObject仍然可以访问到。但如果不采用CellObject这种办法,而是直接把HiObject从closure表中取出来,那么当closure表中的变量发生变化,闭包则无法感知到这个变化。

有了CellObject以后,就可以实现LOAD_CLOSURE了,具体实现如代码清单7.20所示。

代码清单7.20　LOAD_CLOSURE

```
1   void Interpreter::eval_frame() {
2       ...
3       while (_frame->has_more_codes()) {
4           unsigned char op_code = _frame->get_op_code();
5           ...
6           switch (op_code) {
7               ...
8               case ByteCode::LOAD_CLOSURE:
9                   v = _frame->closure()->get(op_arg);
10                  if (v == NULL) {
11                      v = _frame->get_cell_from_parameter(op_arg);
12                      _frame->closure()->set(op_arg, v);
13                  }
14
15                  if (v->klass() == CellKlass::get_instance()) {
16                      PUSH(v);
17                  }
18                  else
19                      PUSH(new CellObject(_frame->closure(), op_arg));
20
21                  break;
22              ...
23          }
```

```
24        }
25    }
26
27    HiObject * FrameObject::get_cell_from_parameter(int i) {
28        HiObject * cell_name = _codes->_cell_vars->get(i);
29        i = _codes->_var_names->index(cell_name);
30        return _fast_locals->get(i);
31    }
```

第9行，从 closure 表里取出对应序号的对象。如果取出来的是空值，那就说明这个值不是局部变量，而是一个参数。例如下面的例子，代码如下：

```
1    def func(x = 5):
2        def say():
3            print x
4
5        x = 3
6        print x
7        return say
```

第3行中所使用的 x 就出现在入参中，而不是局部变量。在这种情况下，先把这个 cell 变量从参数列表中取出来，再存入到 closure 表中。这样，LOAD_CLOSURE 指令就可以直接使用 closure 指针和序号值来构建 CellObject 了。

再回到代码清单7.20的第10行，如果从 closure 中找不到相应的变量，那就说明这个变量并不是由语句定义的，也就是说它并不来自于 STORE_CLOSURE，它只能是来自于外部函数的参数。因此在第11行转而去外部函数的参数列表里查找这个变量，get_cell_from_parameter 实现了这个功能。

再来考察本节开始的例子，它的字节码中新出现的三个字节码：LOAD_CLOSURE、STORE_DEREF 和 MAKE_CLOSURE，我们已经实现了两个，还差最后一个 MAKE_CLOSURE。前面也已经提过，MAKE_CLOSURE 的参数意义以及功能与 MAKE_FUNCTION 非常相似，仅仅多了代表 cell 变量的那个列表，具体实现如代码清单7.21所示。

代码清单7.21 MAKE_CLOSURE

```
1    void Interpreter::eval_frame() {
2        ...
3        while (_frame->has_more_codes()) {
4            unsigned char op_code = _frame->get_op_code();
5            ...
6            switch (op_code) {
```

```
7              ...
8              case ByteCode::MAKE_CLOSURE:
9                  v = POP();
10                 fo = new FunctionObject(v);
11                 fo->set_closure((HiList *)(POP()));
12                 fo->set_globals(_frame->globals());
13                 if (op_arg > 0) {
14                     args = new ArrayList<HiObject *>(op_arg);
15                     while (op_arg--) {
16                         args->set(op_arg, POP());
17                     }
18                 }
19                 fo->set_default(args);
20
21                 if (args != NULL) {
22                     args = NULL;
23                 }
24
25                 PUSH(fo);
26                 break;
27             ...
28         }
29     }
30 }
```

可以看到,这个字节码与 MAKE_FUNCTION 的实现也非常相似,所以此处不再解释。要注意的是,在这里我们又一次请出了 FunctionObject 这个邮递员,在此之前,我们已经把全局变量和默认参数都打包进 FunctionObject 里了,当真正执行这个函数的时候,才会由这个函数对象创建 FrameObject。同时,也像处理默认参数那样在 FrameObject 的构造函数里处理 cell 变量,代码如下:

```
1  FrameObject::FrameObject (FunctionObject * func, ObjList args, int op_arg) {
2      ...
3      _closure = NULL;
4
5      ArrayList<HiObject *> * cells = _codes->_cell_vars;
6      if (cells && cells->size() > 0) {
7          _closure = new HiList();
8
9          for (int i = 0; i < cells->size(); i++) {
10             _closure->append(NULL);
```

```
11            }
12        }
13
14        if (func->closure() && func->closure()->size() > 0) {
15            if (_closure == NULL)
16                _closure = func->closure();
17            else {
18                _closure = (HiList *)_closure->add(func->closure());
19            }
20        }
21        ...
22    }
```

第6～12行，先判断CodeObject中有多少cell变量，如果CodeObject中有的话，就把它们放在前边。然后在第14～20行，再把从FunctionObject中传进来的cell变量加入到closure中。经过这样的处理，FrameObject中的closure列表就齐备了，STORE_DEREF和LOAD_DEREF就可以正确执行了。

至此，闭包的功能就实现完成了，在这个基础之上，我们研究一种Python中特有的语法：函数修饰器（decorator）。先来看一个例子，代码如下：

```
1   def call_cnt(fn):
2       cnt = [0, ]
3       def inner_func(*args):
4           cnt[0] += 1
5           print cnt[0]
6           return fn(*args)
7
8       return inner_func
9
10  @call_cnt
11  def add(a, b = 2):
12      return a + b
13
14  print add(1, 2)
15  print add(2, 3)
```

这个例子中，call_cnt作为一个函数修饰器可以用于统计某一个方法被调用的次数，例如，使用call_cnt修饰了add方法以后，每次调用add方法，计数器都会加1，并且计数的值会被打印出来。实际上，上述代码和以下代码是完全等价的，修饰器不过是以下函数调用的一种语法上的简写：

```
add = call_cnt(add)
```

也就是说，通过执行 call_cnt 所得到的返回值，成为了新的 add 方法。这个新的方法里，可以进行计数器加一和打印计数器的值，并且调用老的 add 方法，以保持逻辑上的完全兼容。

可以看到，在这个例子中，最重要的就是 call_cnt 的返回值本质上是一个闭包，所以当我们实现了闭包的功能以后，函数的修饰器的功能也就完成了。

7.4 总　结

本章实现了虚拟机中最重要的两个数据结构：列表和字典。Python 的很多内建机制都依赖于这两种数据结构。在完成了这两种数据结构以后，我们将以前未能完成的一些重要功能都补充完了，其中最重要的就是函数的功能全部补充完了。这为下一步实现对象系统提供了良好的基础。接下来的几章，我们就要完成 Python 中最重要的类和对象系统。

第 8 章

类和对象

在实现了 Python 虚拟机中最重要的四个基本类型,即整数、字符串、列表和字典之后,接下来就要实现一套完整的对象体系。在前面的章节中,为了实现基本类型,我们已经搭建完成了很多类和对象的相关机制。在这些工作的基础上,我们在这一章将对其进行最后的完善。

8.1 类型对象

8.1.1 TypeObject

不同于前面章节的快速推进,本节的内容非常晦涩、拗口而且难以理解。希望读者不要气馁,静下心来多读几遍,多想一想我们为什么要这么做,不这样做是不是还有其他的做法,慢慢就能理解了。先从最简单的例子入手,如代码清单 8.1 所示。

代码清单 8.1   test_type

```
1    print list                      # <type 'list'>
2
3    lst = list()
4    print lst                       # []
5    lst.append(1)
6    print lst                       # [1]
7    print isinstance(lst, list)     # True
```

上述代码里的 list 代表的是列表类,它同时也是一个对象,所以能够被输出。但它又与我们以前所接触的所有对象都不同,它代表了一个类型。在第 3 行,通过把这个特殊的对象像调用函数一样调用它,得到了一个列表的实例 lst。输出 lst,其显示为一个空列表,接下来可以对这个列表对象进行各种操作。说明通过这种方式得到的列表对象与以前直接使用空列表进行赋值,是完全等价的。

list 的特别之处在于,它看上去是一个类型,但它同时又是一个对象。在我们的虚拟机里,类型是使用 Klass 表示的,对象则都是继承自 HiObject。如果有一个东西既是类型,也是对象,一个最直接的做法是让 Klass 也继承自 HiObject,然后这个类型就可以被称为 TypeObject。如果这样做的话,我们前面辛辛苦苦建立起来的 Klass-Oop 二分结构就模糊掉了,读者可以沿着这个思路再往下想一下,这个类型对象的 Klass 该怎么设计,然后大家很快就会发现这个思路太烧脑,这种做法其实就是 CPython 的做法。在面向对象的程序设计中,当继承会带来混乱的时候,大家往往会选择使用组合来解决。既然 Klass 继承自 Object 不是一个好主意,不妨尝试使用组合来解决问题。

在 Klass 中引入一个 HiObject,让 Klass 与这个 HiObject 一一对应。当需要它是一个对象的时候,比如要输出这个对象或修改这个对象的属性等,就让 HiObject 出面。当需要它是一个类型的时候,比如创建该类型的新的对象,调用该类型上定义的某个方法等,就让 Klass 出面。这样做的话,对象关系就简单清晰多了。按照这个思路,可以定义一个名为 HiTypeObject 的类,代码如代码清单 8.2 所示。

代码清单 8.2　TypeObject

```
1   /*
2    * [object/hiObject.hpp]
3    * meta-klass for the object system.
4    */
5   class TypeKlass : public Klass {
6   private:
7       TypeKlass() {}
8       static TypeKlass * instance;
9
10  public:
11      static TypeKlass * get_instance();
12
13      virtual void print(HiObject * obj);
14  };
15
16  class HiTypeObject : public HiObject {
17  private:
18      Klass *  _own_klass;
19
20  public:
21      HiTypeObject();
22
23      void    set_own_klass(Klass * k);
24      Klass * own_klass()              { return _own_klass; }
25  };
26
```

```
27    // [object/hiObject.cpp]
28    HiTypeObject::HiTypeObject() {
29        set_klass(TypeKlass::get_instance());
30    }
31
32    // [object/klass.hpp]
33    class Klass {
34    private:
35        Klass *          _super;
36        HiTypeObject *   _type_object;
37        ...
38    public:
39        ...
40        void set_type_object(HiTypeObject * x) { _type_object = x; }
41        HiTypeObject * type_object()           { return _type_object; }
42        ...
43    };
```

如图 8.1 所示，这个特殊的对象上有两个 Klass 引用，一个继承自 HiObject，代表这个对象本身的类型；另一个指向与它绑定的 Klass，图 8.1 中就是 ListKlass。所有的 HiTypeObject 对象的"_klass"都指向 TypeKlass。

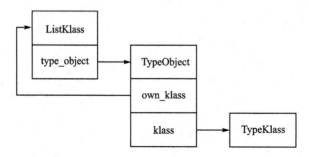

图 8.1　ListTypeObject

如果要输出一个 HiTypeObject 的对象时，就要把这个对象当成一个普通的 HiObject 来看待，所以，与之前实现整型对象一样，在 TypeKlass 里实现输出功能，代码如下：

```
1    // [runtime/stringTable.cpp]
2    StringTable::StringTable() {
3        next_str = new HiString("next");
4        mod_str  = new HiString("__module__");
5    }
6
7    // [object/hiObject.cpp]
```

```cpp
8    void TypeKlass::print(HiObject * obj) {
9        assert(obj->klass() == (Klass *) this);
10       printf("<type ");
11       Klass * own_klass = ((HiTypeObject *)obj)->own_klass();
12   
13       HiDict * attr_dict = own_klass->klass_dict();
14       if (attr_dict) {
15           HiObject * mod = attr_dict->get((HiObject *)
16                   StringTable::get_instance()->mod_str);
17           if (mod != Universe::HiNone) {
18               mod->print();
19               printf(".");
20           }
21       }
22   
23       own_klass->name()->print();
24       printf(">");
25   }
```

从第 13～21 行是为了输出类定义时所在的模块,我们先不关心它。实际上,这个 print 的方法是比较简单的,先输出一个"type"字符串,然后将 own_klass 的 name 输出即可。接着,来操作 HiTypeObject 与 Klass 的相互绑定,代码如下：

```cpp
1    // [object/hiObject.cpp]
2    void HiTypeObject::set_own_klass(Klass * k) {
3        _own_klass = k;
4        k->set_type_object(this);
5    }
6    
7    // [object/hiList.cpp]
8    ListKlass::ListKlass() {
9        HiDict * klass_dict = new HiDict();
10       klass_dict->put(new HiString("append"),
11           new FunctionObject(list_append));
12       ...
13       set_klass_dict(klass_dict);
14   
15       (new HiTypeObject())->set_own_klass(this);
16       set_name(new HiString("list"));
17   }
18
```

```
19    // [object/hiInteger.cpp]
20    IntegerKlass::IntegerKlass() {
21        set_name(new HiString("int"));
22        (new HiTypeObject())->set_own_klass(this);
23    }
24
25    // [object/hiString.cpp]
26    ...
27    // [object/hiDict.cpp]
28    ...
```

在上述代码的 2～5 行,实现了 klass 与 HiObject 的相互绑定。然后在 ListKlass 的构造函数和 IntegerKlass 中,都要创建一个新的 HiTypeObject 对象与 Klass 相绑定。在 StringKlass 和 DictKlass 中也应该有这样的对象,代码非常简单,这里就省略了。

当把所有的 Klass 都修改完,会发现还有一个 Klass 没有修改,这就是 TypeKlass。TypeKlass 其实并没有任何特别之处,它从 Klass 也同样继承了一个指向 TypeObject 的引用,而所有 TypeObject 的 _klass 又都是 TypeKlass,所以 TypeKlass 对应的 TypeObject 的 _klass 和 _own_klass 都是 TypeKlass。由于创建 TypeObject 对象时要使用 TypeKlass,因此不能在 TypeKlass 的构造方法里创建一个新的 TypeObject 对象,这会造成无限递归,因此我们把这个初始化拿到外面去做。这里不再给出代码,大家可以参考 StringKlass 和 DictKlass 的初始化方法自己实现。

做完这个工作以后,就会看到如图 8.2 所示的结构,TypeKlass 会与它自己的 TypeObject 形成一个循环引用,除此之外,它与其他的 Klass 并无本质不同。

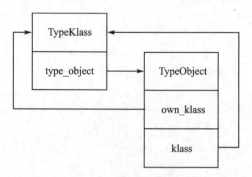

图 8.2　TypeObject 示意图

最后一个步骤,由于 int、list 等符号都是内建的,正如本节开始时的例子所示,可以直接在代码中使用这些符号,而这些符号所绑定的其实就是 TypeObject 对象。把这些符号放到内建表里,代码如下:

```
1   Interpreter::Interpreter() {
2       _builtins = new HiDict();
3       ...
4       _builtins->put(new HiString("int"), IntegerKlass::get_instance()->type_object());
5       _builtins->put(new HiString("object"), ObjectKlass::get_instance()->type_object());
6       _builtins->put(new HiString("str"), StringKlass::get_instance()->type_object());
7       _builtins->put(new HiString("list"), ListKlass::get_instance()->type_object());
8       _builtins->put(new HiString("dict"), DictKlass::get_instance()->type_object());
9   }
```

至此,我们的虚拟机就可以正确地执行 print list 这行代码了。我知道读者肯定迫不及待地想实现 isinstance 方法和通过调用类型来创建对象这两个功能,但是别急,在实现这两个功能之前,必须再完善一个功能,那就是 object。

8.1.2 object

同 int 和 list 这些符号一样,object 也代表了一种类型。这个类型就是常说的普通对象类型。在 Python 中,所有的类都是 object 的子类,无论整数、字符串、列表还是其他用户自定义的类,无一例外。这一节,就来实现 object。

实际上,在虚拟机还处在最早阶段的时候,就已经有了 HiObject 类了。所有的计算、运行时栈、全局变量表和局部变量表等,所有的机制都是建立在 HiObject 的基础上的。但是我们从来没有考虑过,如果使用 new HiObject() 语句创建一个单独的对象,那它的 Klass 应该是什么呢?需要定义这个新的 Klass,就称它为 ObjectKlass 吧。具体实现如代码清单 8.3 所示。

代码清单 8.3 ObjectKlass

```
1   // [object/hiObject.hpp]
2   class ObjectKlass : public Klass {
3   private:
4       ObjectKlass();
5       static ObjectKlass * instance;
6
7   public:
8       static ObjectKlass * get_instance();
9   };
10
11  // [object/hiObject.cpp]
12  ObjectKlass * ObjectKlass::instance = NULL;
13
14  ObjectKlass::ObjectKlass() {
15      set_super(NULL);
16  }
```

```
17
18      ObjectKlass * ObjectKlass::get_instance() {
19          ...
20      }
```

这个定义平平无奇,但它其实引发了整个对象体系的大地震。大家还记得在 Python 中,所有的类都是 object 的子类,必须正确地表达这种继承关系。回忆一下在 Klass 的结构里,我们早早就留下了与继承相关的一个属性,就是 super。

如图 8.3 所示,通过设置 super 属性,就能建立完整的继承体系。以整数类型为例,修改的代码如下:

```
1   IntegerKlass::IntegerKlass() {
2       set_name(new HiString("int"));
3       (new HiTypeObject())->set_own_klass(this);
4       set_super(ObjectKlass::get_instance());
5   }
```

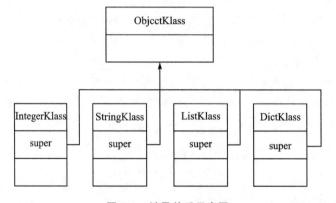

图 8.3 继承关系示意图

其他的三种类型,这里不再一一展示,大家可以自行修改。在继承体系下,一个对象既是它的直接类型的实例,又是它的直接类型的父类的实例。比如 3,它的直接类型是 IntegerKlass,所以它是 int 类型的实例,IntegerKlass 的父类是 ObjectKlass,所以它同时又是 object 类型的实例。在继承体系建立好以后,读者对于 Python 中的一切皆是 object,就有了最直观的理解。理解了这个逻辑,isinstance 函数的实现也就很清晰了,isinstance 函数的作用是检查一个对象是否是某一种类型的实例。因此,先检查这个对象的直接类型,然后顺着继承链向上查找即可,其实现如代码清单 8.4 所示。

代码清单 8.4 isinstance

```
1   // [runtime/functionObject.cpp]
2   HiObject * isinstance(ObjList args) {
3       HiObject * x = args->get(0);
```

```
4       HiObject * y = args->get(1);
5
6       assert(y && y->klass() == TypeKlass::get_instance());
7
8       Klass * k = x->klass();
9       while (k != NULL) {
10          if (k == ((HiTypeObject *)y)->own_klass())
11              return Universe::HiTrue;
12
13          k = k->super();
14      }
15
16      return Universe::HiFalse;
17  }
18
19  // [runtime/interpreter.cpp]
20  Interpreter::Interpreter() {
21      _builtins = new HiDict();
22      ...
23      _builtins->put(new HiString("len"),        new FunctionObject(len));
24      _builtins->put(new HiString("isinstance"), new FunctionObject(isinstance));
25  }
```

将前面出现的所有图全综合起来,就可以得到如图 8.4 所示的图,在这张图里,展现了对象系统的全景图。

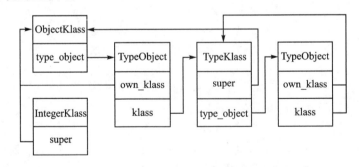

图 8.4 Klass 结构全景图

还有一个函数,需要特别讲一下,就是 type 函数。这个函数的作用是返回一个对象的类型。在虚拟机中,表示对象的类型是使用 TypeObject,因此,type 函数的实现,其实就是找到一个对象的 klass,然后取与这个 klass 相绑定的 TypeObject 对象,代码如代码清单 8.5 所示。

代码清单8.5　type

```
1   // [runtime/functionObject.cpp]
2   HiObject * type_of(ObjList args) {
3       HiObject * arg0 = args->get(0);
4   
5       return arg0->klass()->type_object();
6   }
7   
8   // [runtime/interpreter.cpp]
9   Interpreter::Interpreter() {
10      _builtins = new HiDict();
11      ...
12      _builtins->put(new HiString("type"),     new FunctionObject(type_of));
13      _builtins->put(new HiString("isinstance"),new FunctionObject(isinstance));
14  }
```

使用 type 函数,观察图 8.2,就可以明白以下几行语句的执行结果为什么是这样了(代码中的注释部分是该条语句的执行结果),代码如下:

```
1   t = type(1)
2   print t          # <type int>
3   print type(t)    # <type type>
4   
5   i = 0
6   while i < 5:
7       t = type(t)
8       print t      # <type type>
9       i = i + 1
```

当 t 为 HiTypeObject 时,它的 type 是 TypeKlass 所对应的 TypeObject;再对这个 TypeObject 取它的 type,就会得到其自身。

还有一点需要注意的是,看到 TypeKlass 的父类是 ObjectKlass,而 ObjectKlass 也有自己绑定的 TypeObject。换成文字描述,就是类型对象也是一个对象,而代表对象的 object 也有自己的类型,这里有一个循环依赖的关系,这就要求在初始化的时候要十分小心。代码如下:

```
1   void Universe::genesis() {
2       HiTrue     = new HiString("True");
3       HiFalse    = new HiString("False");
4       HiNone     = new HiObject();
5   
```

```
6       Klass * object_klass = ObjectKlass::get_instance();
7       Klass * type_klass   = TypeKlass::get_instance();
8
9       HiTypeObject * tp_obj = new HiTypeObject();
10      tp_obj->set_own_klass(type_klass);
11      type_klass->set_super(object_klass);
12
13      HiTypeObject * obj_obj = new HiTypeObject();
14      obj_obj->set_own_klass(object_klass);
15      object_klass->set_super(NULL);
16
17      DictKlass::get_instance()->initialize();
18      StringKlass::get_instance()->initialize();
19
20      type_klass->set_klass_dict(new HiDict());
21      object_klass->set_klass_dict(new HiDict());
22
23      type_klass->set_name(new HiString("type"));
24      object_klass->set_name(new HiString("object"));
25    }
```

在上面的代码中,第 6 行和第 7 行所得到的两个 Klass 指针,它们其实是一个空的对象,因为我们在构造函数里什么也没做。第 9~16 行,ObjectKlass 和 TypeKlass 是一起完成初始化的,已经无所谓谁先谁后了,这就解决了相互依赖的问题。

8.1.3 通过类型创建对象

这一节再来看最后一个问题,通过将类型作为函数调用来创建对象。先来看一个例子和它所对应的字节码,如下所示:

```
1    a = int()
2    #   0 LOAD_NAME              0 (int)
3    #   3 CALL_FUNCTION          0
4    #   6 STORE_NAME             1 (a)
5
6    print a
7    b = str()
8    print b
9    c = list()
10   print c
11   d = dict()
12   print d
```

在上面的代码里,字节码清楚地显示了把类型对象 int 作为函数,执行 CALL_FUNCTION。至此,我们所实现的 CALL_FUNCTION 只能对 MethodObject 和 FunctionObject 进行调用,所以必须增加对 TypeObject 的支持。TypeObject 被调用的时候,可以通过它的 own_klass 来创建对象。如果 own_klass 是 IntegerKlass,就创建整数对象;如果 own_klass 是 ListKlass,就创建列表对象。一步步地实现,首先,是在 CALL_FUNCTION 里增加对 TypeObject 的支持,具体实现如代码清单 8.6 所示。

代码清单 8.6 build_frame

```
1   void Interpreter::build_frame(HiObject * callable, ObjList args) {
2       if (callable->klass() == NativeFunctionKlass::get_instance()) {
3           ...
4       }
5       else if (MethodObject::is_method(callable)) {
6           ...
7       }
8       else if (callable->klass() == FunctionKlass::get_instance()) {
9           ...
10      }
11      else if (callable->klass() == TypeKlass::get_instance()) {
12          HiObject * inst = ((HiTypeObject *)callable)->own_klass()->
13              allocate_instance(args);
14          PUSH(inst);
15      }
16  }
```

第二步就是实现 allocate_instance 方法。给所有的 Klass 都增加了这个方法,具体实现如代码清单 8.7 所示。

代码清单 8.7 allocate_instance

```
1   // [object/klass.hpp]
2   class Klass {
3   private:
4       ...
5   public:
6       ...
7       virtual HiObject * allocate_instance(ArrayList<HiObject *> * args) { return 0; }
8       ...
9   };
10
11  // [object/hiInteger.hpp]
12  class IntegerKlass : public Klass {
```

```
13          ...
14          virtual HiObject * allocate_instance(ArrayList<HiObject *> * args);
15      };
16
17      // [object/hiInteger.cpp]
18      HiObject * IntegerKlass::allocate_instance(ArrayList<HiObject *> * args) {
19          if (! args || args->length() == 0)
20              return new HiInteger(0);
21          else
22              return NULL;
23      }
24
25      // allocate_instance for list
26      ...
27      // allocate_instance for string
28      ...
29      // allocate_instance for dict
30      ...
```

编译运行，本节的测试用例就可以顺利执行了。

8.2 自定义类型

Python 是一种支持对象的编程语言，而面向对象的编程语言中，最重要的一个特性就是自定义类。我们"长途跋涉"后，终于走到自定义类的门口了。照例，先来看测试用例以及它的字节码，如代码清单 8.8 所示。

代码清单 8.8 test_class.py

```
1   class A(object):
2       value = 1
3
4   a = A()
5   print a.value
```

它所对应的字节码如代码清单 8.9 所示。

代码清单 8.9 test_class.by

```
1    1    0 LOAD_CONST              0 ('A')
2         3 LOAD_NAME               0 (object)
3         6 BUILD_TUPLE             1
4         9 LOAD_CONST              1 (<code object A>)
```

5		12 MAKE_FUNCTION	0
6		15 CALL_FUNCTION	0
7		18 BUILD_CLASS	
8		19 STORE_NAME	1 (A)
9			
10	4	22 LOAD_NAME	1 (A)
11		25 PRINT_ITEM	
12		26 PRINT_NEWLINE	
13		27 LOAD_CONST	2 (None)
14		30 RETURN_VALUE	

这些字节码里，只有一个没见过，就是 BUILD_CLASS，除此之外，都是老朋友了。分析一下，这段字节码的每一条都做了什么事情。

第 1 行，加载了一个字符串"A"到栈顶。第 2 行，将 object 加载到栈顶，这个 object 正是上一节实现的那个代表对象的类型对象，就是 ObjectKlass 对应的 TypeObject。

第 3 行，创建了一个 tuple，在第 7 章提到了元组和列表的区别，元组除了不可修改它的元素之外，其他的操作都与列表相同，所以这里可以使用列表代替元组。这一行的作用是创建一个列表，放到栈顶，列表内只有一个元素，它就是 object。这个列表里所存储的是自定义的类 A 的父类。Python 不同于 Java，它是一种多继承的继承体系。单继承是指一个类只能有一个直接父类，而多继承中，一个类可以有多个直接父类。所以，多继承体系中，父类要用元组来实现。但我们的虚拟机，为了简单起见，目前只支持单继承，也就是一个类在定义的时候只能有一个父类。多继承的继承体系是一棵树，而单继承的继承体系是一个链表。先实现单继承，后面再来完善多继承体系。

第 4 行，定义 A 的 CodeObject 加载到栈顶，在第五章提过，除了函数之外，lambda 表达式也会被翻译成 CodeObject。在这里，又遇到一种情况，那就是类定义中的代码也会被翻译成一个 CodeObject。接下来的第 5 行和第 6 行，就是正常的函数调用。在下一小节再看这个函数调用的返回值是什么，这里先不关心。

第 7 行就是刚刚提到的，从来没有实现过的 BUILD_CLASS，这一行也先略过。从字节码的名字去猜测，这里可能是创建了一个代表类型的对象，一个类似于 int 和 object 等的代表类型的对象，然后在第 8 行将这个对象赋值给了 A 这个变量。

从第 10～13 行，将 A 所对应的那个对象当函数一样调用。这更验证了我们之前的猜想：BUILD_CLASS 创建的是一个类型对象，通过调用类型对象，可以创建该类型的实例。

接下来的字节码就比较简单了，不再解释。

注意到第 5 行的 MAKE_FUNCTION 和第 6 行的 CALL_FUNCTION，它俩的参数都是 0，这说明定义类的代码既没有默认值，也不接受任何参数。接下来，先研究这个 CALL_FUNCTION 得到的返回值究竟是什么，这就必须要考察第 4 行所加载的 CodeObject 了。

1. A 的 CodeObject

在 show_file 的结果里,也可以找到这个 CodeObject 的字节码,如代码清单 8.10 所示。

代码清单 8.10　codeA

1	1	0 LOAD_NAME	0 (__name__)
2		3 STORE_NAME	1 (__module__)
3			
4	2	6 LOAD_CONST	0 (1)
5		9 STORE_NAME	2 (value)
6		12 LOAD_LOCALS	
7		13 RETURN_VALUE	

第 1 行的字节码和第 2 行的字节码做了一个赋值,之前一直没有关注过 module 的问题。module 是 Python 的核心概念之一,通常一个 Python 文件即是一个 module。module 提供了一个命名空间,在某个 module 中定义的方法、类型不会与其他 module 里的名称冲突。关于 module 先了解这么多,后面的章节会详细地介绍 module。

至于"__name__"这个名称,这又是 Python 虚拟机的一个规定,作为程序入口的那个模块(在当前阶段,就认为是被执行的那个 py 文件),它的局部变量表里会设置"__name__"的值为"__main__"。可以通过一个例子来验证一下,代码如下:

```
1  if __name__ == "__main__":
2      print "hello"
```

为了满足这一项规定,只需要在第一个 FrameObject 的局部变量表里增加"__name__"的初始化即可,代码如下:

```
1  FrameObject::FrameObject(CodeObject * codes) {
2      ...
3      _locals  = new HiDict();
4      _globals = _locals;
5      _locals->put(new HiString("__name__"), new HiString("__main__"));
6      ...
7  }
```

注意,在程序开始的时候,也就是创建第一个虚拟栈帧的时候才加入这个初始化动作。添加这一行代码以后,上面的小的测试用例就可以正确执行了。

再回到 codeA 的字节码,接下来的第 4 行和第 5 行就很简单了,只是定义了一个名为 value 的局部变量。

关键在于第 7 行这个新的字节码:LOAD_LOCALS,注意,它是整个 CodeObject 的返回值,这就显得尤为关键了,它的意义是将当前栈帧的局部变量表加载到操作数栈顶。还记得在第 7 章里，在实现了 HiDict 以后，就立即将 FrameObject 里的 Map 全部换成 HiDict 吗？这里就体现出这一步骤的重要性了，由于 Map 不是 HiObject 的子类，所以不能直接在操作数栈上作为参数和返回值传递。如果局部变量表是一个字典对象，则它可以通过操作数栈传递。现在来实现这个字节码，具体如代码清单 8.11 所示。

代码清单 8.11　LOAD_LOCALS

```
1    void Interpreter::eval_frame() {
2        while (_frame->has_more_codes()) {
3            unsigned char op_code = _frame->get_op_code();
4            ...
5            switch (op_code) {
6                ...
7                case ByteCode::LOAD_LOCALS:
8                    PUSH(_frame->_locals);
9                    break;
10               ...
11           }
12       }
13   }
```

codeA 的字节码里有两个 STORE_NAME，这就意味着，当 LOAD_LOCALS 执行的时候，当前 frame 的局部变量如图 8.5 所示。

最后一条字节码是 RETURN_VALUE，它把局部变量返回给调用者，这次对 codeA 的调用就结束了。

2. 创建类型对象

从类定义的 CodeObject，回到主模块的 CodeObject。在执行完 CALL_FUNCTION，也就是代码清单 8.9 的第 6 行之后，就要执行第 7 行，那个关键的 BUILD_CLASS，先来看看操作数栈顶到底有什么东西，如图 8.6 所示，现在栈顶上还有这三种对象。BUILD_CLASS 字节码所要做的事情就是使用这三种东西，来创建一个新的 Klass 以及与它绑定的 TypeObject。结合具体的例子来分析，第一个参数是通过 LOAD_LOCALS 得到的一个字典，里面记录了类 A 定义的各种方法和属性，在本节的例子中，只定义了一个属性 value；第二个参数是代表父类的元组，在本节的例子中，就是一个列表，其值为 [object,]；第三个参数是类名，是一个字符串常量，也就是 'A'。

先来实现 BUILD_CLASS，代码如下：

__name__	"__main__"
value	1

图 8.5　局部变量表

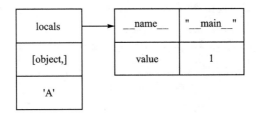

图 8.6 操作数栈

代码清单 8.12 BUILD_CLASS

```
1   void Interpreter::eval_frame() {
2       while (_frame->has_more_codes()) {
3           unsigned char op_code = _frame->get_op_code();
4           ...
5           switch (op_code) {
6               ...
7               case ByteCode::BUILD_CLASS:
8                   v = POP();
9                   u = POP();
10                  w = POP();
11                  v = Klass::create_klass(v, u, w);
12                  PUSH(v);
13                  break;
14              ...
15          }
16      }
17  }
```

现在的关键是如何实现 Klass 里的静态方法，create_klass。这个方法接受操作数栈上的三个参数，然后创建一个新的 Klass 以及与其绑定的 TypeObject，具体实现如代码清单 8.13 所示。

代码清单 8.13 create_klass

```
1   HiObject * Klass::create_klass(HiObject * x,
2           HiObject * supers, HiObject * name) {
3       assert(x->klass()      == (Klass *)DictKlass::get_instance());
4       assert(supers->klass() == (Klass *)ListKlass::get_instance());
5       assert(name->klass()   == (Klass *)StringKlass::get_instance());
6
7       Klass * new_klass   = new Klass();
8       HiDict * klass_dict = (HiDict *) x;
9       HiList * supers_list = (HiList *) supers;
```

```
10      new_klass->set_klass_dict(klass_dict);
11      new_klass->set_name((HiString*)name);
12      if (supers_list->inner_list()->length() > 0) {
13          HiTypeObject* super = (HiTypeObject*)
14              supers_list->inner_list()->get(0);
15          new_klass->set_super(super->own_klass());
16      }
17
18      HiTypeObject* type_obj = new HiTypeObject();
19      type_obj->set_own_klass(new_klass);
20
21      return type_obj;
22  }
```

在第 7 行,直接通过 Klass 类创建了一个新的 klass。这个对象不同于以往的 ListKlass 和 DictKlass 等,它在创建的时候并不知道自己的类名。

在第 10 行,把第一个参数传进来的字典设成了这个新建的 klass 的 klass_dict。在第 11 行,把它的名字设成了第三个参数传入的字符串。从第 12~16 行,用于处理父类。由于现在只支持单继承,所以就只取父类列表的第一个元素,将新建 klass 的父类设成第一个元素。

最后,在第 18 行和 19 行创建与这个 klass 相对应的 TypeObject。注意第 21 行返回的是 TypeObject,而不是 Klass。当上下文要求出现的是一个对象的时候,都是使用 TypeObject 代替 Klass 的。

BUILD_CLASS 字节码执行完以后,就会执行 STORE_NAME,将变量 A 与新创建的这个类型对象绑定。

因此,我们知道 A 所代表的其实是一个类对象。也就是说,Python 的类定义语句的作用是产生一个类对象,并与类名绑定。执行类定义语句时,class 定义里的那些代码都会被执行。

TypeObject 的 Klass 是 TypeKlass,而 TypeKlass 里已经定义了 print 方法,所以可以通过调用 print 语句,来输出这个类型对象。

运行本节的例子,运行的结果是"<type __main__.A>",这和标准 Python 的输出略有不同,因为 Python 使用 type 代表内建类型,使用 class 代表自定义类型。如果读者愿意的话,可以自己添加这个处理逻辑,这里不再区分。

8.3 创建对象

在定义完了类型以后,尝试通过类型创建实例,修改一下测试用例,代码如下:

```
1   class A(object):
2       value = 1
3
4   print A
5   a = A()
6   print a.value
```

这个字节码与之前通过 int、list 等创建实例时的字节码是相同的,不再重复。在 ListKlass 里,实现了 allocate_instance 方法,用于创建新的列表对象。与之类似,也要在 Klass 中实现这个方法。这个方法比较简单,代码如下:

```
1   HiObject * Klass::allocate_instance(HiObject * callable,
2           ArrayList<HiObject *> * args) {
3       HiObject * inst = new HiObject();
4       inst->set_klass(((HiTypeObject *)callable)->own_klass());
5       return inst;
6   }
```

增加了这个方法以后,本节开始的那个例子就能正确执行了。

1. 动态设置对象属性

自定义类型的对象,与内建类型的对象不同,它可以动态地添加属性,而内建类型对象是不行的。代码如下:

```
1    class A(object):
2        value = 1
3
4    a = A()
5    print a.value
6
7    # this is OK
8    a.field = "hello"
9    #    44 LOAD_CONST          2 ('hello')
10   #    47 LOAD_NAME           2 (a)
11   #    50 STORE_ATTR          4 (field)
12   print a.field
13
14   # this is wrong
15   # lst = []
16   # lst.field = "hello"
17
18   b = A()
19   # this is wrong, too
20   # print b.field
```

第 8 行为对象 a 设置了一个它本来没有的属性。这一行代码所对应的字节码以注释的形式写在下面了,第 11 行是一个之前没见过的字节码:STORE_ATTR,它的作用是把 a 的 field 属性设置为字符串"hello"。

注意,这个字节码仅仅修改一个对象 a,它不会对类型 A 起作用的。也就是说,在修改对象 a 以后,再通过 A 创建另外一个对象 b,b 上不会出现 field 这个属性。这就提示我们,需要在对象上添加一个属性字典,用以记录这些动态添加的属性。代码如下:

```
1  class HiObject {
2  private:
3      Klass*    _klass;
4      HiDict*   _obj_dict;
5      ...
6  };
```

在 HiObject 的定义里添加 _obj_dict,之后就可以实现 STORE_ATTR 这条字节码了,具体如代码清单 8.14 所示。

代码清单 8.14 STORE_ATTR

```
1   // [runtime/interpreter.cpp]
2   void Interpreter::eval_frame() {
3       while (_frame->has_more_codes()) {
4           unsigned char op_code = _frame->get_op_code();
5           ...
6           switch (op_code) {
7               ...
8               case ByteCode::STORE_ATTR:
9                   u = POP();
10                  v = _frame->_names->get(op_arg);
11                  w = POP();
12                  u->setattr(v, w);
13                  break;
14              ...
15          }
16      }
17  }
18  
19  // [object/hiObject.cpp]
20  HiObject* HiObject::setattr(HiObject* x, HiObject* y) {
21      return klass()->setattr(this, x, y);
22  }
```

```cpp
23
24  void HiObject::init_dict() {
25      _obj_dict = new HiDict();
26  }
27
28  // [object/klass.cpp]
29  HiObject * Klass::setattr(HiObject * x, HiObject * y, HiObject * z) {
30      if (x->obj_dict() == NULL) {
31          x->init_dict();
32      }
33
34      x->obj_dict()->put(y, z);
35      return Universe::HiNone;
36  }
```

setattr 的实现，只考虑普通对象的话是比较简单的，只需要把 key 和 value 放到属性字典中即可，但是它对 TypeObject 还是有一些特别的。后面再研究，这里先跳过。

与 setattr 相对应的，getattr 方法也要先从对象的属性字典里查找，如果找不到结果，再从类属性字典里查找。它的具体修改如代码清单 8.15 所示。

代码清单 8.15　getattr

```cpp
1   // [object/klass.cpp]
2   HiObject * Klass::getattr(HiObject * x, HiObject * y) {
3       HiObject * result = Universe::HiNone;
4
5       if (x->obj_dict() != NULL) {
6           result = x->obj_dict()->get(y);
7           if (result != Universe::HiNone)
8               return result;
9       }
10
11      result = x->klass()->klass_dict()->get(y);
12
13      if (result == Universe::HiNone)
14          return result;
15
16      // Only klass attribute needs bind.
17      if (MethodObject::is_function(result)) {
18          result = new MethodObject((FunctionObject * )result, x);
19      }
20      return result;
21  }
```

然后，本小节的例子就可以正常执行了。

2. 定义方法

在类中定义方法,和定义函数十分类似,不同之处在于函数里定义的形参和传入的实参是一一对应的,而方法的定义则会把隐式的 self 对象写在参数列表里。例子代码如下:

```
1    class A(object):
2        def say(self):
3            print self
4            print "hello"
5
6    a = A()
7    a.say()
```

在第 2 行定义方法时,指明了 say 方法带有一个参数 self。但在第 7 行调用的时候,却没有传入任何参数。实际上,虚拟机把 a 对象当成第一个参数传到 say 方法中了。大家可以把这种实现方式与 C++ 的隐式 this 指针的方式对比,个人认为 Python 这种明确指定 self 对象的方式更好,更明确清晰,因为编程的准则里,我们常说"explicit is better than implicit"。

考察带有方法定义的类的字节码,如下所示:

```
1    1    0 LOAD_NAME             0 (__name__)
2         3 STORE_NAME            1 (__module__)
3
4    2    6 LOAD_CONST            0 (<code object say>)
5         9 MAKE_FUNCTION         0
6        12 STORE_NAME            2 (say)
7        15 LOAD_LOCALS
8        16 RETURN_VALUE
```

在第 5 行,定义了一个函数,第 6 行通过 STORE_NAME 将这个函数与字符串"say"绑定,然后存到局部变量表里,这和之前分析的变量 value 是完全一样的。

回忆一下第 5 章,关于方法调用的实现,如果在 klass 的 dict 中找到的是一个函数的话,就把这个函数和调用函数的对象绑定在一起,形成一个方法。当调用这个方法的时候,方法所绑定的对象就会作为第一个参数再传递进函数中。至此,终于把 Python 的方法定义和调用的全部过程都弄明白了。

令人高兴的是,我们什么也不用做,就已经支持在类中定义方法了。直接运行本小节的测试用例,是可以正确执行的。这是因为我们已经把类属性定义、类方法的定义和执行实现好了。

3. 构造方法

在前边的例子中,在定义类的时候,都没有显式地定义"__init__"方法。

如果显式地定义了"__init__"方法,在创建对象的时候,Python 虚拟机默认会调用"__init__"方法。很多人按照 C++ 的习惯将这个方法称为构造方法,但我更倾向于将它称为初始化方法。

函数调用我们已经处理过很多了,但这一次的调用却与之前的调用都不相同。以前的函数调用的发起位置都是在 Python 字节码中,而这一次的函数调用没有明确的字节码来对应。相反,它的发起位置是在虚拟机里,虚拟机通过一个类型创建该类型的对象时,要先检查该类型是否定义了"__init__"方法,如果没有定义就不用调用;如果定义了,在创建对象以后就应该调用一次这个方法。而"__init__"方法是由 Python 源码定义的,因此,这是第一次遇到虚拟机调用 Python 源码的情况。

在 OpenJDK 中,Java 虚拟机调用 Java 代码的时候,使用 call_virtual 这样的函数名。为了实现这个功能,我们也在自己的虚拟机里增加这个函数,具体实现如代码清单 8.16 所示。

代码清单 8.16　call init

```
1   // [runtime/stringTable.cpp]
2   StringTable::StringTable() {
3       ...
4       init_str = new HiString("__init__");
5   }
6
7   // [object/klass.cpp]
8   HiObject * Klass::allocate_instance(HiObject * callable, ArrayList< HiObject * > * args) {
9       HiObject * inst = new HiObject();
10      inst->set_klass(((HiTypeObject *)callable)->own_klass());
11      HiObject * constructor = inst->getattr(StringTable::get_instance()->init_str);
12      if (constructor != Universe::HiNone) {
13          Interpreter::get_instance()->call_virtual(constructor, args);
14      }
15
16      return inst;
17  }
18
19  // [runtime/interpreter.cpp]
20  HiObject * Interpreter::call_virtual(HiObject * func, ObjList args) {
21      if (MethodObject::is_method(func)) {
22          MethodObject * method = (MethodObject *) func;
23          if (! args) {
24              args = new ArrayList<HiObject *>(1);
```

```
25          }
26          args->insert(0, method->owner());
27          return call_virtual(method->func(), args);
28      }
29      else if (MethodObject::is_function(func)) {
30          FrameObject* frame = new FrameObject((FunctionObject*) func, args);
31          frame->set_entry_frame(true);
32          enter_frame(frame);
33          eval_frame();
34          destroy_frame();
35          return _ret_value;
36      }
37
38      return Universe::HiNone;
39  }
```

在上述代码的 11 行，先去新创建的对象上查找"__init__"方法。注意，这里使用对象的 getattr 去查找，是为了自动将对象与初始化方法绑定起来。这里当然也可以不绑定，而直接将 inst 放到参数列表中，读者可以自行尝试。

第 13 行，当发现对象的初始化方法存在时，就通过 call_virtual 方法调用其初始化方法。

第 20～39 行是 call_virtual 方法的具体实现。第 21～28 行用于处理 Method 的情况，处理方式与 build_frame 是一样的：把绑定的对象取出来放到参数列表的第一位，然后递归调用。

第 29～36 行才是 call_virtual 方法的核心实现。这里创建了一个虚拟栈帧，然后调用 eval_frame 进入解释器执行 Python 代码。从虚拟栈帧返回以后，就销毁这个帧，将把 _ret_value 作为返回值返给调用者。

以前在执行 RETURN_VALUE 的时候，虚拟机并不会立即从 eval_frame 中返回，而是回到上一个虚拟栈帧继续执行。现在从虚拟机调用 Python 代码的时候却希望 RETURN_VALUE 可以直接结束 eval_frame 方法的执行，回到虚拟机中来。

先来研究一下虚拟机栈帧的情况，如图 8.7 所示，虚线的左边是虚拟机的 C++ 栈帧。虚线的右边则是 Python 栈帧，它并不是在程序栈里物理存在的，这里的一个帧对应的是一个 FrameObject。

当一个 FrameObject 所对应的方法执行到 RETURN_VALUE 时，如果它的前边还有其他的 FrameObject 就会退回到前边的那一个 FrameObject 去执行。如果它的前边没有其他 Python 栈帧了，就应该退回到 C++ 栈帧去。

我们希望 RETURN_VALUE 能正确地区分是否需要退回到 C++ 栈帧，因此就引入了"_entry_frame"这个变量来做标记。所有 C++ 代码调用 Python 代码产生的第一

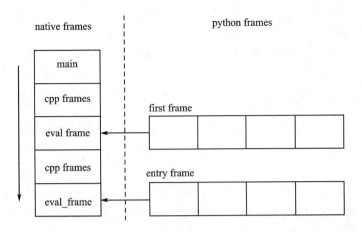

图 8.7 虚拟机栈帧示意图

个 frame,称之为 entryframe。在第 31 行,就设置了这个变量。

相应地,RETURN_VALUE 的实现也会发生变化,代码如代码清单 8.17 所示。

代码清单 8.17 RETURN_VALUE

```
1  // [runtime/interpreter.cpp]
2  void Interpreter::eval_frame() {
3      while (_frame->has_more_codes()) {
4          unsigned char op_code = _frame->get_op_code();
5          ...
6          switch (op_code) {
7              ...
8              case ByteCode::RETURN_VALUE:
9                  _ret_value = POP();
10                 if (_frame->is_first_frame() ||
11                     _frame->is_entry_frame())
12                     return;
13                 leave_frame();
14                 break;
15             ...
16         }
17     }
18 }
```

上述代码的第 10~12 行,判断如果是 firstframe 或是 entryframe,就直接结束 eval_frame 的执行。否则就只是从当前的虚拟栈帧退回到上一个虚拟栈帧。此处通过一个测试用例来验证,代码如下:

```
1    class A(object):
2        def __init__(self, v):
3            self.value = v
4
5    a = A(1)
6    print a.value
```

编译执行,正确地输出了 1,这说明通过类型创建对象的功能全部实现了。

对象属性

上一节通过实现 STORE_ATTR 来动态地增加或者修改对象的属性,当时提到,TypeObject 与普通的对象是不同的,但没有具体地解释有何不同。这一小节就来研究这两种情况具体的区别。

1. 属 性

使用 Python 执行如下代码:

```
1    class A(object):
2        def __init__(self, v):
3            self.value = v
4
5    a = A(1)
6    b = A(2)
7    print a.value
8    a.field = 3
9    # A.field = 4
10   print a.field
11
12   # error: b has no attribute "field"
13   print b.field
```

上述代码的最后一行,会出现报错,这个错误容易理解,在第 8 行,只是给对象 a 增加了属性 field,而对象 b 却没有这个属性。如果把第 8 行换成"A.field=3",最后一行就不会再报错了,这是因为 A 是对象 a 和对象 b 共同的类型,如果修改的是类型,那么受影响的将会是该类型所对应的所有对象。由此可以推知 TypeObject 的 setattr,应该把属性更新到对应 klass 的类属性字典中去。可以通过在 TypeKlass 增加虚函数 setattr 来覆盖父类 Klass 中的 setattr,从而实现 TypeObject 的不同逻辑,具体如代码清单 8.18 所示。

代码清单 8.18　setattr

```
1    HiObject * TypeKlass::setattr(HiObject * x, HiObject * y, HiObject * z){
2        HiTypeObject * type_obj = (HiTypeObject *)x;
3        type_obj->own_klass()->klass_dict()->put(y, z);
4        return Universe::HiNone;
5    }
```

修改了 setattr 的实现以后，无论测试用例第 9 行的代码是否被注释掉，都可以与 Python 虚拟机的运行结果保持一致。

2. 方　法

很多时候，类定义的属性和方法是很像的，比如都可以使用 setattr 设置，都可以使用 getattr 进行访问。

但它还是有一个巨大的不同：如果从 klass 的 dict 中找到的目标对象是一个函数的话，要将函数与调用对象绑定在一起，合成一个 MethodObject。如果一个函数没有绑定对象，称之为 unbound function；如果绑定了对象，它就是一个方法，称之为 bound method。现在通过测试用例来体验一下它们的不同，先来看 bound method，代码如下：

```
1    a = new A(1)
2    lst = []
3    lst.append(2)
4    print lst              # [2,]
5    a.foo = lst.append
6    a.foo(3)
7    print lst              # [2, 3]
```

在第 5 行，取出列表的 append 方法，结合前边的分析可以知道，这是一个与 lst 对象相绑定的方法对象。现在，把它作为 foo 属性设置到对象 a 上。当第 6 行通过 a 的 foo 属性再去访问这个方法对象时，它所绑定的对象仍然是 lst，虽然看上去是通过 a 对象进行调用的。所以，这次方法调用，其结果仍然是向 lst 对象中添加数字 3。

接下来再看 unbound function 的例子，代码如下：

```
1    a = new A(1)
2    b = new A(2)
3
4    def func(self, s):
5        print self.value
6        print s
7
8    a.bar = func
```

```
9      A.bar = func
10
11     a.bar(a, "hello")
12     b.bar("world")
```

第 8 行，func 是一个函数对象，设置为 a 对象的 bar 属性。第 11 行在调用的时候，由于这个属性是设置在 a 对象上的，所以在查找的过程中并不会发生绑定。在传参的时候，就必须传两个参数，显式地将 a 作为实参的第一位传递到函数里。第 9 行，func 这个函数对象设置为类型 A 的属性；第 12 行在调用的时候就会发生绑定，将对象 b 与 func 函数绑定为一个方法，调用时，就不必再显式地将 b 作为参数，b 会被隐式地传递到函数中。

上述机制已经全部实现了，因此不做任何修改，就可以运行本节的所有测试用例，运行结果与 Python 是一致的。虽然这一节没有新增代码，但读者应该知道背后究竟发生了什么。

8.4 操作符重载

操作符重载的概念来自于 C++，例如可以这样实现操作符重载，如代码清单 8.19 所示。

代码清单 8.19　操作符重载

```
1   class Int {
2   private:
3       int _value;
4   public:
5       Int(int v) : _value(v) {}
6       int value() {
7           return _value;
8       }
9
10      Int operator + (Int& t) {
11          return Int(_value + t.value());
12      }
13  };
14
15  int main() {
16      Int a(1);
17      Int b(2);
18      Int c = a + b;
19      printf("%d\n", c.value());   // 3
20      return 0;
21  }
```

在第 10~12 行,为 int 类型重载了加法操作符,所以在第 18 行,就可以直接像使用普通的数值计算那样使用 int 类型进行加法运算。

1. 基本运算符重载

在 Python 中也可以通过在类型中定义"__add__"方法来支持对象的加法运算,代码如下:

```
1   class A(object):
2       def __init__(self, v):
3           self.value = v
4
5       def __add__(self, a):
6           print "executing operator + "
7           return A(self.value + a.value)
8
9   a = A(1)
10  b = A(2)
11  c = a + b        # executing operator +
12  print a.value    # 1
13  print b.value    # 2
14  print c.value    # 3
```

我使用注释的形式将该行代码的执行结果标记出来。第 11 行的加法运算会被翻译成 BINARY_ADD,虚拟机的真实动作是以对象 b 作为参数,调用对象 a 的"__add__"方法。字节码 BINARY_ADD 的实现是调用了 HiObject 的 add 方法,然后再分派到该对象对应的 klass 上调用 klass 的 add 方法。自定义类型的 klass 就是 Klass 类,因此可以在 Klass 类里增加调用"__add__"方法的逻辑。代码如清单 8.20 所示。

代码清单 8.20　Klass.add

```
1   // [runtime/stringTable.cpp]
2   StringTable::StringTable() {
3       ...
4       add_str   = new HiString("__add__");
5   }
6
7   // [object/klass.cpp]
8   #define ST(x) StringTable::get_instance()->STR(x)
9   #define STR(x) x##_str
10
11  HiObject * Klass::add(HiObject * lhs, HiObject * rhs) {
12      ObjList args = new ArrayList<HiObject *>();
13      args->add(rhs);
14      return find_and_call(lhs, args, ST(add));
```

```
15      }
16
17      HiObject * Klass::find_and_call(HiObject * lhs, ObjList args, HiObject * func_name) {
18          HiObject * func = lhs->getattr(func_name);
19          if (func != Universe::HiNone) {
20              return Interpreter::get_instance()->call_virtual(func, args);
21          }
22
23          printf("class ");
24          lhs->klass()->name()->print();
25          printf(" Error : unsupport operation for class ");
26          assert(false);
27          return Universe::HiNone;
28      }
```

为了使代码更简洁,在第 8 行和第 9 行使用宏来代替某些字符输入。使用 C++ 编程尽量不要使用宏,因为宏带来的问题非常难以调试,此处只用宏来减少简单代码的输入。第 9 行使用了一个技巧,"##"代表字符串的拼接,所以 STR(add) 就会被替换成 add_str。

第 11~15 行定义了 add 方法。它的逻辑是在对象 lhs 上查找"__add__"方法,然后调用就可以了。从虚拟机中调用 Python 代码,使用 call_virtual 就可以实现。

第 23~28 行,是出错以后的处理,输出错误信息并退出。

支持了加法操作,还可以继续支持其他类型的运算符,比如减法、乘法和与操作等,这些操作所对应的方法定义如表 8.1 所列。

表 8.1 可以重载的操作符

运算符	方法名	说明	调用方式
+	__add__	加法	X+Y
-	__sub__	减法	X-Y
*	__mul__	乘法	X*Y
/	__div__	除法	X/Y
-	__neg__	取相反数	-X
<	__lt__	小于	X<Y
>	__gt__	大于	X>Y
<=	__lt__	小于或者等于	X<=Y
>=	__ge__	大于或者等于	X>=Y
==	__eq__	是否相等	X==Y
!=	__ne__	是否不相等	X!=Y
&	__and__	按位与操作	X&Y
|	__or__	按位或操作	X|Y
~	__invert__	按位取反	~X
^	__xor__	按位异或操作	X^Y

在本节,只实现了加法的操作符重载,上表中的操作符,不论是一元操作符还是二元操作符,其实现都与 add 操作十分相似,这里就不再展开了,留给读者自己实现。

2. 内建方法重载

Python 中有很多内建方法,例如 len 方法和 pow 方法等。len 方法可以支持字符串、列表和字典等类型。如果想让 len 方法也支持自建类型,就必须为自定义类型添加 "__len__" 方法,代码如下:

```
1  class A(object):
2      def __len__(self):
3          print "len() called"
4          return 1
5
6  a = A()
7  print len(a)
```

在第 6 章,为了讲解 native function,已经实现了 HiObject 的 len 方法,并在 StringKlass 的 len 方法给出了字符串类型的具体实现。现在要做的就是在 Klass 中添加 len 的实现以支持普通自定义类型的 len 函数调用。这个实现非常简单,只需要查找并调用自定义类型的 "__len__" 方法,代码如下:

```
1  HiObject * Klass::len(HiObject * x) {
2      return find_and_call(x, NULL, ST(len));
3  }
```

在整个虚拟机的类型对象系统全部搭建好的情况下,增加一个重载方法是比较简单的事情。编译运行,本节的测试用例就可以顺利执行了。

除了 len 之外,表 8.2 中还列出了其他几个方法,这些方法都会自动对应自定义类型里的特定方法。

表 8.2 内建函数表

内建函数	方法名	说明	调用方式
abs	__abs__	取绝对值	abs(X)
pow	__pow__	求幂函数	pow(X, Y)
complex	__complex__	转成复数表示	complex(X)
int	__int__	转成整数表示	int(X)
float	__float__	转成浮点数表示	float(X)
hex	__hex__	转成八进制表示	hex(X)
oct	__oct__	转成十六进制表示	oct(X)
hash	__hash__	计算哈希值	hash(X)

这些方法的实现就留给读者,这里不再实现。

3. 函数调用操作符

在 C++ 中,可以重载"()"操作符,这样就可以把对象当成函数一样调用了。STL 中的 Functor 正是依赖函数调用操作符重载实现的。

在 Python 中,也可以通过在类中定义"__call__"方法来实现"()"操作符的重载,代码如下:

```
1   class A(object):
2       def __init__(self, v):
3           self.value = v
4
5       def __call__(self, a):
6           if self.value > a.value:
7               print "gt"
8           elif self.value < a.value:
9               print "lt"
10          elif self.value == a.value:
11              print "eq"
12          else:
13              print "can not compare"
14
15  a = A(1)
16  b = A(2)
17  c = A(0)
18  a(b)        # lt
19  a(a)        # eq
20  a(c)        # gt
```

在上述测试用例的最后三行,a 是一个普通对象,但是却可以像函数一样被调用。为了实现这个功能,需要对 CALL_FUNCTION 字节码做扩展。代码如代码清单 8.21 所示。

代码清单 8.21 __call__

```
1   // [runtime/stringTable.cpp]
2   StringTable::StringTable() {
3       ...
4       call_str = new HiString("__call__");
5   }
6
7   // [runtime/interpreter.cpp]
8   #define ST(x) StringTable::get_instance()->STR(x)
9   #define STR(x) x##_str
```

```
10
11      void Interpreter::build_frame(HiObject * callable, ObjList args) {
12          if (callable->klass() == NativeFunctionKlass::get_instance()) {
13              ...
14          }
15          else if (MethodObject::is_method(callable)) {
16              ...
17          }
18          ...
19          else {
20              HiObject * m = callable->getattr(ST(call));
21              if (m != Universe::HiNone)
22                  build_frame(m, args);
23              else {
24                  callable->print();
25                  printf("\nError : can not call a normal object.\n");
26              }
27          }
28      }
```

这段代码的核心部分位于第20~27行。在build_frame里,对callable的类型进行判断,如果它是一个native function或者是函数对象、方法对象,都会进入上面的某一个分支。但如果callable是一个普通对象就会进入最后一个else分支。这种情况下,我们就去检查这个对象所对应的类型中是否定义了"__call__"方法,如果定义了,则为这个方法创建一个虚拟栈帧,然后就可以返回到"Interpreter::eval_frame"中继续执行了;如果没有定义,那就报错退出。

4. 取下标和取属性

取下标操作符是"[]",Python也支持对这个操作符进行重载,另外Python也支持点号操作符,点号在Python中用于取属性。在Python中,可以通过在类中定义"__getitem__"方法来实现"[]"操作符的重载,定义"__getattr__"方法来实现取属性操作符的重载。考虑下面的例子,代码如下:

```
1   class A(object):
2       def __getitem__(self, key):
3           if key == "hello":
4               return "hi"
5           elif key == "how are you":
6               return "fine"
7
8       def __setitem__(self, key, value):
9           print self
```

```
10          print key
11          print value
12
13  a = A()
14  print a["hello"]
15  print a["how are you"]
16  a["one"] = 1
```

中括号取下标操作会被翻译成 BINARY_SUBSCR 字节码,这个字节码的实现是调用 HiObject 的 subscr 方法。因此,只需要在 Klass 中实现这个方法即可,代码如下:

```
1  HiObject * Klass::subscr(HiObject * x, HiObject * y) {
2      ObjList args = new ArrayList<HiObject *>();
3      args ->add(y);
4      return find_and_call(x, args, ST(getitem));
5  }
```

相应的,如测试用例的最后一行代码,对下标进行赋值,它所对应的字节码是 STORE_SUBSCR。重载下标赋值操作,需要在类定义中添加"__setitem__"方法,也把这个方法添加到 Klass 中,代码如下:

```
1  void Klass::store_subscr(HiObject * x, HiObject * y, HiObject * z) {
2      ObjList args = new ArrayList<HiObject *>();
3      args ->add(y);
4      args ->add(z);
5      find_and_call(x, args, ST(setitem));
6  }
```

取下标的机制虽然特殊,但究其根源,与数值计算并无二致。接下来要研究的取属性操作则有些特殊了,主要体现在,不管是自定义类中的"__getattr__"方法,还是在虚拟机中实现 getattr 都必须十分小心,避免进入无穷递归中。先看一个测试例子,代码如下:

```
1   class B(object):
2       def __init__(self):
3           self.keys = {}
4
5       def __getattr__(self, k):
6           if k in self.keys:
7               return self.keys[k]
8           else:
9               return None
10  b = B()
11  print b.value
```

测试代码的最后一行,是一个取对象属性的操作,前边介绍了这个操作可以被"__getattr__"方法重载,因此,执行这一行时,虚拟机就会转而调用 b 的"__getattr__"方法。在这个方法里,又使用了一次取对象属性的操作,查找 self 对象的 keys 属性,这又会产生一次对"__getattr__"方法的调用。无穷递归调用就产生了,所以虚拟机很快就会崩溃退出。实际上,不管是取下标操作,还是普通的数值计算,都可能写出无穷递归,只是那种情况相对少一些。而取对象属性的操作太常见,所以写出上面的错误代码的可能就更大一些。下面给出一个正确的示例,代码如下:

```
1   keys = []
2   values = []
3
4   class B(object):
5       def __setattr__(self, k, v):
6           if k in keys:
7               index = keys.index(k)
8               values[index] = v
9           else:
10              keys.append(k)
11              values.append(v)
12
13      def __getattr__(self, k):
14          if k in keys:
15              index = keys.index(k)
16              return values[index]
17          else:
18              return None
19
20  b = B()
21  b.foo = 1
22  b.bar = 2
23  print b.foo
24  print b.bar
25  b.foo = 3
26  print b.foo
```

第 24 行和 25 行,设置对象属性,会被翻译成 STORE_ATTR,因此,就在 Klass 中增加调用"__setattr__"的逻辑。Klass 中已经有 setattr 方法了,只需要在这个方法中增加重载的逻辑即可,具体实现如代码清单 8.22 所示。

代码清单 8.22 setattr

```
1   HiObject* Klass::setattr(HiObject* x, HiObject* y, HiObject* z) {
2       HiObject* func = x->klass()->klass_dict()->get(ST(setattr));
3       if (func->klass() == FunctionKlass::get_instance()) {
4           func = new MethodObject((FunctionObject*)func, x);
5           ObjList args = new ArrayList<HiObject*>();
6           args->add(y);
7           args->add(z);
8           return Interpreter::get_instance()->call_virtual(func, args);
9       }
10
11      if (x->obj_dict() == NULL) {
12          x->init_dict();
13      }
14
15      x->obj_dict()->put(y, z);
16      return Universe::HiNone;
17  }
```

上述代码中，setattr 一开始就是判断 x 的类定义中是否有"__setattr__"方法，如果有的话，就调用这个方法；如果没有，才按原来的逻辑继续执行。

在测试用例的第 26 行，是取对象上的 foo 属性，它会被翻译为 LOAD_ATTR。需要在 Klass 的 getattr 方法中增加重载取属性操作的逻辑，具体实现如代码清单 8.23 所示。

代码清单 8.23 getattr

```
1   HiObject* Klass::getattr(HiObject* x, HiObject* y) {
2       HiObject* func = x->klass()->klass_dict()->get(ST(getattr));
3       if (func->klass() == FunctionKlass::get_instance()) {
4           func = new MethodObject((FunctionObject*)func, x);
5           ObjList args = new ArrayList<HiObject*>();
6           args->add(y);
7           return Interpreter::get_instance()->call_virtual(func, args);
8       }
9
10      HiObject* result = Universe::HiNone;
11
12      if (x->obj_dict() != NULL) {
13          result = x->obj_dict()->get(y);
14          if (result != Universe::HiNone)
```

```
15              return result;
16          }
17
18          result = x->klass()->klass_dict()->get(y);
19
20          if (result == Universe::HiNone)
21              return result;
22
23          // Only klass attribute needs bind.
24          if (MethodObject::is_function(result)) {
25              result = new MethodObject((FunctionObject*)result, x);
26          }
27          return result;
28      }
```

至此,取下标操作和取属性性操作就都能支持了,编译执行本节的测试用例,可以输出正确的值了。重载操作符还有很多知识,比如原位计算、右结合运算等,根本性的问题本节都已经介绍了,更多的重载读者可以自行研究。

8.5 继 承

面向对象编程的三大特性是封装、继承和多态。封装不必讨论,在定义类的时候,封装是自然完成的。另外,Python是隐式类型的编程语言,它不同于C++和Java等语言,在源码中,每个对象的类型都不是明确标记的,所以Python的多态特征也不明显。也就是说,三大特性,只有继承是值得探讨的,这一小节,就来实现类的继承。先看第一个例子,如代码清单8.24所示。

代码清单8.24 继 承

```
1   class A(object):
2       def say(self):
3           print "I am A"
4
5   class B(A):
6       def say(self):
7           print "I am B"
8
9   class C(A):
10      pass
11
12  b = B()
13  c = C()
```

```
14
15      b.say()         # "I am B"
16      c.say()         # "I am A"
```

第 16 行,对象 c 的类型是 C,C 中没有定义 say 方法,虚拟机就会从它的超类中查找,发现 A 中有定义 say 方法,所以这一行的运行结果:"I am A"。

而在第 15 行,对象 b 的类型是 B,B 中定义了自己的 say 方法,虚拟机就会直接执行这个方法,所以这一行的运行结果:"I am B"。

从这个例子可以得到结论,Python 在调用某个对象的方法时,会首先检查它所对应的类型中,是否定义了该方法。如果没有定义,则转而去查找它的父类,如果父类还是没有,则要继续查找它的祖先类,直到找到方法定义为止。

如果 Python 像 Java 语言那样只支持单继承,每个类只能有一个父类,那上述的查找方法定义的过程也会非常简单。但实际上,Python 是支持多继承的。如果一个类有多个父类的时候,要想从父类中查找方法定义,先查找哪个父类呢?再通过一个例子来验证,如代码清单 8.25 所示。

代码清单 8.25 方法解析

```
1   class Z(object):
2       def say(self):
3           print "I am Z"
4
5   class X(Z):
6       def say(self):
7           print "I am X"
8
9   class Y(Z):
10      def say(self):
11          print "I am Y"
12
13  class A(X, Y):
14      def say(self):
15          print "I am A"
16
17  class B(Z):
18      def say(self):
19          print "I am B"
20
21  class C(B, A):
22      pass
23
24  c = C()
25  c.say()         # "I am B"
```

上述例子的继承关系如图 8.8 所示,它是一个有向无环图。

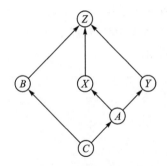

图 8.8 多继承示意图

BAXYZ 都是 C 类的父类，虚拟机在父类中查找 say 方法时，会按照一定的顺序进行查找。为了找出这个顺序，可以先把 B 中的 say 方法去掉，代码如下：

```
1   ...
2   class B(Z):
3       pass
4
5   class C(B, A):
6       pass
7
8   c = C()
9   c.say()       # "I am  A"
```

然后再把 A 中的 say 方法注释掉，查看下一个会查找谁。用这种方法做到最后，就会得到这样的顺序，如下所示：

$$C\ B\ A\ X\ Y\ Z$$

在 Python 中类的定义一定会有先后顺序，所以绝对不可能出现两个类相互继承的情况。这样的话，无论继承的结构如何复杂，继承关系一定是一个有向无环图。在继承关系图里查找 say 方法，最直接的想法就是遍历这个关系图，遍历时对每个类都查询它是否有 say 方法。如果遍历的过程中发现某个类中定义了 say 方法就直接结束查找的过程。对图进行遍历，最先想到的肯定是深度优先遍历，实际上，Python 的查找过程确实也是以深度优先遍历为基础的，然后增加了一些改进。

对图 8.8 中的有向无环图进行深度优先遍历，其结果如下所示：

$$C\ B\ Z\ A\ X\ Z\ Y\ Z$$

这和使用程序探测的结果的区别在于，深度优先遍历时，Z 被访问了 3 次，实际上，真正起作用的是最后一次。如果把深度优先遍历结果中重复的元素，只保留最后一次，就和实际探测的结果一致了。

Python 中在父类中查找方法的过程也被称为方法解析的过程，这个查询父类的顺序就被称为方法解析顺序（method resolution order），简称 mro。

为了实现多继承，可以在 Klass 中定义 super 属性，它是一个列表，记录了某个类型的所有父类。为每个类型再创建一个属性，记录该类型的方法解析顺序，我们把这个属性起名为"_mro"，代码如下：

```cpp
1   // [object/klass.hpp]
2   class Klass {
3   private:
4       HiList*         _super;
5       HiList*         _mro;
6       ...
7   public:
8       ...
9       void add_super(Klass* x);
10      void order_supers();
11
12      HiList* super()                          { return _super; }
13      void set_super_list(HiList* x)           { _super = x; }
14      HiList* mro()                            { return _mro; }
15      ...
16  };
17
18  // [object/klass.cpp]
19  void Klass::add_super(Klass* klass) {
20      if (_super == NULL)
21          _super = new HiList();
22
23      _super->append(klass->type_object());
24  }
25
26  Klass::Klass() {
27      _super = NULL;
28      _mro   = NULL;
29  }
```

为了实现继承，在 Klass 中添加了 5 个方法，除了 order_super 之外的其他方法的实现，逻辑都非常简单，在上面的代码中已经列出来了。

order_super 方法用于计算类型的 mro，它的基本思路是，对某个类型而言，遍历它的所有直接父类，将它的父类的 mro 合并起来，如果 mro 中有重复的元素，就把重复的元素删除掉，只保留该元素的最后一次出现，代码如下：

```cpp
1   void Klass::order_supers() {
2       if (_super == NULL)
```

```
3         return;
4
5     if (_mro == NULL)
6         _mro = new HiList();
7
8     int cur = -1;
9     for (int i = 0; i < _super->size(); i++) {
10        HiTypeObject* tp_obj = (HiTypeObject*)(_super->get(i));
11        Klass* k = tp_obj->own_klass();
12        _mro->append(tp_obj);
13        if (k->mro() == NULL)
14            continue;
15
16        for (int j = 0; j < k->mro()->size(); j++) {
17            HiTypeObject* tp_obj = (HiTypeObject*)(k->mro()->get(j));
18            int index = _mro->index(tp_obj);
19            if (index < cur) {
20                printf("Error: method resolution order conflicts.\n");
21                assert(false);
22            }
23            cur = index;
24
25            if (index >= 0) {
26                _mro->delete_index(index);
27            }
28            _mro->append(tp_obj);
29        }
30    }
31
32    if (_mro == NULL)
33        return;
34
35    printf("%s's mro is ", _name->value());
36    for (int i = 0; i < _mro->size(); i++) {
37        HiTypeObject* tp_obj = (HiTypeObject*)(_mro->get(i));
38        Klass* k = tp_obj->own_klass();
39        printf("%s, ", k->name()->value());
40    }
41    printf("\n");
42 }
```

从第 9 行开始的这个大循环,是为了遍历该类型的所有直接父类。对每个直接父类,在第 12 行先加入到 mro 中,接着判断该父类的 mro 列表是否为空,如果不为空,则把该父类的 mro 也加入到子类的 mro 列表中去。第 16 行的循环,是对父类的 mro 列表中的所有元素进行遍历,如果该元素在本类型的 mro 列表中已经出现了,也就是第 18 行的 index 大于 0,在第 25～28 行,就会把以前出现的重复元素删掉,然后把最后一次出现的元素加入到 mro 列表中去。

第 19～22 行的逻辑是为了判断两个父类中的 mro 顺序出现冲突的情况。考虑下面的例子,代码如下:

```
1    class B(Y, X):
2        def say(self):
3            print "I am B"
4
5    class A(X, Y):
6        def say(self):
7            print "I am A"
8        pass
9
10   class C(B, A):
11       pass
```

如果使用 Python 来执行这个例子,就会报错,这是因为 B 的 mro 是 XY,而 A 的 mro 是 YX,当 A 和 B 做 C 的父类时,C 的 mro 解析过程就出现矛盾了。Python 虚拟机在遇到这种情况时,通过抛出异常来处理。这种冲突情况的前提条件是两个元素在两个直接父类的 mro 中都出现并且在不同父类里的顺序不同。使用 cur 变量记录上一个元素出现重复的情况,如果在不同父类里的顺序不同,则直接报错退出。

然后,要在每个类的初始化里完成 mro 的排序工作,以 HiList 类为例。首先在构造方法里指明它的父类是 object,代码如下:

```
1    void ListKlass::initialize() {
2        ...
3        set_klass_dict(klass_dict);
4
5        (new HiTypeObject())->set_own_klass(this);
6        set_name(new HiString("list"));
7        add_super(ObjectKlass::get_instance());
8    }
```

然后在 Universe 的 genesis 方法中构建它的 mro,之所以不在构造方法里调用 order_super,是因为 order_super 的逻辑比较复杂,其中要使用很多虚拟机的内部结构,所以在虚拟机的初始化全部完成了以后再为每个内建类构建 mro 是比较安全

的,代码如下:

```
1  void Universe::genesis() {
2      ...
3      ListKlass::get_instance()->order_supers();
4      type_klass->order_supers();
5
6      FunctionKlass::get_instance()->order_supers();
7      NativeFunctionKlass::get_instance()->order_supers();
8      MethodKlass::get_instance()->order_supers();
9  }
```

而对于用户自定义类型,则应该在 klass 创建的时候构建它的 mro,也就是 create_klass,读者可以自行添加。

最后,类的多继承对于方法的查找是有影响的,主要是在 getattr 中,如果在本类型中查找不到,还要去自己的 mro 列表中的类型里去查找,所以 getattr 就变成了如下这个样子,具体实现如代码清单 8.26 所示。

代码清单 8.26 getattr 最终版

```
1   HiObject * Klass::getattr(HiObject * x, HiObject * y) {
2       HiObject * func = find_in_parents(x, ST(getattr));
3       if (func->klass() == FunctionKlass::get_instance()) {
4           func = new MethodObject((FunctionObject *)func, x);
5           ObjList args = new ArrayList<HiObject *>();
6           args->add(y);
7           return Interpreter::get_instance()->call_virtual(func, args);
8       }
9
10      HiObject * result = Universe::HiNone;
11
12      if (x->obj_dict() != NULL) {
13          result = x->obj_dict()->get(y);
14          if (result != Universe::HiNone)
15              return result;
16      }
17
18      result = find_in_parents(x, y);
19      if (MethodObject::is_function(result)) {
20          result = new MethodObject((FunctionObject *)result, x);
21      }
```

```cpp
22
23         return result;
24     }
25
26     HiObject* Klass::find_in_parents(HiObject* x, HiObject* y) {
27         HiObject* result = Universe::HiNone;
28         result = x->klass()->klass_dict()->get(y);
29
30         if (result != Universe::HiNone) {
31             return result;
32         }
33
34         // find attribute in all parents.
35         if (x->klass()->mro() == NULL)
36             return result;
37
38         for (int i = 0; i < x->klass()->mro()->size(); i++) {
39             result = ((HiTypeObject*)(x->klass()->mro()->get(i)))
40                 ->own_klass()->klass_dict()->get(y);
41
42             if (result != Universe::HiNone)
43                 break;
44         }
45
46         return result;
47     }
```

经过不断地增加功能,最终将 getattr 的功能全部补齐了。在第 2~8 行,首先在对象所对应的类型中查找是否有"__getattr__"方法,如果找到了这个方法就直接调用这个方法。如果没有找到"__getattr__"方法,就转而在对象字典里查找是否有 y 属性;如果失败,再去对象所对应的类型中查找是否有 y 属性。这个逻辑就比较清晰了。

经过了这些改造以后,终于可以像 Python 虚拟机一样处理类的多继承了。本节开始时的例子也能正确执行了。

至此,虚拟机中的对象系统就构建得差不多了,这为虚拟机的下一步开发奠定了坚实的基础,还有一些与对象系统相关的功能,比如异常的定义和处理等,等模块功能实现了以后再来添加。

第 9 章

垃圾回收

在前边的章节中,对于对象的创建和释放是比较随意的,完全没有理会内存泄漏的问题。现在,虚拟机的大部分功能都已经搭建完了,是时候回过头来解决这个问题了。在实现解释器的时候,我提到过,我们并不知道一个对象从操作数栈上拿出来以后,是不是还在其他地方被引用着(例如 global table 等),所以就无法武断地使用 delete 来释放一个对象。为了解决这个问题,这一章引入自动内存管理技术。

9.1 自动内存管理

自动内存管理的研究开始得比较早。早在 20 世纪 60 年代,就已经有很多优秀的成果了。经过不断地发展,自动内存管理技术现在仍然很热门,也是很重要的研究方向,每年都有不同的改进在各种会议上被提出来,在各种带有自动内存管理的编程语言社区里,例如 Java 和 Go 等,也是一个大家普遍关心的技术点。

9.1.1 概念定义

在研究自动内存管理算法的时候,经常把不存活的对象称为垃圾(Garbage),所以自动内存管理技术在很多时候也被大家称为垃圾回收技术(GC, Garbage Collection)。学习 GC 算法时,经常用到的一个术语是 mutator,这是 Dijkstra 提出来的(求图结点间的最短路的 Dijkstra 算法的发明者)。mutator 的本意是改变者,这里使用这个词想表达的是通过程序来改变对象之间的引用关系。实际上,我们写的所有 Python 程序都在时时刻刻地改变对象,以及它们之间的引用关系,那么这些 Python 程序就是 mutator。

在 CPython 中,用户线程就是 mutator,而 GC 线程则专门负责垃圾回收。所以也经常会使用 mutator 线程和 GC 线程这样的称谓。

还有一组术语要弄清楚,通常把由编程语言虚拟机管理起来的内存称为 Python 堆。堆(heap)这个名词在计算机术语中是用得比较不严谨的一个词,它可以指代一块内存区域,也可以指一种数据结构,但当讨论 GC 的时候,它专指被虚拟机管理的内存。所有的 Python 对象都应该创建在 Python 堆里,当然有很多对象是虚拟机内部对象,它们有明确的生命周期,例如在第 5 章中,为了实现函数所使用的虚拟栈帧

Frame 对象，就没有必要在 Python 堆里管理了。在它结束的时候，直接 delete 就可以了。

另外，函数调用的时候，要不断地创建函数栈帧，每一层调用对应一个栈帧，这部分内存是栈空间。mutator 其实就活跃在这些内存空间里。关于这一点，大家可以参考第 3 章中对递归函数的调用。

明确了这些概念以后，就可以学习 GC 算法并且从中找一个最合适的，然后实现它，让它帮我们把虚拟机里的内存全部掌管起来。

9.1.2 引用计数

这里介绍的第一种垃圾回收算法是引用计数。引用计数法是实现起来最简单的 GC 算法。在流行的编程语言中，CPython 虚拟机以及 swift 里都使用了引用计数法。

GC 算法一个重要的功能是要识别出内存中的哪些对象是垃圾。其实可以回到定义来看，所谓垃圾，就是不再被其他对象所引用的对象。最直接的办法就是根据这个定义来识别垃圾，这就要求我们能够区分一个对象是否被其他对象所引用。

为了记录一个对象有没有被其他对象引用，可以在每个对象的头上引入一个叫"计数器"的东西，用来记录有多少其他对象引用了它。这个计数器的值的变化都是由 mutator 引起的。例如以下代码：

```
1    objA = A()
2    objB = B()
3    objA.ref = objB
```

对象 A 的实例在 Python 堆中就是一块内存而已，而 objA 作为一个局部变量引用了它，所以它的引用计数就是 1，对象 B 的实例在堆中也是一块内存，objB 这个局部变量引用了它，然后 objA 又引用了它一次，所以它的引用计数就是 2。具体情况如图 9.1 所示。

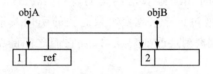

图 9.1 引用计数

mutator 在运行中还会不断地修改对象之间的引用关系，我们知道这种引用关系的变化都是发生在赋值的时候。例如，接上文的例子，再执行这样一行代码：

```
objA.ref = null
```

那么从 objA 到 objB 的引用就消失了，也就是在图 9.1 中，那个从 A 的 ref 指向 B 的箭头消失了。

以 Python 为例，赋值语句最终会被翻译成 STORE_XX 指令，那么就可以在执行 STORE 指令的时候，做一些手脚了。如果使用伪代码表示出来，就是这样的，代码如下：

```
1  void do_oop_store(Value * obj, Value value) {
2      inc_ref(&value);
3      dec_ref(obj);
4      obj = &value;
5  }
6
7  void inc_ref(Value * ptr) {
8      ptr->ref_cnt++;
9  }
10
11 void dec_ref(Value * ptr) {
12     ptr->ref_cnt--;
13     if (ptr->ref_cnt == 0) {
14         collect(ptr);
15         for (Value * ref = ptr->first_ref; ref != null; ref = ref->next)
16             dec_ref(ref);
17     }
18 }
```

也就是说，在把 value 赋值给 obj 这个指针之前，可以先改变一下这两个对象的引用计数。

在一次赋值中，要先把新的对象的引用计数加一，再把老的对象的引用计数减一。如果某个对象的引用计数为 0，就把这个对象回收掉（collect 方法负责回收内存），然后把这个对象所引用的所有对象的引用计数减 1。

在写一个对象的域的时候，需要做一些对象引用关系的维护工作，这就好比在更新对象域的时候对这个动作进行了拦截，然后将更新对象域的动作替换为另外一个动作，所以在 GC 中对这种特殊的操作起了一个比较形象的名字叫 write barrier，barrier 是屏障、拦截的意思。

这里要注意一点，在 do_oop_store 里，可不可以先做减，后做加呢？就是说第 2 行和第 3 行的先后顺序换过来有没有影响呢？答案是不行。当 obj 和 value 是同一个对象的时候，如果恰好这个对象的引用计数为 1，先减后加的话，这个对象就会被回收，内存有可能会被破坏。从而这个对象就有可能发生数据错误。

引用计数法具有以下优点：

（1）可以立即回收垃圾，不必像某些延迟回收的算法那样，回收的时机是不确定的。因为每个对象在被引用次数为 0 的时候，是立即就可以知道的。

（2）没有暂停时间。这个很容易理解，对象的回收根本不需要另外的 GC 线程专门去做，业务线程自己就搞定了。不需要 mutator 线程停下来等 GC 线程清理完了再继续工作。当然，在多线程的情况下，必要的同步和互斥操作还是需要的。

当然它也有很重要的两个缺点：

（1）在每次赋值操作的时候都要额外做很多 write barrier 的工作，尤其是当一个对象的回收引发多次递归回收的情况，这是比较麻烦的。

（2）还有一个致命缺陷是循环引用。

关于循环引用的例子，objA 引用了 objB，objB 也引用了 objA，但是除此之外，再没有其他的地方引用这两个对象了，这两个对象的引用计数就都是 1。这种情况下，这两个对象是不能被回收的，如图 9.2 所示。

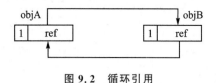

图 9.2　循环引用

为了解决循环引用的问题，一类基于引用追踪的垃圾回收算法便应运而生。

9.1.3　图的知识

在开始讲解基于引用追踪的 GC 算法之前，我先讲一些关于图以及它的遍历知识。如果读者已经学习过数据结构课程中关于图的知识，那么这节就可以跳过，直接学习 Tracing GC 的相关内容。

我们知道，对象之间是有相互引用关系的，如果把存在这种引用关系的元素以有向线段相连接，并称这些对象为顶点，这些有向线段为边，这样得到的数据结构就是有向图。可以使用有向图来表达对象之间的引用关系。

在图中的数据元素通常称为结点，V 是所有顶点的集合，E 是所有边的集合。如果两个顶点 v 和 w，只能由 v 向 w，而不能由 w 向 v，那么就把这种情况叫一个从 v 到 w 的有向边。v 也被称为初始点，w 也被称为终点，这种图就被称为有向图。

如果 v 和 w 是没有顺序的，从 v 到达 w 和从 w 到达 v 是完全相同的，这种图就被称为无向图。显然，对象之间引用关系如果抽象成图，就会是一个有向图。

1. 邻接矩阵

图的结构比较复杂，任意两个顶点之间都可能存在联系，因此无法以数据元素在存储区中的物理位置来表示元素之间的关系，换言之，图没有顺序映像的存储结构，但可以使用二维数组来表达元素与元素之间的关系。

对于图 G，假如其中有 n 个结点，可以定义一个二维数组 A[n][n]，如果顶点 v_i 和顶点 v_j 之间存在边 e_{ij}，那么就将 A[i][j] 设为 1，否则设为 0，就称二维数组 A 是图 G 的邻接矩阵。可见，如果图 G 是无向图，那么，如果 A[i][j] 为 1，可以推知 A[j][i]

也为1;如果 G 是有向图,则不存在这个规律。

2. 邻接表

另外一种比较直接的思路就是使用多重链表。它是一种最简单的链式映象结构,即以一个由一个数据域和多个指针域组成的结点表示图中一个顶点,其中数据域存储该顶点的信息,指针域存储指向其邻接点的指针。这样做的一个缺点是,由于图中各个结点的度数各不相同,最大度数和最小度数可能相差很多,因此,若按度数最大的顶点设计结点结构,则会浪费很多存储单元。而如果按照每个顶点自己的度数设计不同的结点结构,所带来的编程的复杂度得不偿失。

所以,用一种改进的方案:使用链表代表一个结点,这种方案被称为邻接表。在邻接表中,为图中的每一个顶点都建立一个链表,第 i 个单链表中的结点表示依附于顶点 v_i 的边。链表中的每个结点都由3个域组成,其中邻接点域表示与 v_i 相邻的点,这个结点的邻接点域就是 j。结点之间的连接关系,或者说在对象系统里,对象之间的引用关系就直接反应在链表的边上,一个对象 obj 对其他对象的引用,就是邻接表里的一个边。

3. 深度优先搜索

图的遍历有两种方法,深度优先搜索(DFS,Depth First Search)和广度优先搜索(BFS,Breadth First Search),这两种遍历方式与树的遍历是相对应的。树的前中后序遍历都是深度优先搜索算法,而按层遍历则相对应于广度优先搜索。这一小节来研究一下这两种不同的遍历算法。为了简单起见,我这里都使用了无向图来讲解。有向图和无向图虽然在结构上有所区别,但是在遍历的时候,算法上的差别不大。

在一个无向图中,由于图中的顶点与其他的任意顶点都可能是相邻接的,所以在沿着某条路径进行访问的时候,可能又回到某个已经访问过的顶点。为了避免同一个顶点被多次访问,在遍历的时候,引入了一个 visited 数组来标记已经被访问过的顶点。如果顶点被访问过,它所对应的 visited 数组中的那一位就是 true,否则就是 false。

在一开始,图中的所有顶点都没有被访问,则深度优先搜索可以从图中某个顶点 v 出发,访问与此顶点相邻接的顶点。假如与 v 相邻接的顶点有多个,在访问了其中一个以后,比如记为 w,可以选择继续访问与 w 相邻接的顶点,也可以选择与 v 相邻接的其他顶点。如果选择与 w 相邻接的顶点作为下一次的扩展,这就是深度优先算法,如果选择与 v 相邻接的其他顶点,这就是广度优先算法。

仔细推敲就会发现,图的深度优先算法与树的先序遍历是十分相似的。深度优先算法(DFS,Depth First Search),使用递归写法,代码如下:

```
1    int graph[MAX_NODES][MAX_NODES];
2    void dfs(int node)
3    {
```

```
4        visited[node] = true;
5        for (int neighbor = 0; neighbor < MAX_NODES; neighbor ++ )
6        {
7            if (graph[node][neighbor] and ! visited[neighbor])
8            {
9                dfs(neighbor);
10           }
11       }
12   }
```

如图 9.3(a)所示，从结点 1 开始进行深度优先遍历，一种可能的遍历方式如图 9.3(b)~(f)所示。其中，灰色的结点代表已经访问过的，粗边代表深度优先搜索一直向前进行的边，也就是最终出现在深度优先搜索树中的边。虚线边代表在对某

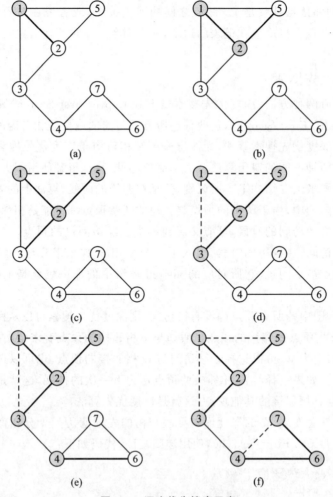

图 9.3　深度优先搜索示意

个结点的所有邻居结点进行访问时,发现其邻居已经被访问过了,所以所有虚线边都最终会产生一个环;而这些边是不会被加到 DFS 树中去的,它们也被称为回边。当算法结束时,所有的结点都已经访问完毕,所有粗边最终组成了一个 DFS 树。

4. 广度优先搜索

广度优先搜索(BFS,Breadth First Search),是与深度优先搜索一样,是十分重要的图的遍历算法。

给定的图 G 和一个特定的源顶点 s,搜索算法会系统地搜索 G 中的边,用以发现可以从 s 到达的所有顶点,并计算 s 到所有这些可达顶点之间的距离。

为了记录搜索的轨迹,先来定义一下顶点分类。在算法执行的过程中,顶点可以分为以下三类,为了方便描述,给这三类结点都标上颜色。第一类是尚未访问过的结点,记它们的颜色为白色,第二类是已经访问过但却没有扩展完的结点,记它们的颜色为灰色,第三类是已经访问过,并且已经全部扩展完的结点,记它们的颜色为黑色。

在算法开始之前,所有的顶点都是白色的。当某一个白色结点被搜索以后,就把它的颜色改为灰色,以表示该结点已经被发现,但尚未进行下一步扩展。然后再从灰色结点的集合中找到最早被发现的结点,记为 n,所有从 n 能直接到达的白色结点都是下一次扩展时要改为灰色的结点,当这些结点全部变为灰色以后,就可以把 n 的颜色改为黑色,表示 n 是一个已经全部扩展完了的结点。

从灰色结点集合中找到最早被置为灰色的结点并将其改为黑色这个操作,是典型的先进先出,所以可以使用队列来存储灰色结点集合。而一个结点是否被发现,也就是区分一个结点是白还是非白,只需要一个布尔型的数组就可以了。将上述文字描述的算法使用代码表示,具体如代码清单 9.1 所示。

代码清单 9.1　图的 BFS

```
1    void bfs(root)
2    {
3        queue<int> q
4        q.push(root)
5        bool visited[neighbor];
6
7        while (! q.empty())
8        {
9            node = q.front()
10           q.pop()
11
12           for (int neighbor = 0; neighbor < MAX_NODES; neighbor++)
13           {
14               if (visited[neighbor])
```

```
15                    continue;
16
17                if (graph[node][neighbor])
18                {
19                    q.push(neighbor);
20                }
21            }
22        }
23   }
```

可见这种搜索算法的特点就是将已发现和未发现顶点之间的边界，沿其广度方向向外扩展。也就是说，算法首先会找到和 s 距离为 k 的所有顶点，然后才会找到和 s 距离为 k+1 的其他顶点，所以这种搜索算法才被称为广度优先搜索。

对于上一节中的例子，如果进行 BFS 的话，其结果如图 9.4 所示。图中黑色结点代表从队列中取出待扩展的结点，粗线所连接的结点代表当前黑色结点进行扩展时会访问的结点，灰色结点代表已经访问过的结点。该图中各结点颜色表示与本节开始时的算法描述有所不同，请读者注意辨别。

BFS 的每次扩展都会使离初始结点更远一层的结点被扩展进队，也就是说第 1 次扩展会使得与初始结点距离为 1 的结点进队，而第 2 次扩展就会使与初始结点距离为 2 的结点进队，依次类推。由于广度优先搜索总是能找到某一特定结点与初始结点之间的最小距离，所以 BFS 常会被用于求解搜索问题的最优解。具体做法是，

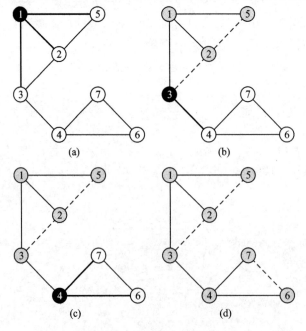

图 9.4 广度优先搜索示意

先给出可行的解空间,然后在解空间中进行 BFS。

深刻地理解 DFS 和 BFS,对于学习其他的图算法具有重要意义。这两种看上去很简单的算法,是整个图算法的基石。想要深刻地理解 GC 算法,图算法的学习是必不可少的。

9.1.4 Tracing GC

这一小节讨论一下垃圾回收的另外一个大类,Tracing GC。这类算法的特点是以 roots 集合作为起始点进行图的遍历,如果从 roots 到某个对象是可达的,则该对象称为"可达对象",也就是还活着的对象;否则就是不可达对象,可以被回收。

可以说主流的垃圾回收器全部或者部分地使用了 Tracing GC,例如 Hotspot、CPython、V8 和 ART 等。

关于 Tracing GC,第一个要讲的概念就是 roots。读者在进行有关 GC 算法的讨论时,都会遇到 roots 这个概念。roots 是 GC 算法开始的地方,是指向对象的指针的起始点。roots 的定义是所有本身不在堆里且指向堆内对象的引用的集合。来看个具体的例子,代码如下:

```
1   def buildObj():
2       objA = A()
3       objB = B()
4       objC = C()
5
6       objA.b = objB
7       objB.a = objA
8
9       objA.c = objC
```

通过这个例子,来说明一下 mutator 和垃圾的关系,以及根是如何定义的。在执行到 buildObj 的时候,objA、objB 和 objC 在内存中的实际情况如图 9.5 所示。

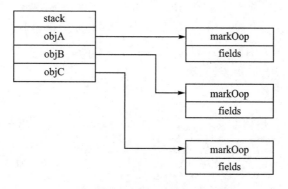

图 9.5 roots 示意图

左边代表了在栈空间、从栈上出发、有三个指针指向堆里。前面说过，栈上的引用都属于 roots 集合。因此，从 roots 开始进行深度优先搜索，所有可以访问到的对象都是活跃对象，而访问不到的对象就是垃圾了，需要及时释放掉。

当 buildObj 执行完了以后呢？这时，buildObj 所对应的栈空间就全部被回收掉了，也就是说上图的三个指针都消失了，那么这些对象，objA、objB 和 objC 就再也访问不到了。

Tracing GC 中，一个典型的算法是 Mark-Sweep 算法，接下来，我就以这个算法为例，讲解一下 Tracing GC 的具体思路。正如它的名字所指示的，这个算法分为标记和清除两个步骤。

先看标记。标记就是从 roots 出发，根据对象之间的引用关系在整个图中进行搜索，能访问到的对象就标记为活的。基于此，为每个对象添加一个额外的域来记录该对象是否存活。搜索的过程可以是深度优先遍历，也可以是广度优先遍历。等到遍历结束的时候，所有存活的对象就都被 mark 过了，而所有的不可达对象，也就是变成垃圾的对象都没有被 mark，这就是 Tracing GC 的 mark 阶段。这部分的核心在于对象图的遍历，关于图的遍历，读者可以翻看前一节。

接下来就是清除阶段。这一阶段，是把未标记的那些对象所占的空间回收的阶段。具体来说，如图 9.6 所示，有外部的指针指向了 A，而 A 又引用了 B，所以，A 和 B 都是存活对象。而 C 和 D 都没有另外的对象引用它们了，所以它们就都是垃圾对象。那么，该怎么样把这两块空间回收呢？

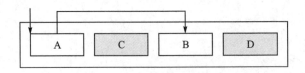

图 9.6　存活对象内存示意图

维护这个信息的最合适的数据结构应该就是链表了。在清除的阶段，从头开始逐个访问对象，如果一个对象被 mark 了，那就什么也不做（当然，要把 mark 标记清除一下，以备下一次 GC 时可用）。如果一个对象未被标记，例如图 9.6 中的两个灰色对象，那就把它们的起始地址和大小记录到一个链表中去就可以了。由于这个链表记录了未使用的空间，所以，它有一个专门的名字，叫 freelist。用伪代码来说明一下，代码如下：

```
1  sweep() {
2      p = heap_start;
3      while (p < heap_end) {
4          if (p.is_mark())
5              p.clear_mark();
6          else
```

```
7            collect(p);
8
9            p += p.size();
10       }
11   }
12
13   collect(obj) {
14       last_free_chunk = free_list.last_chunk();
15       if (last_free_chunk.end() == obj)
16           last_free_chunk.inc_size(obj.size());
17       else
18           free_list.add_chunk(new chunk(obj, obj.size()));
19   }
```

使用 collect 把一块不使用的内存放到链表里，如果这块内存与链表中的最后一项靠在一起（也就是说有连续的两个对象一起被回收了），那就只要把 free_chunk 的 size 增加一下就行了，这样就可以把两个对象的空间合并在一起了。如果是分离的，那就需要再创建一个新的 chunk，并将其挂到链表中。

最后，再看一下创建对象的内存分配问题。由于堆里未使用的空间都使用了 freelist 管理起来了，在创建对象的时候，去堆里分配内存，就需要去空闲链表中找一块可用的空间，分配给这个新的对象。

在找可用空间的时候，又有一些策略，这里大概介绍一下：

（1）遍历链表，找到第一块 size 大于或等于所需空间的，就立即返回这块 chunk，这种方式叫 first‑fit。

（2）从链表中找到符合条件的所有 chunk，并从中挑选最小的那个，这种方式叫 best‑fit。

（3）从链表中找到符合条件的所有 chunk，并从中挑选最大的那个，这种方式叫 worst‑fit。

这三种方式在某些特定情况下都会有比较好的表现，但并不能满足所有情况。关于这三种算法的优劣就不具体深入讨论了，这个不是我们本书的重点。

可见 Mark‑Sweep 的一个缺点就是内存分配比较复杂。另外，Mark‑Sweep 还有一个比较大的缺点，就是内存的碎片化。以图 9.7 来举例，假如 A 和 B 类型的对象存活，而 D 类型的对象成为垃圾对象，并且 D 对象的大小为 2，这个空间内的空闲大小就是 4。如果现在要新建一个大小为 3 的对象，其实是放不下的，因为这两块

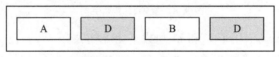

图 9.7　内存碎片

空闲空间并不连续。虽然总的空闲空间是 4，但却无法分配出一块连续的、大小为 3 的空间，这就造成了内存空间使用的浪费。

针对这两个缺点，再来介绍一种可以解决这两个问题的算法，那就是复制算法，而复制算法也是我们的虚拟机最终选择的算法。

9.2 复制回收

这一节介绍一种称为 Copy GC 的算法。基于复制的 GC 算法最早是 Marvin Minsky 提出来的。

这个算法的思路很简单，总的来说就是把空间分成两部分，一个叫分配空间（Allocation Space），一个是幸存者空间（Survivor Space）。创建新的对象时都是在分配空间里创建的。在 GC 的时候，把分配空间里的活动对象复制到幸存者空间，把原来的分配空间全部清空；然后把这两个空间交换，就是说分配空间变成下一轮的幸存者空间，现在的幸存者空间则变成分配空间。

在有些文献或者实现中，allocation space 也会被称为 from space，survivor space 也被称为 to space。在本书中，讨论垃圾回收的时候，主要还是使用 from space 和 to space 来指代分配空间和幸存者空间。但当进行内存分配的时候，也会使用 eden 来指代分配空间（eden 是伊甸园的意思，Hotspot 的代码里把分配空间称为 eden 空间）。在不同的场景中，想强调空间的不同作用，就会使用相应的不同的名称。

Copy GC 的想法很简单，但真要使用代码实现，还是有很多细节要处理的。我们从最基本最原始的算法开始。

9.2.1 算法描述

最简单的 copy 算法，是把程序运行的堆分成大小相同的两半，一半称为 from 空间，一半称为 to 空间。利用 from 空间进行分配，当空间不足以分配新的对象时，就会触发 GC；GC 会把存活的对象全部复制到 to 空间。当复制完成以后，会把 from 和 to 互换，这种空间关系如图 9.8 所示。

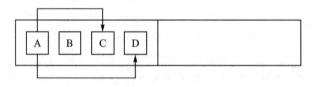

图 9.8 复制算法堆空间

A 对象存活，A 又引用了 C 和 D，所以 C 和 D 也是存活的；已经没有任何地方引用 B 对象了，那么 B 就是垃圾了。此时，from 空间已经满了，如果想再创建一个新的对象就不行了，这时就会执行 GC 算法，将 A、C 和 D 都拷贝到新的空间中，然后把原来的空间全部清空,如图 9.9 所示,这样就完成了一次垃圾回收。

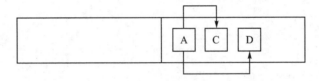

图 9.9　GC 后的堆

在这个算法中,还有几个问题要解决,第一个问题,如何判断对象是否存活。因为 C 和 D 是被 A 引用的,那么,A 如果是存活的,C 和 D 就是存活的,但如何知道 A 和 B 是否存活呢？看一段具体的例子,代码如下:

```
1   def foo():
2       a = A()
3       bar()
4       e = E()
5
6   def bar():
7       b = B()
```

在上面的例子中,在创建对象 E 的时候,已经从 bar 的调用中返回了。这个时候,对象 a 还存活于 foo 的调用栈里,而 b 已经没有任何地方会去引用它了——原来唯一的引用,bar 的栈空间已经消失了,所以 b 就变成了垃圾。而此时由于 from 空间不足,无法正确地创建 E,所以,就会执行 GC,这时候 b 作为垃圾就被回收了。

可见,如果存在一个从栈上出发到对象的引用,那么这个对象就是存活的。所有不在堆里但又指向堆里某一个对象的引用,这些引用组成了一个集合,称之为 roots 集合。roots 包含很多内容,除了栈上的引用,Universe 和 Metaspace 等都会有向堆上的引用。在这里,我们只考察了栈上的引用情况,其他的情况与此类似,不再一一分析。

9.2.2　算法实现

复制 GC 算法,最核心的就是如何实现复制。先用简单的伪代码来表示,代码如下:

```
1   void copy_gc() {
2       for (obj in roots) {
3           * obj = copy(obj);
4       }
5   }
6
7   obj * copy(obj) {
8       if (! obj.visited) {
```

```
9              new_obj = to_space.allocate(obj.size);
10             copy_data(new_obj, obj, size);
11             obj.visited = true;
12             obj.forwarding = new_obj;
13
14             for (child in obj) {
15                 * child = copy(child);
16             }
17         }
18
19         return obj.forwarding;
20     }
```

算法是从 roots 的遍历开始,然后对每一个 roots 中的对象都执行 copy 方法。

如果这个对象没有被访问过,那么就在 to space 中分配一个与该对象大小相同的一块内存,然后把这个对象的所有数据都复制过去(copy data),把它的 visited 标记为 true,forwarding 记为新的地址。

接着遍历这个对象的所有引用,执行 copy,这个过程是一个典型的深度优先搜索。前面深入地学习过图的遍历,这里不再重复。

然后,还有最重要的一步,把 forwarding 作为返回值返回给调用者,让它更新引用。为什么要有 forwarding 这个属性呢?看起来很麻烦的样子,直接在分配完了就把引用的指针改掉不就行了吗?

此处考虑这样一种情况,A 和 B 都引用了 C,空间里的引用状态如图 9.10 所示。

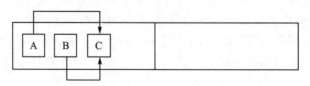

图 9.10　Copy GC 示意图

此时开始执行 copy 算法,A 先复制到 to space,然后 C 又复制过去。A 和 C 都复制到新的空间里了,原来的引用关系还是正确的。但是 B 就出问题了,它并不知道自己引用的 C 已经被搬过一次了。当访问完 B 以后,对于它所引用的 C,完全不知道它被搬到哪里去了,如图 9.11 所示。

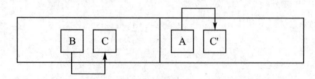

图 9.11　Copy GC 示意图

为了解决这个问题,可以在 C 上留下一个地址告诉后来的人,这个地址已经失效了,你要找的对象已经搬到某某地了,然后你只要把引用更新到新的地址就可以了,这就是 forwarding 的含义。

举个例子,你有一个通讯录,上面记了你朋友家的地址在东北旺西路南口 18 号,当你按这个地址去找他的时候,看见他家门口贴了一张纸条,说已搬到北京西站南广场东 81 号。那你就可以把这个新的地址更新到通讯录里了,下一次你按照新的地址还可以找到你的朋友。

当 B 再去访问 C 的时候,就看到 C 已经被复制过了,而 C 通过 forwarding 指针引用了新的地址,那么 B 就可以根据这个新的地址把自己对 C 的引用变成对 "C'" 的引用,这一过程如图 9.12 所示。

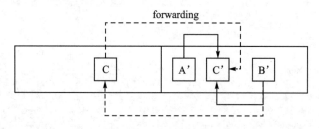

图 9.12　Copy GC 示意图

在普通的应用程序中,有大量对象生命周期并不长,很多都是创建以后没多久就变成了垃圾(例如,一个函数退出以后,它所使用的局部变量全都是垃圾了)。所以,在执行 Copy GC 时,存活的对象会比较少。执行 Copy GC 只要把还存活的对象复制到幸存者空间就可以了。当存活对象少的时候,GC 算法的效率就会比较高。这时,算法就有很高的吞吐量。

本节介绍的 GC 算法有一个明显的问题:使用递归去遍历对象,这种实现很差,很容易出现 stack overflow 的情况。所以在真正实现的时候,还是只能选择非递归的方法。

9.2.3　建　堆

实现 GC 的第一步是创建虚拟机的堆,以后所有对象的内存分配就都在这个堆里了。具体实现如代码清单 9.2 所示。

代码清单 9.2　定义堆空间

```
1  class Space {
2  friend class Heap;
3  private:
4      char *   _base;
5      char *   _top;
6      char *   _end;
```

```
7        size_t _size;
8        size_t _capacity;
9
10       Space(size_t size);
11       ~Space();
12
13   public:
14       void * allocate(size_t size);
15       void clear();
16       bool can_alloc(size_t size);
17       bool has_obj(char * obj);
18   };
19
20   class Heap {
21   private:
22       Space * mem_1;
23       Space * mem_2;
24
25       Space * eden;
26       Space * survivor;
27
28       Space * metaspace;
29
30       Heap(size_t size);
31
32   public:
33       static size_t MAX_CAP;
34       static Heap * instance;
35       static Heap * get_instance();
36
37       ~Heap();
38
39       void * allocate(size_t size);
40       void * allocate_meta(size_t size);
41       void copy_live_objects();
42
43       void gc();
44   };
```

上述代码中，Space 代表了一个独立的空间，在上一节中讲解理论的时候，我们就提到过 survivor 空间和 eden 空间的关系。一个空间的基本属性包括它的起始地址"_base"，尾地址"_end"，总的容量"_size"，当前可用内存的开始地址"_top"，以及当前可用内存的总量"_capacity"。

如图9.13所示,"_size"总是等于"_end－_base",在堆刚创建的时候,"_capacity"等于"_end－_top"。当需要在堆空间中分配内存的时候,只需要把"_top"向后增加,并实时更新"_capacity"的值即可。如代码清单9.3所示。

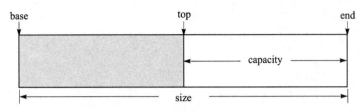

图9.13 堆空间示意图

代码清单9.3 实现独立堆空间

```
1   Space::Space(size_t size) {
2       _size = size;
3       _base = (char*)malloc(size);
4       _end  = _base + size;
5       _top  = (char*)(((long)(_base + 15)) & -16);
6       _capacity = _end - _top;
7   }
8
9   Space::~Space() {
10      if (_base) {
11          free(_base);
12          _base = 0;
13      }
14
15      _top = 0;
16      _end = 0;
17      _capacity = 0;
18      _size = 0;
19  }
20
21  void Space::clear() {
22      memset(_base, 0, _size);
23      _top  = (char*)(((long)(_base + 15)) & -16);
24      _capacity = _end - _top;
25  }
26
```

```
27    void* Space::allocate(size_t size) {
28        size = (size + 7) & -8;
29        char* start = _top;
30        _top       += size;
31        _capacity  -= size;
32        return start;
33    }
34
35    bool Space::can_alloc(size_t size) {
36        return _capacity > size;
37    }
38
39    bool Space::has_obj(char* obj) {
40        return obj >= _base && _end > obj;
41    }
```

上面的代码基本已经解释过，逻辑比较简单。需要注意的一点是，在第 5 行使用与操作，对起始地址进行了一次对齐操作，这样可以保证空间地址是以 16 字节对齐的。同样的代码技巧还出现在第 28 行，这行代码的意义十分重大，它保证了从堆里分配出来的对象地址都是 8 字节对齐的，从而保证了每个对象指针的低三位都是 0。后面我们会充分利用这三位来做一些辅助的功能。

定义好了空间以后，再来看堆的具体实现。Heap 类代表了虚拟机堆，它包含了三个空间，分别是 survivor 空间、eden 空间和 meta 空间。survivor 和 eden 空间，前面已经介绍过了，此处不再赘述。meta 空间也叫元信息空间，虚拟机运行所需要的基础数据存储在这里。meta 空间中的信息相对稳定，不需要频繁回收，所以 Klass 放到 meta 空间里是比较合适的，如代码清单 9.4 所示。

代码清单 9.4　虚拟机堆

```
1     Heap*   Heap::instance = NULL;
2     size_t Heap::MAX_CAP = 2 * 1024 * 1024;
3
4     Heap* Heap::get_instance() {
5         if (instance == NULL)
6             instance = new Heap(MAX_CAP);
7
8         return instance;
9     }
10
11    Heap::Heap(size_t size) {
12        mem_1 = new Space(size);
13        mem_2 = new Space(size);
```

```cpp
14        metaspace = new Space(size / 16);
15
16        mem_1->clear();
17        mem_2->clear();
18        metaspace->clear();
19
20        eden = mem_1;
21        survivor = mem_2;
22    }
23
24    Heap::Heap() {
25        if (mem_1) {
26            delete mem_1;
27            mem_1 = NULL;
28        }
29
30        if (mem_2) {
31            delete mem_2;
32            mem_2 = NULL;
33        }
34
35        if (metaspace) {
36            delete metaspace;
37            metaspace = NULL;
38        }
39
40        eden = NULL;
41        survivor = NULL;
42    }
43
44    void * Heap::allocate(size_t size) {
45        if (! eden->can_alloc(size)) {
46            gc();
47        }
48
49        return eden->allocate(size);
50    }
51
52    void * Heap::allocate_meta(size_t size) {
53        if (! metaspace->can_alloc(size)) {
54            return NULL;
```

```
55          }
56
57          return metaspace->allocate(size);
58      }
59
60      void Heap::copy_live_objects() {
61          ScavengeOopClosure closure(eden, survivor, metaspace);
62          closure.scavenge();
63      }
64
65      void Heap::gc() {
66          printf("gc starting...\n");
67          printf("   befroe gc : \n");
68          printf("   eden's capacity is % lu\n", eden->_capacity);
69          copy_live_objects();
70
71          Space * t = eden;
72          eden = survivor;
73          survivor = t;
74
75          printf("   after gc : \n");
76          printf("   eden's capacity is % lu\n", eden->_capacity);
77          printf("gc end\n");
78
79          survivor->clear();
80      }
```

堆定义的实现代码虽然看上去很长，但每个功能都很直接，很容易理解。下面逐个来看，首先在第 2 行，定义了堆中每个 space 的容量大小。第 11～22 行是构造函数，其中定义了三个不同的空间，mem_1、mem_2 和 metaspace，survivor 和 eden 是 mem_1，mem_2 的别名而已。

第 44～50 行，定义了从堆中申请内存的逻辑。当前的 eden 区如果足够分配，那就直接分配，如果不够分配，则调用一次 GC 方法，进行内存回收，然后再分配。这里要注意的是，GC 以后，eden 指针指向的已经不是原来的那个 space 了，因为 GC 会交换 eden 和 survivor 指针。

第 52～59 行，定义了从 meta 空间中申请内存的逻辑。所有的 Klass 都是存放在这个空间的。由于 GC 算法在回收时不会回收 meta 空间内的对象，所以，如果 meta 空间不够用的时候，就只能报错退出。

第 65～80 行，是 GC 方法，除去输出信息之外，它主要就干两件事情，一个是调用 copy_live_objects 将存活对象复制到 survivor 空间中去，另外一件事情就是交换

eden 和 survivor 指针。至于 copy_live_objects 方法的具体实现，后面再解释，这里只需要明白它是用于复制对象即可。

9.2.4 在堆中创建对象

建立好堆空间以后，应该在堆中分配对象，而不是直接使用 new 去创建。但以前的代码里大量使用 new 来操作对象，如果要手动修改这些地方则是一个巨大的工作量，而且很容易出错。幸好有一个更好的办法：把 new 重载掉。以 HiObject 类为例，具体实现如代码清单 9.5 所示。

代码清单 9.5 分配对象内存

```
1  // [runtime/universe]
2  class Universe {
3  public:
4      ...
5      static Heap * heap;
6      static void genesis();
7  };
8
9  Heap * Universe::heap = NULL;
10
11 void Universe::genesis() {
12     heap = Heap::get_instance();
13     ...
14 }
15
16 // [object/hiObject]
17 class HiObject {
18     ...
19 public:
20     ...
21     void * operator new(size_t size);
22 };
23
24 void * HiObject::operator new(size_t size) {
25     return Universe::heap->allocate(size);
26 }
```

在 C++ 中，使用 new 来创建对象的时候，代码如下：

A * a = new A();

这里有三个步骤：①分配内存；②调用 A() 构造对象；③返回分配指针。分配内存这个操作就是由 operator new(size_t) 来完成的，如果类 A 重载了 operator new，那么将调用"A::operator new(size_t)"，否则调用全局"::operator new(size_t)"，后者由 C++ 默认提供。其中 operator new 带的唯一一个参数是 sizeof(A)，它指明了要创建一个 A 类型的对象所需要的内存大小。

通过这种方式，所有 HiObject 的子类在实例化的时候，都会通过虚拟机的堆分配内存。也就是说，所有的 Python 对象全部都已经被管理起来了。

按照同样的思路，再把 Klass 也管理起来，具体实现如代码清单 9.6 所示。

代码清单 9.6　分配 Klass 内存

```
1   // [runtime/universe]
2   class Universe {
3   public:
4       ...
5       static ArrayList<Klass*>* klasses;
6   };
7
8   ArrayList<Klass*>* Universe::klasses    = NULL;
9
10  void Universe::genesis() {
11      heap = Heap::get_instance();
12      klasses = new ArrayList<Klass*>();
13      ...
14  }
15
16  // [object/klass]
17  class Klass {
18  public:
19      ...
20      void* operator new(size_t size);
21  };
22
23  void* Klass::operator new(size_t size) {
24      return Universe::heap->allocate_meta(size);
25  }
26
27  Klass::Klass() {
28      Universe::klasses->add(this);
29      _klass_dict = NULL;
30      _name       = NULL;
31      _super      = NULL;
32      _mro        = NULL;
33  }
```

在 Universe 里新增了一个元素类型为 Klass 指针的 ArrayList，名字为 klasses，用于记录整个虚拟机中所有的 Klass。通过这种方式可以知道虚拟机创建了哪些

Klass,方便快速遍历。

至此,编译运行,程序可以正常执行。但这并不能说明现在的虚拟机是完全正确的,因为内存泄漏可能不会立即导致程序崩溃。为了检查内存泄漏,在 Linux 平台上,可以使用 valgrind 工具。通过 apt-get install 来安装这个工具,然后使用 valgrind 运行一下虚拟机,具体的过程如代码清单 9.7 所示。

代码清单 9.7 检查内存泄漏

```
1   # valgrind ./railgun test_list.pyc
2   Address 0x6042e38 is 0 bytes after a block of size 8 alloc'd
3       at 0x4C2B800: operator new[](unsigned long)
4       by 0x40AC37: HiString::HiString(char const *) (hiString.cpp:76)
5       by 0x4137AB: FrameObject::FrameObject(CodeObject *) (frameObject.cpp:15)
6       by 0x411E7E: Interpreter::run(CodeObject *) (interpreter.cpp:137)
7       by 0x40984B: main (main.cpp:19)
8
9   HEAP SUMMARY:
10       in use at exit: 4,325,993 bytes in 65 blocks
11   total heap usage: 80 allocs, 15 frees, 4,335,047 bytes allocated
12
13  LEAK SUMMARY:
14      definitely lost: 329 bytes in 53 blocks
15      indirectly lost: 0 bytes in 0 blocks
16        possibly lost: 0 bytes in 0 blocks
17      still reachable: 4,325,664 bytes in 12 blocks
18           suppressed: 0 bytes in 0 blocks
19  Rerun with -- leak-check = full to see details of leaked memory
```

第 14 行,valgrind 的检查结果明确地指出程序有内存泄漏。在第 3~7 行则把发生内存泄漏的调用栈输出了。很明显,在 HiString 中使用字符串数组的时候,不是从虚拟机堆里直接分配的。这是因为对于 char 类型的数组,没有重载它的 operator new,所以对于这一行程序,仍然是从系统堆里进行内存分配。修改的办法也很简单,只需要把 new 直接替换掉就行了,如代码清单 9.8 所示。

代码清单 9.8 检查内存泄漏

```
1   HiString::HiString(const char * x) {
2       _length = strlen(x);
3       // _value = new char[_length];
4       _value = (char *)Universe::heap->allocate(_length);
5       strcpy(_value, x);
6
7       set_klass(StringKlass::get_instance());
8   }
```

然后，就可以反复地使用 valgrind 检查内存泄漏，直到所有的泄漏点都被修复。

在这个过程中，有两个地方的修复方案是有点特别的，一个是 ArrayList，另一个是 Map 和 MapEntry。先来看 ArrayList，原来的代码如下：

```
1   template <typename T>
2   void ArrayList<T>::expand() {
3       T* new_array = new T[_length << 1];
4       for (int i = 0; i < _length; i++) {
5           new_array[i] = _array[i];
6       }
7       delete[] _array;
8       _array = new_array;
9
10      _length <<= 1;
11      printf("expand an array to %d, size is %d\n", _length, _size);
12  }
```

这是一个泛型方法，我们不知道 T 的具体类型，所以也不可能为 T 增加数组 new 操作。这里就需要一种新的技巧，那就是 placement new，也称为定位 new。定位 new 表达式在已分配的原始内存中初始化一个对象，它与 new 的其他版本的不同之处在于，它不分配内存。相反，它接受一个已经分配好的内存地址，然后在这块内存里初始化一个对象，这就使其能够在特定的、预分配的内存地址中构造一个对象。简单来说，就是定位 new 可以让我们有办法单独地调用构造函数。它的语法如下所示：

```
1   new (place_address) type
2   new (place_address) type (initializer-list)
```

可以使用定位 new 来改造 ArrayList 的 expand 方法，代码如下：

```
1   template <typename T>
2   void ArrayList<T>::expand() {
3       void* temp = Universe::heap->allocate(sizeof(T) * (_length << 1));
4       T* new_array = new(temp)T[_length << 1];
5       for (int i = 0; i < _length; i++) {
6           new_array[i] = _array[i];
7       }
8       // we do not rely on this, but gc.
9       //delete[] _array;
10      _array = new_array;
11
12      _length <<= 1;
```

```
13        printf("expand an array to %d, size is %d\n", _length, _size);
14    }
```

首先,使用 allocate 在堆里分配一块内存,然后使用定位 new,T 类型的构造函数会被调用,初始化这块内存。

在第 9 行直接把释放原来的数组的那行代码删掉了,这是因为这块内存现在已经全部由内存管理器托管了,无法再通过 delete 将其释放。对于这块内存,将来进行垃圾回收的时候,就会被自动清理掉。

Map 的实现中也应该做相应的修改。此外,Map 中还有一点需要注意的是,MapEntry 的 new 操作符的重载。由于在 Map 中创建 MapEntry 时全都是数组的形式操作的,所以没有必要去关心 MapEntry 的 new 操作符,需要关心的是它的"new []"操作符。代码如下:

```
1   template <typename K, typename V>
2   void* MapEntry<K, V>::operator new[](size_t size) {
3       return Universe::heap->allocate(size);
4   }
```

把这些地方都做完修改以后,内存泄漏的问题就全部修复了。

9.2.5 垃圾回收

把所有对象都放到堆里去,才只完成了一半的工作,这一小节来看下如何把活着的对象搬到 survivor 空间去。

前面在实现堆的时间已经展示过了,把存活对象复制到幸存者空间的代码,是使用了一个名为 ScavengeOopClosure 的类,如代码清单 9.9 所示。

代码清单 9.9　ScavengeOopClosure

```
1   // [memory/heap.cpp]
2   void Heap::copy_live_objects() {
3       ScavengeOopClosure closure(eden, survivor, metaspace);
4       closure.scavenge();
5   }
6
7   // [memory/oopClosure.hpp]
8   class OopClosure {
9   public:
10      virtual void do_oop(HiObject** obj) = 0;
11
12      virtual void do_array_list(ArrayList<Klass*>** alist) = 0;
13      virtual void do_array_list(ArrayList<HiObject*>** alist) = 0;
```

```
14        virtual void do_map(Map<HiObject *, HiObject *> * * amap) = 0;
15        virtual void do_raw_mem(char * * mem, int length) = 0;
16        virtual void do_klass(Klass * * k) = 0;
17    };
18
19    class ScavengeOopClosure : public OopClosure {
20    private:
21        Space * _from;
22        Space * _to;
23        Space * _meta;
24
25        Stack<HiObject *> * _oop_stack;
26
27        HiObject * copy_and_push(HiObject * obj);
28
29    public:
30        ScavengeOopClosure(Space * from, Space * to, Space * meta);
31        virtual ~ScavengeOopClosure();
32
33        virtual void do_oop(HiObject * * oop);
34
35        virtual void do_array_list(ArrayList<Klass *> * * alist);
36        virtual void do_array_list(ArrayList<HiObject *> * * alist);
37        virtual void do_map(Map<HiObject *, HiObject *> * * amap);
38        virtual void do_raw_mem(char * * mem, int length);
39        // CAUTION : we do not move Klass, because they locate at MetaSpace.
40        virtual void do_klass(Klass * * k);
41
42        void scavenge();
43        void process_roots();
44    };
```

上述代码列出了 ScavengeOopClosure 和它的父类 OopClosure。正如第 2 章介绍的访问者模式，垃圾回收非常适合使用访问者模式进行设计。OopClosure 是访问者的接口类，所以其中的方法定义都是纯虚方法。ScavengeOopClosure 是访问者的具体实现类，针对不同的被访问者提供了具体的访问方法。例如，如果对象是 HiObject，就使用 do_oop 进行访问，如果对象是 Map，就使用 do_map 进行访问。

当然，具体实现类不止可以是 ScavengeOopClosure 这一种，也可以通过继承 OopClosure 实现其他的 GC 算法，例如 MarkAndCompation 等。

ScavengeOopClosure 中的 "_from" 指针和 "_to" 指针，在理论分析阶段也已经介绍过了，它们本质上只是 survivor space 和 eden space 的别名。"_meta" 就是 Meta-

Space。"_oop_stack"是为了实现非递归的深度优先搜索而引入的。注意到它的类型是 Stack,而没有使用已知的 ArrayList 或者 HiList。回忆起 Frame 对象中的操作数栈,我们使用了 HiList,为什么这里还要再实现一个 Stack 呢?主要原因是,无论是 HiList 还是 ArrayList 它们都是在堆里分配的,当 GC 在执行的时候,很难保证堆中的对象是不受影响的。所以,最简单的做法是 GC 需要使用的数据结构在堆外创建,保证在 GC 进行的过程中不在堆内分配空间。

Stack 的实现也非常简单,接口只有 push 和 pop 等很少几个,没有动态扩展容量,查找等其他功能,代码如下:

```
1   template<typename V>
2   class Stack {
3   private:
4       V * vector;
5       int _len;
6       int _size;
7
8   public:
9       Stack(int n = 16) {
10          _len = n;
11          vector = new V[n];
12          _size = 0;
13      }
14
15      ~Stack() {
16          delete[] vector;
17          _len = 0;
18          _size = 0;
19      }
20
21      void push(V v) {
22          vector[_size ++] = v;
23      }
24
25      V pop() {
26          return vector[-- _size];
27      }
28
29      V top() {
30          return vector[_size - 1];
31      }
32
```

```
33      int len() {
34          return _len;
35      }
36
37      int size() {
38          return _size;
39      }
40
41      bool empty() {
42          return _size == 0;
43      }
44  };
```

scavenge 是整个 GC 算法的入口,是开始的地方。这个方法分两步,第一步是处理 roots。前边的章节里已经反复提及,roots 是所有本身不在堆里,却指向堆内对象的引用的集合。第二步是从 roots 出发,遍历所有存活的对象。scavenge 的实现是比较简单的,代码如下:

```
1  void ScavengeOopClosure::scavenge() {
2      // step 1, mark roots
3      process_roots();
4
5      // step2, process all objects;
6      while (! _oop_stack->empty()) {
7          _oop_stack->pop()->oops_do(this);
8      }
9  }
```

接下来分别对这两个阶段加以研究。

1. 处理 roots

到目前为止,有哪些引用是 roots 中的呢?首先,Universe 中的 HiTrue 和 HiFalse 等全局对象指针肯定属于 roots,同理,StringTable 中定义的字符串也可以看成是全局对象,它们也是 roots 集合中的。另外,最重要的就是程序栈了,Interpreter 中使用的 Frame 对象,其中记录的局部变量表、全局变量表和操作数栈等都有可能是一个普通的 HiObject 对象的引用,这些地方都是 roots 集合。代码如下:

```
1  void ScavengeOopClosure::process_roots() {
2      Universe::oops_do(this);
3      Interpreter::get_instance()->oops_do(this);
4      StringTable::get_instance()->oops_do(this);
5  }
6
```

```cpp
7   // [runtime/universe]
8   class Universe {
9   public:
10      ...
11      static CodeObject * main_code;
12  };
13
14  CodeObject * Universe::main_code = NULL;
15
16  void Universe::oops_do(OopClosure * closure) {
17      closure->do_oop((HiObject * *)&HiTrue);
18      closure->do_oop((HiObject * *)&HiFalse);
19      closure->do_oop((HiObject * *)&HiNone);
20
21      closure->do_oop((HiObject * *)&main_code);
22      closure->do_array_list(&klasses);
23  }
24
25  // [main.cpp]
26  int main(int argc, char * * argv) {
27      ...
28      Universe::genesis();
29      BufferedInputStream stream(argv[1]);
30      BinaryFileParser parser(&stream);
31      Universe::main_code = parser.parse();
32      Universe::heap->gc();
33
34      Interpreter::get_instance()->run(Universe::main_code);
35
36      return 0;
37  }
```

先来分析 Universe 的 oops_do。第一个要说的是 CodeObject，CodeObject 也继承了 HiObject，为了能对它进行 GC 处理，可以在 Universe 中把它引用起来。如上述代码所示，在 Universe 中增加声明和定义，在 main 方法里增加初始化。

第二，Universe 的 oops_do 是典型的访问者模式的实现，它接受一个访问者基类类型的对象作为参数，然后对自己所引用的每一个对象，都调用访问者的访问方法（也就是 do_XXX 方法）。访问者模式的优点再一次展现得淋漓尽致，访问者对于被访问者的内部结构完全不必知情，访问动作的具体实现完全由被访问者决定。由于 Universe 对自己引用了哪些对象十分清楚，所以在 oops_do 中，它分别对这些对象调用了相应类型的 do_XXX 方法。

搞清楚这个基本的结构,再来分析 do_XXX 方法是如何实现的,代码如下:

```
1   void ScavengeOopClosure::do_oop(HiObject * * oop) {
2       if (oop == NULL || * oop == NULL)
3           return;
4
5       // this oop has been handled, since it may be
6       // refered by Klass
7       if(! _from ->has_obj((char * ) * oop))
8           return;
9
10      ( * oop) = copy_and_push( * oop);
11  }
12
13  HiObject * ScavengeOopClosure::copy_and_push(HiObject * obj) {
14      char * target = obj ->new_address();
15      if (target) {
16          return (HiObject * )target;
17      }
18
19      // copy
20      size_t size = obj ->size();
21      target = (char * )_to ->allocate(size);
22      memcpy(target, obj, size);
23      obj ->set_new_address(target);
24
25      // push
26      _oop_stack ->push((HiObject * )target);
27
28      return (HiObject * )target;
29  }
```

do_oop 的逻辑除了一些必要的检查之外,就是调用了 copy_and_push 方法,并且把这次调用的返回值更新到(* oop)的位置。如图 9.14 所示,图中展示了对象 A 从 eden 空间复制到 survivor 空间以后,(* oop)处引用的变化情况。

copy_and_push 这个方法所做的事情,则主要有三部分,第一,检查该对象是否已经被搬到 to 空间中了,如果已经被搬的话,那么老的位置就会留下 forwarding 指针。如果 forwarding 不为空,那就直接返回 forwarding 指针即可。

第二,如果该对象没有被搬到 to 空间中,则进行复制,复制的逻辑是第 20～23 行,先取到要搬移的对象的大小,然后在 to 空间中申请这样一块内存,再使用 mem-

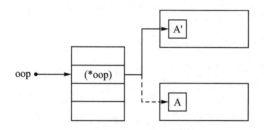

图 9.14 复制并更新引用

cpy 将对象从 from 空间搬到 to 空间中,最后把新的地址留在老的对象上。

第三,就是把这个已经搬移完的对象放到"_oop_stack"中,在讲解深度优先搜索的时候,提到过三种不同类型的结点,分别使用三种不同的颜色表示,如果完全未被访问,就使用白色表示;如果自己已经被处理完,但是它对其他对象的引用还未必处理,就使用灰色表示,代表尚未扩展;如果自己已经被复制,并且它对其他对象的所有引用也被处理完,就使用黑色表示。显然,在"_oop_stack"里的对象就是上述的灰色对象。

这段代码中所使用的 HiObject 的 size 和 new_address 方法,其具体实现代码如下:

```
1   class HiObject {
2   private:
3       long    _mark_word;
4       Klass*  _klass;
5       HiDict* _obj_dict;
6
7   public:
8       ...
9       // interfaces for GC.
10      void oops_do(OopClosure* closure);
11      size_t size();
12      char* new_address();
13      void set_new_address(char* addr);
14  };
15
16  char* HiObject::new_address() {
17      if ((_mark_word & 0x2) == 0x2)
18          return (char*)(_mark_word & ((long)-8));
19
20      return NULL;
```

```
21      }
22
23      void HiObject::set_new_address(char * addr) {
24          if (! addr)
25              return;
26
27          _mark_word = ((long)addr) | 0x2;
28      }
29
30      size_t HiObject::size() {
31          return klass()->size();
32      }
```

注意，在 HiObject 中增加了一个名为"_mark_word"的属性，而且把它放在了 HiObject 定义的开始位置，也就是偏移为 0 的位置。在 HiObject 中添加一个域，意味着它的所有子类就都有这个域了，所以对于整型、字符串、列表和字典等类型，它们也可以使用 copy_and_push 这个方法进行复制回收。

在第 23~27 行，定义了 set_new_address 方法，这个方法里并没有直接把新的地址赋值给"_mark_word"，而是将地址与 2 做了二进制"或运算"以后，再赋值。这样做的目的是对 forwarding 指针加以区分。在实现堆的时候，我们强调了对齐的问题，当时提到，对齐操作可以保证每个对象都是 8 字节对齐的，所以指向它们的指针的低 3 位就一定是 0，在这里把从低位开始的第 2 位置为 1 是完全没有问题的。同样道理，在 new_address 方法中，如果发现了当前的 forwarding 不为空，则需要将这个指针的低 3 位重新置为 0，也就是和"-8"进行"与操作"。

在代码的最后，实现了 size 方法，这个方法必须得正确实现，然后复制才能正确执行。与 HiObject 上定义的 add、sub 和 print 等操作类似，把这个明显需要多态实现的方法转移到 klass 中去，代码如下：

```
1    class Klass {
2    public:
3        ...
4        virtual size_t size();
5    };
6
7    size_t IntegerKlass::size() {
8        return sizeof(HiInteger);
9    }
10
11   size_t DictKlass::size() {
12       return sizeof(HiDict);
13   }
14   ....
```

在 Klass 中定义虚方法 size,然后为每一个可能被复制的类型实现其 size 方法即可。这个动作很简单,但比较繁琐,一旦有某个类型没有实现,那么在执行 GC 的过程中,它就不能被正确地复制。

到这里,复制一个对象,并设置它的 forwarding 指针的工作就全部完成了。这些对象对其他对象的引用还没有被处理,所以它们都在"_oop_stack"中等待进一步的处理。

再回到 process_roots 方法,Universe 已经处理完了,接着就要处理 Interpreter。看一下 Interpreter 的 oops_do 的实现,代码如下:

```
1   void Interpreter::oops_do(OopClosure* f) {
2       f->do_oop((HiObject**)&_builtins);
3       f->do_oop(&_ret_value);
4
5       if (_frame)
6           _frame->oops_do(f);
7   }
8
9   void FrameObject::oops_do(OopClosure* f) {
10      f->do_array_list(&_consts);
11      f->do_array_list(&_names);
12
13      f->do_oop((HiObject**)&_globals);
14      f->do_oop((HiObject**)&_locals);
15
16      f->do_oop((HiObject**)&_fast_locals);
17      f->do_oop((HiObject**)&_stack);
18
19      f->do_oop((HiObject**)&_codes);
20
21      if (_sender)
22          _sender->oops_do(f);
23  }
```

在 Interpreter 的实例中,只有三个指向对象的引用,所以它的 oops_do 方法里就对这三个对象分别进行访问。有一个地方是需要特别注意的,FrameObject 虽然命名上是一个 Object,但实际上它并没有继承自 HiObject;所以不必复制这个对象,也就是没有使用"f->do_oop"这种方式去访问"_frame"。frame 对象的引用情况如图 9.15 所示,可以看到,frame 对象的 sender 并不指向堆内,但 globals、locals 等都是指向堆内的。所以,只需要直接调用 FrameObject 的 oops_do 方法即可。在 FrameObject 的 oops_do 方法中,OopClosure 对 FrameObject 的所有引用进行访问。当访问到"_sender"的时候，同第一次访问 FrameObject 一样，不必再使用 do_oop 进行访问，而是直接调用"_sender"的 oops_do 方法。

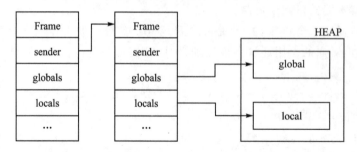

图 9.15　FrameObject 内存布局

关于 process_roots 的过程，讲解完毕。当 process_roots 结束以后，根对象就全部复制完了，由于它们的引用还未完全访问完，所以它们都会被存储在"_oop_stack"中。

2. 处理普通对象

在 scavenge 方法的第二步，就是不断地从"_oop_stack"中取出对象，然后调用这个对象的"_oops_do"方法。注意，由于这些对象自身是已经复制完了的，所以就不能再调用 OopClosure 的 do_oop 方法了，而是像程序中展示的那样，直接调用对象的"_oops_do"方法。

在 scavenge 方法中，调用 HiObject 的"_oops_do"方法时，不管这个对象的实际类型是什么，它的实际类型会在"_oops_do"方法执行的时候自动决定。代码如下：

```
1    void HiObject::oops_do(OopClosure * closure) {
2        // object does not know who to visit, klass knows
3        closure->do_oop((HiObject * *)&_obj_dict);
4        klass()->oops_do(closure, this);
5    }
```

HiObject 的 oops_do 方法先访问了"_obj_dict"，因为这是所有 HiObject 都具有的属性，所以放在 HiObject 的 oops_do 方法中是最合适的。然后，正如注释所说，之后转而调用对象所对应的 klass 的 oops_do 方法。在不同的类型中，分别执行不同的逻辑。以字符串类型为例，代码如下：

```
1    class HiString : public HiObject {
2    private:
3        char * _value;
4        int    _length;
5
6    public:
```

```
7       ...
8       char ** value_address() { return &_value; }
9   };
10
11  void StringKlass::oops_do(OopClosure* closure, HiObject* obj) {
12      HiString* str_obj = (HiString*) obj;
13      assert(str_obj && str_obj->klass() == (Klass*)this);
14
15      closure->do_raw_mem(str_obj->value_address(), str_obj->length());
16  }
```

字符串类型有两个属性,一个是代表长度的整型,这个值已经随着字符串对象一起复制到 to 空间中了。现在要做的,只是把代表字符串内容的 char 类型的数组也复制到 to 空间中。对于普通的字符串数组,使用 do_raw_mem 方法进行复制,代码如下:

```
1   void ScavengeOopClosure::do_raw_mem(char** mem, int length) {
2       if (*mem == NULL)
3           return;
4
5       char* target = (char*)_to->allocate(length);
6       memcpy(target, (*mem), length);
7       (*mem) = target;
8   }
```

do_raw_mem 的逻辑仅仅是在 to 空间中分配一块内存,然后将 from 空间中的内容复制到 to 空间中。再把引用的内容进行修改,让其指向 to 空间中的地址即可。

其他的如 HiInteger、HiTypeObject 和 HiDict 等,其实现思路与 HiString 十分相似,不再展开演示了,读者可以自行实现。

3. 处理列表

在 ScavengeOopClosure 中比较有难度的是用于访问 ArrayList 的方法,也就是 do_array_list 方法。它的难点在于,ArrayList 是一个泛型类,所以对它的访问必须十分小心,代码如下:

```
1   void ScavengeOopClosure::do_array_list(ArrayList<Klass*>** alist) {
2       if (alist == NULL || *alist == NULL)
3           return;
4
5       // no chance to visit list more than once.
6       assert(_from->has_obj((char*)*alist));
7
```

```
8        size_t size = sizeof(ArrayList<Klass*>);
9        char* target = (char*)_to->allocate(size);
10       memcpy(target, (*alist), size);
11       (*(char**)alist) = target;
12
13       (*alist)->oops_do(this);
14   }
15
16   void ScavengeOopClosure::do_array_list(ArrayList<HiObject*>** alist) {
17       if (alist == NULL || *alist == NULL)
18           return;
19
20       assert(_from->has_obj((char*)*alist));
21
22       size_t size = sizeof(ArrayList<HiObject*>);
23       char* target = (char*)_to->allocate(size);
24       memcpy(target, (*alist), size);
25       (*(char**)alist) = target;
26       (*alist)->oops_do(this);
27   }
```

使用函数重载来实现对不同的类型的 ArrayList 进行访问。上述代码中的两个 do_array_list 的逻辑几乎完全相同,所不同的仅仅是输入参数的类型。这种情况正是模板可以发挥作用的地方,但是由于 C++ 中的虚方法不可以是模板方法,所以只能自己实现重载。

do_array_list 的逻辑和 do_raw_mem 的逻辑很相似,都是在 to 空间中申请一块内存,将对象从 from 空间复制到 to 空间,并更新引用处的指针。ArrayList 不是 HiObject,所以就没有 forwarding 机制,由于 ArrayList 基本都是作为 HiObject 对象的内部属性,只会被一个对象所引用,所以这也不会有什么问题。

do_array_list 的最后,还要调用 ArrayList 的 oops_do 方法,将 ArrayList 中所引用的对象全部拷贝到 to 空间中去。代码如下:

```
1    template<>
2    void ArrayList<Klass*>::oops_do(OopClosure* closure) {
3        closure->do_raw_mem((char**)(&_array),
4                _length * sizeof(Klass*));
5
6        for (int i = 0; i < size(); i++) {
7            closure->do_klass((Klass**)&_array[i]);
8        }
```

```
9        return;
10    }
11
12    template <>
13    void ArrayList<HiObject *>::oops_do(OopClosure * closure) {
14        closure->do_raw_mem((char * *)(&_array),
15                  _length * sizeof(HiObject *));
16
17        for (int i = 0; i < size(); i++) {
18            closure->do_oop((HiObject * *)&_array[i]);
19        }
20    }
```

在 ArrayList 中,除了要把数组通过 do_raw_mem 复制到 to 空间,然后再遍历数组"_array",将其中的元素都访问一遍。需要注意的地方是,由于 ArrayList 类本身是一个模板类,元素类型是 Klass 指针和元素类型是 HiObject 指针所使用的方法,是不一样的(注意比较第 7 行和第 18 行)。因此,必须使用模板偏特化的技巧来实现这两个方法。这已经是第二次使用模板偏特化来处理类型不相同时的不同逻辑了,上一次是在第 8 章处理字典的遍历问题。

4. 处理 Map

Map 与 ArrayList 的道理是一样的,而且更简单,因为只用了一种类型的 Map,代码如下:

```
1    // [memory/oopClosure.cpp]
2    void ScavengeOopClosure::do_map(Map<HiObject *, HiObject *> * * amap) {
3        if (amap == NULL || * amap == NULL)
4            return;
5
6        assert(_from->has_obj((char *) * amap));
7
8        size_t size = sizeof(Map<HiObject *, HiObject *>);
9        char * target = (char *)_to->allocate(size);
10       memcpy(target, ( * amap), size);
11       ( * (char * *)amap) = target;
12       ( * amap)->oops_do(this);
13   }
14
15   // [util/map.cpp]
16   template <typename K, typename V>
17   void Map<K, V>::oops_do(OopClosure * closure) {
```

```
18         closure->do_raw_mem((char **)(&_entries),
19                 _length * sizeof(MapEntry<K, V>));
20         for (int i = 0; i < _size; i++) {
21             closure->do_oop(&(_entries[i]._k));
22             closure->do_oop(&(_entries[i]._v));
23         }
24     }
```

这个代码读者自行研究，这里不再讲解。同样，还有处理 Klass 相关的实现，这里也不再讲解了，大家可以将它当成一个锻炼，自己实现一下。

通过以下用例来测试 GC 算法的可靠性，大家可以调整一下堆的大小，然后观察这个程序的输出情况以及性能变化情况，代码如下：

```
1  i = 0
2
3  while i < 2147482647:
4      i = i + 1
5      if i % 1000000 == 0:
6          print i
```

至此，我们就为虚拟机实现好了 GC。这个复制算法是比较基础的，自动内存管理，还有很多优秀的算法，大家可以尽情地尝试实现。我们使用访问者模式构建的这一套 GC 的框架，非常便于未来扩展。

第 10 章

模块和库

在现在的编程语言中,模块和库是最重要的组成部分,它决定了某一门语言的流行程度。例如 Java、Perl 等语言都有丰富的扩展库,可以方便地实现各种功能。

Python 语言也不例外,甚至可以说,Python 的成功正在于它丰富多样的功能库。功能库既要容易开发维护,也要容易部署传播,这就需要在语言虚拟机的层面进行全面的设计。

这一章就来研究 Python 中的库和模块是如何定义、组织和实现的。

10.1 import 语句

在 Python 中,库是以模块为单位进行组织的,一个库由一个或者多个模块组成。导入一个库,其实就是导入它的模块,导入模块使用的语句是 import。通过一个例子来说明 import 语句的用法,如代码清单 10.1 所示。

代码清单 10.1 test_import

```
1   # test_import.py
2   import test_func
3   print test_func.fact(5)
4
5   # test_func.py
6   print "loading func module"
7
8   def fact(n):
9       if n == 0:
10          return 1
11      else:
12          return n * fact(n-1)
```

在同一个目录下新建两个文件,一个名为 test_import.py,另一个名为 test_func.py,它们的内容如上面的代码所示。将这两个文件编译成 pyc 文件,然后使用 show_file 工具查看。可以看到 test_func 文件并没什么特别,其中的字节码都是已经实现过了的,重点在于 test_import 文件,查看字节码的结果如代码清单 10.2 所示。

代码清单 10.2　test_import 字节码

1	1	0 LOAD_CONST	0 (-1)
2		3 LOAD_CONST	1 (None)
3		6 IMPORT_NAME	0 (test_func)
4		9 STORE_NAME	0 (test_func)
5	3	12 LOAD_NAME	0 (test_func)
6		15 LOAD_ATTR	1 (fact)
7		18 LOAD_CONST	2 (5)
8		21 CALL_FUNCTION	1
9		24 PRINT_ITEM	
10		25 PRINT_NEWLINE	
11		26 LOAD_CONST	1 (None)
12		29 RETURN_VALUE	

上述字节码中,第 3 行出现了一个新的字节码:IMPORT_NAME,它的参数是 names 列表的序号,所对应的字符串是 test_func。这条字节码的执行结果也是一个虚拟机对象,在第 4 行将其赋值给了 test_func 变量。这个虚拟机对象就是本节要实现的 ModuleObject。

在第 1 行和第 2 行往栈上加载了两个常量,这两个常量也是供 IMPORT_NAME 使用的,目前还用不着它,这里就先不管了。

在第 5 行和第 6 行,通过 LOAD_ATTR 这条字节码去访问了 ModuleObject 的 fact 对象。fact 是一个函数,可以被调用。

10.1.1　ModuleObject

要在虚拟机增加一个代表模块的类,它是 import 语句的执行结果,还要支持 LOAD_ATTR 方法。先来定义 ModuleObject,它也是一个普通的对象,所以也需要继承 HiObject,具体实现如代码清单 10.3 所示。

代码清单 10.3　ModuleObject

```
1  class ModuleKlass : public Klass {
2  private:
3      static ModuleKlass* _instance;
4      ModuleKlass();
5
6  public:
7      static ModuleKlass* get_instance();
8      void initialize();
9
```

```
10          virtual void oops_do(OopClosure * closure, HiObject * obj);
11          virtual size_t size();
12      };
13
14      class ModuleObject : public HiObject {
15      friend class ModuleKlass;
16      private:
17          HiString *   _mod_name;
18
19      public:
20          ModuleObject(HiDict * x);
21          static ModuleObject * import_module(HiObject * mod_name);
22
23          void      put      (HiObject * x, HiObject * y);
24          HiObject * get     (HiObject * x);
25          void      extend   (ModuleObject * mo);
26      };
```

同所有其他的类型一样，ModuleObject 也要有自己对应的 ModuleKlass。ModuleKlass 是一个单例类，并且只定义了 oops_do 和 size 两个虚方法用于支持 GC，具体实现如代码清单 10.4 所示。

代码清单 10.4　ModuleKlass

```
1   void ModuleKlass::initialize() {
2       HiDict * dict = new HiDict();
3       set_klass_dict(dict);
4       set_name(new HiString("module"));
5       (new HiTypeObject())->set_own_klass(this);
6       add_super(ObjectKlass::get_instance());
7   }
8
9   size_t ModuleKlass::size() {
10      return sizeof(ModuleObject);
11  }
12
13  void ModuleKlass::oops_do(OopClosure * f, HiObject * obj) {
14      void * temp = &(((ModuleObject *)obj)->_mod_name);
15      f->do_oop((HiObject * *)temp);
16  }
```

ModuleKlass 没有什么特别的实现，这些逻辑在前边新建各种内建类型的时候都曾经遇见过。

ModuleObject 很像一个字典,它支持以键值对的方式向其中添加元素,也支持以 key 查找相关元素。这个定义,相比 FunctionObject 等比较复杂的对象,还是比较简单的。ModuleObject 中有一个 static 方法,import_module 用于加载模块,还有一个方法是 extend,可以用于合并两个模块的内容。

10.1.2 加载模块

先来分析加载模块的时候,虚拟机做了哪些动作。

第一步,要找到这个模块所对应的文件,例如当执行 import mod 的时候,虚拟机就会在执行文件的相同目录下,查找 mod.pyc 文件。python 虚拟机还可以加载 py 文件,并在加载之前,将其编译成 pyc 文件。但我们的虚拟机里不打算支持编译的功能,因此直接查找 pyc 文件就可以了。

第二步,加载文件并且执行。Python 的 import 语句和 Java 的大不相同,Java 的 import 只是用于编译时引入符号,而 Python 中却会执行要加载的模块。例如,在本节开始的例子中,test_func 模块中包含了一条 print 语句。在 import 的时候,这条语句是会被执行的。同样的道理,被加载的模块中用于定义类、函数和变量的语句都会被执行,执行的结果就是创建一个新的命名空间。这个新的命名空间就是本节所实现的 ModuleObject。

要做的事情分析完了,下面一点点地来实现。首先,要实现 import_module 方法,如代码清单 10.5 所示。

代码清单 10.5 import_module

```
1    # include <dlfcn.h>
2    # include <unistd.h>
3
4    ModuleObject * ModuleObject::import_module(HiObject * x) {
5        HiString * mod_name = (HiString *)x;
6
7        file_name = (HiString *)(mod_name->add(ST(pyc_suf)));
8        if (access(file_name->value(), R_OK) == -1) {
9            return NULL;
10       }
11
12       BufferedInputStream stream(file_name->value());
13       BinaryFileParser parser(&stream);
14       CodeObject * mod_code = parser.parse();
15       HiDict * mod_dict = Interpreter::get_instance()->run_mod(mod_code, mod_name);
16       return new ModuleObject(mod_dict);
17   }
```

如果写 import foo，要去查找的是 foo.pyc，所以上述代码的一开始，就使用 access 函数检查当前目录下是否有 foo.pyc 文件。access 函数可以检查一个文件是否有读权限，只有具有读权限的文件，才能被打开并加载。

在第 12～14 行，这一小段代码我们很熟悉，在虚拟机刚开始创建的时候，正是通过 BufferedInputStream 读入字节码文件，并通过 BinaryFileParser 将字节码文件解析成 CodeObject。

第 15 行，调用 run_mod 方法执行模块，并将执行的结果，也就是一个变量表，通过返回值的形式传递出来，然后使用这个返回值创建 ModuleObject。

接下来，再实现 run_mod 方法。其实 run_mod 与 run 方法是一样的，只有一些细微的差别，其具体实现如代码清单 10.6 所示。

代码清单 10.6　run_mod

```
1    HiDict * Interpreter::run_mod(CodeObject * codes, HiString * mod_name) {
2        FrameObject * frame = new FrameObject(codes);
3        frame->set_entry_frame(true);
4        frame->locals()->put(ST(name), mod_name);
5
6        enter_frame(frame);
7        eval_frame();
8        HiDict * result = frame->locals();
9        destroy_frame();
10       return result;
11   }
```

上述代码的第 3 行，将这个 frame 设置成 entry_frame，以便于模块执行结束以后，可以返回到这里继续执行。第 4 行，在局部变量表里设置了"__name__"属性，将其设置为模块的名字。接下来就是进入这一帧，然后调用 eval_frame 真正地执行模块代码。最后把 frame 中的局部变量表返回，并且把这一个 frame 销毁掉。

完成了这些基础工作，就可以实现 IMPORT_NAME 这条字节码了，具体如代码清单 10.7 所示。

代码清单 10.7　IMPORT_NAME

```
1    void Interpreter::eval_frame() {
2        ...
3        while (_frame->has_more_codes()) {
4            unsigned char op_code = _frame->get_op_code();
5            ...
6            switch (op_code) {
7            ...
```

```
8              case ByteCode::IMPORT_NAME:
9                  POP();
10                 POP();
11                 v = _frame->names()->get(op_arg);
12                 w = _modules->get(v);
13                 if (w != Universe::HiNone) {
14                     PUSH(w);
15                     break;
16                 }
17                 w = ModuleObject::import_module(v);
18                 _modules->put(v, w);
19                 PUSH(w);
20                 break;
21             ...
22             }
23         }
24     }
```

第 9 行和第 10 行把 IMPORT_NAME 指令之前的两条 LOAD_CONST 所加载的常量弹出来了,这里先不使用它们。

IMPORT_NAME 的实现就是简单地调用了 import_module,通过模块的名字加载模块。加载成功以后,就把它放到"_modules"存储起来,下一次再遇到 import 同一个模块的时候,就从缓存中查找,如果缓存中已经有了,就可以直接得到,这就避免了重复加载模块。

做完了这些工作,重新编译就可以正确执行 test_import 例子了。

10.1.3 from 子句

使用 import 语句加载一个模块,使用它们的命名空间中的变量时,要加上模块名字,例如如下代码:

```
1   import test_func
2   print test_func.fact(5)
```

每次要使用 fact 函数的时候,都必须通过 test_func 符号来引用,不太方便。这时候,也可以使用 from 子句来进行化简,代码如下:

```
1   from test_func import fact, foo
2   print fact(5)
```

fact 这个符号就被加载到当前的局部变量表里了。这种做法的优点是,代码简洁,性能也会稍好一些,因为少了一次 LOAD_ATTR 的调用。但它也有一个问题,那就是增加了命名冲突的可能。比如本模块中也有一个 fact 的定义,那么这两个符号就冲突了,后面的定义会覆盖前边的那一次定义。

查看 from 子句所对应的字节码,如下所示:

```
1    1    0 LOAD_CONST            0 (-1)
2         3 LOAD_CONST            1 (None)
3         6 IMPORT_NAME           0 (test_func)
4         9 STORE_NAME            0 (test_func)
5
6    2   12 LOAD_CONST            0 (-1)
7        15 LOAD_CONST            2 (('foo', 'fact'))
8        18 IMPORT_NAME           0 (test_func)
9        21 IMPORT_FROM           1 (foo)
10       24 STORE_NAME            1 (foo)
11       27 IMPORT_FROM           2 (fact)
12       30 STORE_NAME            2 (fact)
13       33 POP_TOP
```

在 IMPORT_NAME 字节码之后,是两次 IMPORT_FROM 和 STORE_NAME。这个 IMPORT_FROM 的作用,就是从刚刚加载的那个 Module 中,查找 foo 这个符号。

ModuleObject 中提供了 get 方法,从一个模块对象中获得一个符号,只需要调用 get 方法即可,如代码清单 10.8 所示。

代码清单 10.8　IMPORT_FROM

```
1   void Interpreter::eval_frame() {
2       ...
3       while (_frame->has_more_codes()) {
4           unsigned char op_code = _frame->get_op_code();
5           ...
6           switch (op_code) {
7               ...
8               case ByteCode::IMPORT_FROM:
9                   v = _frame->names()->get(op_arg);
10                  w = TOP();
11                  u = ((ModuleObject *)w)->get(v);
12                  PUSH(u);
13                  break;
14              ...
15          }
16      }
17  }
```

编译以后，就可以执行 from import 语句了。

10.2　builtin 模块

回顾一下，object、list 和 dict 这些符号都是在 builtin 中创建的，其实 builtin 中还有很多符号尚未创建。例如，Exception 类、range 和 map 等函数。这些类和函数如果使用 C++ 来写就会非常麻烦，但如果使用 Python 来写就很简单，有了模块以后，就可以把这些函数丢到 Python 库中，在虚拟机启动的时候，通过调用 import_module 加载这个库，完成这些内建符号的初始化。

第一步，先将 builtin 由原来的简版的 HiDict 封装成豪装版的 ModuleObject，如代码清单 10.9 所示。

代码清单 10.9　Interpreter

```
1   class Interpreter {
2   private:
3       ...
4       ModuleObject*        _builtins;
5       HiDict*              _modules;
6   };
```

第二步，在 "Interpreter::initialize" 方法中加载 builtin.pyc 模块，并和原来内建的 "_builtin_Module" 合并，具体实现如代码清单 10.10 所示。

代码清单 10.10　Interpreter

```
1   Interpreter::Interpreter() {
2       // prepare for import builtin, this should be created first
3       _builtins = new ModuleObject(new HiDict());
4       _builtins->put(new HiString("object"), ObjectKlass::get_instance()->type_object());
5       ...
6       _builtins->put(new HiString("dict"), DictKlass::get_instance()->type_object());
7   }
8   
9   void Interpreter::initialize() {
10      _builtins->extend(ModuleObject::import_module(new HiString("builtin")));
11  
12      _modules = new HiDict();
13      _modules->put(new HiString("__builtins__"), _builtins);
14  }
```

在第 10 行，把在 C++ 中手动创建的 ModuleObject 与从 pyc 文件中加载进来的

ModuleObject 合并在一起。在第 13 行，加载了 "_builtins" 模块以后，把它记录到了 "_modules"字典中，在实现 IMPORT_NAME 时已经介绍过了，这是为了避免重复加载模块。

最后，在可执行文件 railgun 的同级目录下，新建一个目录，名为 lib，并在里面新建 builtin.py 文件，其内容如代码清单 10.11 所示。

代码清单 10.11　builtin.py

```
1   def map(func, iterable):
2       l = []
3       for i in iterable:
4           l.append(func(i))
5   
6       return l
7   
8   def filter(func, iterable):
9       l = []
10      for i in iterable:
11          if func(i):
12              l.append(i)
13  
14      return l
15  
16  def sum(iterable, i):
17      temp = i
18      for e in iterable:
19          temp = temp + e
20  
21      return temp
22  
23  def range(*args):
24      start = 0
25      step = 1
26  
27      if len(args) == 1:
28          end = args[0]
29      elif len(args) == 2:
30          start = args[0]
31          end = args[1]
32      else:
33          start = args[0]
34          end = args[1]
```

```
35          step = args[2]
36
37      lst = []
38      if (start < end and step > 0):
39          while start < end:
40              lst.append(start)
41              start += step
42      elif (start > end and step < 0):
43          while start > end:
44              lst.append(start)
45              start += step
46      else:
47          print "Error"
48
49      return lst
```

使用"python-m compile all builtin.py"命令将这个文件编译成 pyc 文件。在这个文件里,定义了 map、filter、sum 函数以及 range 函数。可以看到,这些函数的定义都非常简洁,即使是代码最长的 range 函数,除去处理多个参数的情况,核心逻辑可以说十分简单。

然后,还要修改 import_module 的逻辑,让它可以加载 lib 目录下的虚拟机内建模块,具体实现如代码清单 10.12 所示。

代码清单 10.12　import_module

```
1   ModuleObject* ModuleObject::import_module(HiObject* x) {
2       HiString* mod_name = (HiString*)x;
3
4       file_name = (HiString*)(mod_name->add(ST(pyc_suf)));
5       if (access(file_name->value(), R_OK) == -1) {
6           HiList* pyc_list = new HiList();
7           pyc_list->append(ST(libdir_pre));
8           pyc_list->append(mod_name);
9           pyc_list->append(ST(pyc_suf));
10          file_name = ST(empty)->join(pyc_list);
11      }
12
13      assert(access(file_name->value(), R_OK) == 0);
14
15      BufferedInputStream stream(file_name->value());
16      BinaryFileParser parser(&stream);
```

```
17        CodeObject * mod_code = parser.parse();
18        HiDict * mod_dict = Interpreter::get_instance()->run_mod(mod_code, mod_name);
19        return new ModuleObject(mod_dict);
20    }
```

在 import_module 中,先在当前目录下检查是否有相应的 pyc 文件,如果没有,就去 lib 目录下查找。如果找不到,虚拟机就报错退出,如果找到了,再执行加载运行的逻辑。这样,就完成了 builtin 模块的初始化。

通过以下例子来测试一下,builtin 模块里的这些符号,测试用例如代码清单 10.13 所示。

代码清单 10.13 test_builtin

```
1   print range(3)
2   print range(0, 10)
3   print range(10, 0, -2)
4
5   lst = list()
6   i = 0
7   while i < 10:
8       lst.append(i)
9       i += 1
10
11  print map(lambda x : x * 2, lst)
12  print filter(lambda x : x % 2 == 1, lst)
13  print sum(lst, 0)
```

可以看到这些方法都能被正常地调用了。

10.3 加载动态库

几乎所有的编程语言虚拟机都会支持使用 C++ 写扩展库,一是因为 C++ 的库非常多,很多十分重要的基础库,都是由 C++ 写成的,另一个原因是 C++ 及其编译器在性能方面的表现确实处于十分领先的位置,一些性能敏感的部分必须使用 C++ 来写 native 扩展库。

这种 native 扩展库往往以动态链接库的形式进行组织,在 Linux 上,动态链接库都是以 so 作为后缀,在 Windows 上,则多用 dll 作为后缀。当然,这种后缀名只是一种习惯,并不是强制的,完全可以把动态库的后缀改成其他的,并不影响库的正常加载和运行。

举一个简单的例子,如果我想为某个虚拟机编写一些额外的扩展功能,第一种办法就是找到这个虚拟机的源代码,直接将这些功能写在虚拟机里,然后重新编译,得到一个新的虚拟机的可执行文件。这种方式就是静态链接,它的缺点显而易见,首先,代码的开发和维护非常困难,在动手修改虚拟机之前,要求开发者必须对虚拟机的代码非常熟悉。其次,扩展功能的部署、分发都非常困难,要使用新的功能就必须重新安装虚拟机。

为了解决这些缺点,就可以使用第二种方法:动态链接,可以将扩展写成一个动态链接库,这是一个完全独立的二进制文件,只要满足了虚拟机的接口要求,虚拟机就可以在运行时加载这个文件,初始化符号并且执行。这样的话,开发就会比较容易,部署也很轻松,只需要将这个独立的库文件复制到特定的位置,虚拟机即可加载它。

这一节就来介绍如何让虚拟机在运行时加载动态链接库。首先,要造一个动态链接库,比如,造一个数学库 math,在里面可以进行一些数学计算。

我们没有必要自己动手敲编译命令来构建动态库,可以让 cmake 代劳,在 CMakeLists.txt 中增加下面这一行选项即可:

```
1  ADD_LIBRARY(math SHARED
2      extlib/math.cpp)
```

这行选项的意思是,将 extlib 目录下的 math.cpp 文件编译成一个动态链接库。这样做的好处是在不同的平台上会有不同的编译命令和目标文件,而我们却不用再关心这些差异,跨平台的工作就交给 cmake 处理了。

10.3.1 定义接口

新建一个动态链接库很容易,但必须要让虚拟机能够识别,可以借鉴 CPython 中的做法,当为 CPython 制作动态链接库的扩展库时,要在源文件中提供一个 init 方法,比如说,库名字就叫 math,那就要提供一个名为 init_libmath 的函数,调用这个函数,就可以得到一个函数数组,这个数组里描述了动态库包含了多少个可以被虚拟机调用的函数。通过这种方式,虚拟机就能正确地打开并识别加载动态库了。

railgun 里也可以定义这样的接口,先创建 inc 目录,在其中新建 railgun.hpp,代码如下:

```
1  # include "runtime/functionObject.hpp"
2  # include "object/hiInteger.hpp"
3
4  # define SO_PUBLIC __attribute__((visibility("default")))
5
6  struct RGMethod {
7      const char * meth_name;
8      NativeFuncPointer meth;
9      int meth_info;
```

```
10        const char * meth_doc;
11    };
12
13    typedef RGMethod * (* INIT_FUNC)();
```

在上面的代码里,定义了 RGMethod 结构,并且定义了 init 方法的指针,将来就是通过这个函数指针去调用各个库里的初始化方法。

还有一个宏 SO_PUBLIC,它的作用是修饰动态库中的符号,gcc 遇到有这个宏所饰的符号时,就会导出这个符号。"__attribute__"是 gcc 中的扩展语法,只在 gcc 中支持。

符号导出等概念,如果读者感到很困惑也不必着急,接下来有具体的例子,大家可以通过例子来学习这些抽象的概念。

然后,在 math.cpp 中定义一个可以执行两个整数类型的加法运算的函数,代码如下:

```
1   #include "inc/railgun.hpp"
2
3   HiObject * add(ObjList args) {
4       HiInteger * a = (HiInteger *)(args->get(0));
5       HiInteger * b = (HiInteger *)(args->get(1));
6
7       return new HiInteger(a->value() + b->value());
8   }
9
10  RGMethod math_methods[] = {
11      { "add", add, 0, "add tow integer", },
12      { NULL, NULL, 0, NULL, },
13  };
14
15  #ifdef __cplusplus
16  extern "C" {
17  #endif
18
19  SO_PUBLIC RGMethod * init_libmath() {
20      return math_methods;
21  }
22
23  #ifdef __cplusplus
24  }
25  #endif
```

执行 makeall,就可以看到在 build 目录下,除了 railgun 这个可执行文件以外,又多了一个 libmath.so 文件。然后，把这个文件移动到 build/lib 目录下，尝试在虚拟机中加载它。

1. dlopen

在虚拟机启动以后，如果不执行 import 模块的动作，动态库就没必要加载。只有执行了 import 动作以后，动态库才会被加载进来。可以使用运行时加载的办法来实现这个功能。

在 Linux 上，有一组函数可以进行动态库的装载和关闭，dlopen 用于打开动态库，dlsym 用于查找动态库中的符号，dlerror 用于处理错误，dlclose 用于关闭动态库。这几个函数可以通过<dlfcn.h>引入。

dlopen 函数的原型如下：

```
void* dlopen(const char* filename, int flag);
```

第一个参数代表被加载的动态库的文件名，这个路径可以是绝对路径，也可以是相对路径。由于 railgun 的执行目录与 libmath.so 文件所在的目录 lib 在同一个目录下，可以使用"./lib/libmath.so"这种路径加载这个动态库。

第二个参数 flag 代表函数符号的解析方式，它可以是 RTLD_LAZY，代表延迟绑定，也就是说符号只有在使用的时候才去解析，加载的时候是不解析的。也可以是 RTLD_NOW，表示模块被加载时就完成所有的函数绑定工作。RTLD_NOW 要做的事情明显多一些，所以会导致加载动态库的速度变慢。这里使用 RTLD_NOW 就可以了，因为我们的符号很少，这一点性能损失几乎无法察觉。

dlopen 的返回值是被加载的模块的句柄，这个句柄在后面使用 dlsym 时会用到，如果加载失败，返回值就是 NULL，这时可以通过 dlerror 函数取得失败的具体原因。如果模块已经加载过了，那么重复调用 dlopen，会得到同一个句柄。

2. dlsym 和 dlerror

dlsym 函数的作用是找到我们需要的符号，dlsym 函数的原型如下：

```
void* dlsym(void* handle, char* symbol);
```

第一个参数就是 dlopen 函数所得到的模块的句柄，第二个参数是要查找的符号的名称。

dlsym 的返回值的含义比较复杂，先不关心它的全部情况，在实际场景中，需要得到用于模块初始化的 init_libmath 函数。当把函数名作为参数传给 dlsym 的时候，如果找到符号了，就返回指向函数的指针，如果返回值为 NULL，就说明加载失败。由于在某些特殊情况下，NULL 也是一个可能的合理返回值，所以还需要使用 dlerror 进行确认。

dlerror 的返回值类型是字符串，如果返回 NULL，表示上一次的调用成功，如果不为 NULL，则代表相应的错误信息。

3. 加载动态库

首先，修改 import_module 方法，当遇到 import libmath 时，先尝试加载 lib/libmath.so，如果这个文件不存在，再试图加载同一目录下的 libmath.pyc，如果还没有成功，则最后尝试加载 lib/libmath.pyc 文件，代码如下：

```
1   ModuleObject * ModuleObject::import_module(HiObject * x) {
2       HiString * mod_name = (HiString * )x;
3   
4       HiList * so_list = new HiList();
5       so_list->append(ST(libdir_pre));
6       so_list->append(mod_name);
7       so_list->append(ST(so_suf));
8       HiString * file_name = ST(empty)->join(so_list);
9   
10      if (access(file_name->value(), R_OK) == 0) {
11          return import_so(mod_name);
12      }
13  
14      file_name = (HiString * )(mod_name->add(ST(pyc_suf)));
15      if (access(file_name->value(), R_OK) == -1) {
16          // file_name = "./lib/" + mod_name + ".pyc"
17          ...
18      }
19  
20      assert(access(file_name->value(), R_OK) == 0);
21  
22      // load pyc file
23      ...
24  }
```

接下来，要使用 dlopen 和 dlsym 等函数来实现 import_so 方法。在这个方法里，会执行动态库的加载和初始化，最关键的是把动态库中定义的函数以一个 ModuleObject 的形式传递给虚拟机，这样虚拟机才可以正常使用，具体实现如代码清单 10.14 所示。

代码清单 10.14 import_so

```
1   ModuleObject * ModuleObject::import_so(HiString * mod_name) {
2       char * error_msg = NULL;
3   
4       HiString * prefix = new HiString("./lib/");
5       HiString * so_suffix = new HiString(".so");
```

```
6
7        HiString* file_name = (HiString*)(prefix->add(mod_name)->add(so_suffix));
8        void* handle = dlopen(file_name->value(), RTLD_NOW);
9        if (handle == NULL) {
10           printf("error to open file: %s\n", dlerror());
11           return NULL;
12       }
13
14       HiString* method_prefix = new HiString("init_");
15       HiString* init_meth = (HiString*)(method_prefix->add(mod_name));
16       INIT_FUNC init_func = (INIT_FUNC)dlsym(handle, init_meth->value());
17       if ((error_msg = dlerror()) != NULL) {
18           printf("Symbol init_methods not found: %s\n", error_msg);
19           dlclose(handle);
20           return NULL;
21       }
22
23       RGMethod* ml = init_func();
24       ModuleObject* mod = new ModuleObject(new HiDict());
25       for (; ml->meth_name != NULL; ml++) {
26           mod->put(new HiString(ml->meth_name),
27                   new FunctionObject(ml->meth));
28       }
29
30       return mod;
31   }
```

第8～12行用于打开动态库，第14～21行用于加载init_libmath函数。第23行是上述代码中的一行核心代码，它通过函数指针调用init_libmath函数，得到math_methods数组，然后遍历这个数组，将其组装成一个ModuleObject。

大体上流程就是这样子，但这里还有很多细节要注意。首先，是之前提到过的符号导出问题。一个符号是否被导出，代表了这个符号的可见性，也就是在其他地方使用dlsym能否成功加载。这里只需要访问init_libmath函数，所以在math.cpp中，只把这个函数通过SO_PUBLIC宏导出。

第二个要解释的地方是这个预编译宏，代码如下：

```
1   #ifdef __cplusplus
2   extern "C" {
3   #endif
4   ...
5   #ifdef __cplusplus
6   }
7   #endif
```

当编译器是 C++ 编译器时,"__cplusplus"宏就是被定义的,这时 extern"C"就会起作用,这个东西牵扯到 C++ 的 name mangling 机制。C++ 为了解决命名重复的问题,会把目标文件中的符号名都做一次修饰,例如,如果去掉了这个宏,再编译一次 libmath.so,然后使用 readelf 工具查看一下动态库中的符号,如下所示:

```
1   # readelf -sD libmath.so
2   Symbol table of `.gnu.hash' for image:
3      Num Type    Bind Vis       Ndx Name
4      ...
5      24 FUNC     GLOBAL DEFAULT  11 _Z12init_libmathv
6      ...
7      26 FUNC     WEAK   DEFAULT  11 _ZN8HiDouble5valueEv
8      27 FUNC     GLOBAL DEFAULT   9 _init
9      28 FUNC     GLOBAL DEFAULT  12 _fini
```

可以看到,init_libmath 函数的符号变成了"_Z12init_libmathv",这样的话,如果使用 dlsym 尝试加载 init_libmath,就会失败。而如果增加了这个宏,再使用 readelf 查看符号,就会发现变成了如下所示的样子:

```
1   # readelf -sD libmath.so
2   Symbol table of `.gnu.hash' for image:
3      Num Type    Bind Vis       Ndx Name
4      ...
5      24 FUNC     GLOBAL DEFAULT  11 init_libmath
```

通过对比,就能理解 extern 的意义了。至此,就可以重新编译虚拟机,并执行以下测试用例:

```
1   import libmath
2   print libmath.add(1, 2)
```

接下来我们的工作是完善 math 模块,让它与 Python 的 math 模块有相同的能力。

10.3.2 实现 math module

math 中的正弦函数 sin 和余弦函数 cos 等,它们的参数和返回值都是浮点数,为了支持这些浮点计算,首先要在虚拟机中引入浮点类型。

1. 浮点类型

在第 4 章,我们费了很大的力气才实现了整数类型和字符串类型,但经过了列表、字典以及自定义类型的煅练以后,向虚拟机中增加一种新的内建类型对于我们来说是驾轻就熟了。

首先回顾一下,创建一个新的类型的步骤:

① 定义类和它所对应的 Klass；
② 实现 Klass 上定义的运算和操作；
③ 在 Klass 中增加 GC 接口；
④ Klass 的初始化：维护类型的继承关系，维护方法解析顺序。
在这个方案的指导下，来定义 Klass 和 HiDouble，代码如下：

```
1   class DoubleKlass : public Klass {
2   private:
3       DoubleKlass();
4       static DoubleKlass* instance;
5
6   public:
7       static DoubleKlass* get_instance();
8       void initialize();
9
10      virtual void print(HiObject* obj);
11
12      //...
13      virtual HiObject* add(HiObject* x, HiObject* y);
14      //...
15
16      virtual HiObject* allocate_instance(HiObject* callable,
17              ArrayList<HiObject*>* args);
18
19      virtual size_t size();
20      virtual void oops_do(OopClosure* f, HiObject* obj);
21  };
22
23  class HiDouble : public HiObject {
24  private:
25      double _value;
26
27  public:
28      HiDouble(double x);
29      double value() { return _value; }
30  };
31
32  // [object/hiDouble.cpp]
33      ...
34  void DoubleKlass::print(HiObject* obj) {
35      HiDouble* dbl_obj = (HiDouble*) obj;
```

```
36          assert(dbl_obj && ((char *)dbl_obj->klass()) == ((char *)this));
37          printf("%.12g", dbl_obj->value());
38      }
39      ...
```

为了节约篇幅,这里不再展示它的全部代码和实现,大家可以自己动手实现,也可以查看本书对应的源代码。

2. math 库

math 库里有一些常量定义,例如 pi 和 e。在 so 文件中,只定义了方法,而不会定义这些常量,可以把这些常量放在 math.py 中定义:

```
1   from libmath import sin
2   from libmath import sqrt
3
4   pi = 3.141592653589793
5   e = 2.718281828459045
```

第 4 行和第 5 行定义了这两个常量,第 1 行和第 2 行则从 libmath 中引入了 sin 和 sqrt 两个方法,分别用于计算正弦值和求平方根。import from 的语法我们比较熟悉,这里不再解释。

在 cmake 脚本中增加 ADD_CUSTOM_COMMAND,其作用是,当 libmath.so 编译完成以后,将其复制到 lib 目录下,并且将 lib 目录下的所有 py 文件都编译为 pyc 文件,避免手动构建,代码如下:

```
1   ADD_CUSTOM_COMMAND(TARGET math
2       POST_BUILD
3       COMMAND mkdir -p lib
4       COMMAND cp libmath.so lib/
5       COMMAND cp ../lib/*.py lib/
6       COMMAND python -m compileall lib/*.py
7   )
```

接下来,要在 math.cpp 中增加 sin 和 sqrt 的定义,代码如下:

```
1   #include <math.h>
2
3   double get_double(ObjList args) {
4       HiObject* x = args->get(0);
5       double y = 0;
6       if (x->klass() == IntegerKlass::get_instance()) {
7           y = ((HiInteger*)x)->value();
8       }
```

```
9        else if (x->klass() == DoubleKlass::get_instance()) {
10           y = ((HiDouble *)x)->value();
11       }
12       return y;
13   }
14
15   HiObject * math_sqrt(ObjList args) {
16       double x = get_double(args);
17       return new HiDouble(sqrt(x));
18   }
19
20   HiObject * math_sin(ObjList args) {
21       double x = get_double(args);
22       return new HiDouble(sin(x));
23   }
24
25   RGMethod math_methods[] = {
26       { "sin",  math_sin,  0, "sin(x)", },
27       { "sqrt", math_sqrt, 0, "square root of x", },
28       { NULL, NULL, 0, NULL, },
29   };
```

可以看到,本质上 sin 函数就是对 C 语言的 sin 函数的一次封装,将它包装成虚拟机可以调用的方法。这段代码逻辑很清晰,不再过多解释。

然后,就可以编译执行以下测试用例,如代码清单 10.15 所示。

代码清单 10.15　test_math.py

```
1   import math
2
3   print math.pi
4   print math.e
5   print math.sin(math.pi / 3.0)
6   print math.sqrt(200)
```

大家可以使用 Python 和 railgun 分别执行这个例子,会发现 railgun 和 Python 保持了很好的兼容。

第 11 章

迭 代

本章是本书的最后一章，在前边的章节里，我们基本上已经构建起 Python 虚拟机的各种基本功能了。在这个基础上，我们把虚拟机中的迭代机制加以完善。

迭代是 Python 中非常重要的一个机制，在实现列表和字典的时候，我们花了很大的精力在介绍它们的迭代器。实际上，在 Python 中，自定义类型也可以定义迭代器。这种自定义迭代器需要依赖很多重要的机制，目前为止，这些重要的机制中，还差一个是未实现的，那就是异常的处理机制。

11.1 异 常

异常的处理需要增加新的控制流处理方式，我们从最简单的开始。

11.1.1 finally 子句

考虑以下例子，如代码清单 11.1 所示。

代码清单 11.1　test_final.py

```
1   def foo():
2       try:
3           print "hello"
4           return
5           print "hi"       # will not be executed
6       finally:
7           # will be executed
8           print "world"
9
10  foo()
```

执行这个例子，会发现第 3 行和第 8 行会被执行，而第 5 行则不被执行。为了分析这个问题，还是得从字节码入手，再次使用 show_file 工具查看测试用例的字节码，结果如代码清单 11.2 所示。

代码清单 11.2 test_final 的字节码

```
1    2     0   SETUP_FINALLY        18 (to 21)
2
3    3     3   LOAD_CONST           1 ('hello')
4          6   PRINT_ITEM
5          7   PRINT_NEWLINE
6
7    4     8   LOAD_CONST           0 (None)
8         11   RETURN_VALUE
9
10   5    12   LOAD_CONST           2 ('hi')
11        15   PRINT_ITEM
12        16   PRINT_NEWLINE
13        17   POP_BLOCK
14        18   LOAD_CONST           0 (None)
15
16   7 >> 21   LOAD_CONST           3 ('world')
17        24   PRINT_ITEM
18        25   PRINT_NEWLINE
19        26   END_FINALLY
20        27   LOAD_CONST           0 (None)
21        30   RETURN_VALUE
```

第一个出现的 SETUP_FINALLY 就是我们从来没有见过的一条字节码。

值得注意的是第 8 行的 RETURN_VALUE,在我们的印象中,RETURN_VALUE 的执行会直接造成函数的执行结束,栈帧退出。但在这里,这件事情似乎没有发生,控制流在这一条 RETURN_VALUE 之后,直接跳到了第 16 行去执行了。

输出字符串 world 以后,又遇到一个我们不曾见过的字节码:END_FINALLY。正是这条字节码造成控制流的真正结束。这么看来,SETUP_FINALLY 是会影响到 return 的执行的,先来研究这条字节码。

SETUP 这类指令,我们之前还遇到过 SETUP_LOOP,它的作用是在当前栈帧的"_loop_stack"中,创建一个 Block 对象,Block 对象的"_type"属性,代表 Block 的类型。之前已经处理了 Python 中的 Loopblock,现在就有了新的 Block 类型,就是 FinallyBlock。

SETUP_FINALLY 的参数,与 SETUP_LOOP 的参数意义是一致的,是一个跳转的相对地址,就像例子中,当前 pc 是 3,参数是 18,这就意味着从字节码偏移 3 的位置开始,一直到偏移 21 为止,形成了一个新的 Block,这就是 FinallyBlock。不管是以何种方式离开 FinallyBlock,都必须跳到第 16 行去执行,那里是真正的 finally 子句的逻辑。在执行 SETUP_FINALLY 时,会把这个相对地址记录到 Block 对象的"_target"里。可见，这条字节码与 SETUP_LOOP 字节码，在创建 Block 时是完全一样的，但不同的 Block 对离开这块 Block 语句所施加的影响是不同的。

因此，先来实现 SETUP_FINALLY，只需要添加一行语句即可，它的逻辑与 SETUP_LOOP 是完全相同的，具体实现如代码清单 11.3 所示。

代码清单 11.3　SETUP_FINALLY

```
1   void Interpreter::eval_frame() {
2       ...
3       while (_frame->has_more_codes()) {
4           unsigned char op_code = _frame->get_op_code();
5           ...
6           switch (op_code) {
7               ...
8               case ByteCode::SETUP_FINALLY:
9               case ByteCode::SETUP_LOOP:
10                  _frame->loop_stack()->add(new Block(
11                      op_code, _frame->get_pc() + op_arg,
12                      STACK_LEVEL()));
13                  break;
14              ...
15          }
16      }
17  }
```

接下来就是最关键的部分了，要修改 RETURN_VALUE 的实现，让它不要直接结束整个栈帧的执行。而是先检查当前 Block 的情况，为了实现这个功能，在 Interpreter 中引入一个变量记录当前的执行状态，如果遇到 RETURN_VALUE，就直接把执行状态改成 IS_RETURN，然后进入到 Block 的处理逻辑。先来重构 RETURN_VALUE，代码如下：

```
1   // [runtime/interpreter.hpp]
2   class Interpreter {
3       enum Status {
4           IS_OK,
5           IS_BREAK,
6           IS_CONTINUE,
7           IS_EXCEPTION,
8           IS_RETURN,
9       };
10
11      private:
```

```
12        ...
13        Status                _int_status;
14        ...
15    };
16
17    // [runtime/interpreter.cpp]
18    Interpreter::Interpreter() {
19        ...
20        _int_status = IS_OK;
21        ...
22    }
23
24    void Interpreter::eval_frame() {
25        ...
26        while (_frame->has_more_codes()) {
27            unsigned char op_code = _frame->get_op_code();
28            ...
29            switch (op_code) {
30                ...
31                case ByteCode::RETURN_VALUE:
32                    _ret_value = POP();
33                    _int_status = IS_RETURN;
34                    break;
35                ...
36            }
37        }
38
39        // add routines here to handle finally block.
40    }
```

通过这种修改，就把 RETURN_VALUE 的返回逻辑延迟了。在 RETURN_VALUE 里，只修改了一下状态，然后就退出这个巨大的 switch，在 while 语句执行下一次循环之前，也就是在执行下一条字节码之前，要添加处理 FinallyBlock 的逻辑，代码如下：

```
1    void Interpreter::eval_frame() {
2        ...
3        while (_frame->has_more_codes()) {
4            unsigned char op_code = _frame->get_op_code();
5            ...
6            switch (op_code) {
7            } // end of switch
```

```
8
9            while (_int_status != IS_OK && _frame->_loop_stack->size() != 0) {
10               b = _frame->_loop_stack->pop();
11               while (STACK_LEVEL() > b->_level) {
12                   POP();
13               }
14
15               if (b->_type == ByteCode::SETUP_FINALLY) {
16                   if (_int_status == IS_RETURN)
17                       PUSH(_ret_value);
18
19                   PUSH((HiObject *)(((long)_int_status << 1) | 0x1));
20
21                   _frame->_pc = b->_target;;
22                   _int_status = IS_OK;
23               }
24           }
25
26           // return value.
27           if (_int_status != IS_OK && _frame->_loop_stack->size() == 0) {
28               if (_int_status == IS_RETURN)
29                   _int_status = IS_OK;
30
31               if (_frame->is_first_frame() ||
32                   _frame->is_entry_frame())
33                   return;
34               leave_frame();
35           }
36       } // end of huge while.
37   }
```

这段代码,第一次看会觉得很乱,我们一点点地分析。从第9行开始,也就是那个巨大的处理字节码的 switch 结束以后,如果此时的状态不是 IS_OK,那就说明需要查看当前的 Block,如果没有任何 Block,那也比较简单,直接走到第26行把状态改回来,然后重新执行 RETURN_VALUE 原来的逻辑。

如果第9行的判断是当前的 blockstack 不为空,那就一个个地检查所有的 block,将栈帧里的操作数栈调整回该 block 创建之前,然后再看这个 block 是不是 SETUP_FINALLY,如果是的话,就要准备跳入 finally 子句中执行了。

在 finally 子句中执行时,解释器的状态必须是 IS_OK,语句才能正确执行。在将 IS_RETURN 改成 IS_OK 之前,得把当前的状态和返回值保存起来,以备后面真正执行 return 的时候再恢复出来。Python 字节码在设计的时候就明确规定了使用操作数栈保存状态，恢复状态使用 END_FINALLY，这条字节码所要求保存的状态是有格式的，在第 17 和 18 行保存的那两个值就是按照 END_FINALLY 的要求进行的，这里我们只关注状态的保存，状态恢复的过程放在后面分析。需要注意的是第 18 行，由于操作数栈里只能存放对象的引用，想直接往里面放一个整数是不行的，必须进行强制类型转换，但这样的话，怎样才能区分这到底是一个对象还是一个整数呢？还记得在实现自动内存管理的时候，要求所有对象都是 8 字节对齐吗？这样做可以保证任何一个对象指针的低三位都是 0，可以充分利用低三位进行类型标记。倒数第二位已经被拿来标记 forwarding 指针了，我们可以使用倒数第一位来标记这是一个直接整数而不是指针。

最重要的是第 21 行，将 frame 的 pc 指向了 Block 的 target，通过这一次跳转，就可以进入到 finally 子句中执行了。第 22 行，修改解释器的状态，有两个作用，第一是可以跳出从第 9 行开始的这个 while 循环，第二就是进入 finally 子句的逻辑执行以后，让解释器可以正常执行。

这里进入到 finally 子句以后，就和平常执行普通逻辑是相同的，直到遇到那条 END_FINALLY，这提示我们 finally 所对应的逻辑已经执行完了，应该把进入 finally 子句之前的所有状态都拿回来了，包括返回值和解释器状态，这两个东西被放在操作数栈里了，现在再从栈里恢复就可以了，具体实现如代码清单 11.4 所示。

代码清单 11.4　END_FINALLY

```
1   void Interpreter::eval_frame() {
2       ...
3       while (_frame->has_more_codes()) {
4           unsigned char op_code = _frame->get_op_code();
5           ...
6           switch (op_code) {
7               ...
8               case ByteCode::END_FINALLY:
9                   // restore state befor 'finally'
10                  v = POP();
11                  if (((long)v) & 0x1) {
12                      _int_status = (Status)(((long)v) >> 1);
13                      if (_int_status == IS_RETURN)
14                          _ret_value = POP();
15                  }
16                  break;
17              ...
18              }
19          }
20      }
```

第 11 行,如何判断从操作数栈顶得到的第一个值是不是一个整数值,如果是的话,说明这是刚才压进去的那个状态值。接下来就是再从操作数栈上把 returnvalue 拿出来就行了。此时 loopstack 已经为空了,就可以直接执行 return 销毁栈帧的逻辑了。

如果 try 子句里没有 return 会怎样呢?例如,test_final 这个例子变成这样,代码如代码清单 11.5 所示。

代码清单 11.5 test_final.py

```
1  def foo():
2      try:
3          print "hello"
4          print "hi"
5      finally:
6          print "world"
7  
8  foo()
```

相当于它的字节码中,也就是代码清单 11.2 的第 8 行的 RETURN_VALUE 没有了。那么解释器就会一直执行下去,输出字符串 hi 以后,再执行 POP_BLOCK,这就把 SETUP_FINALLY 创建的 Block 丢弃了。但这时,在第 14 行出现了 LOAD_CONST,它往操作数栈顶加载了一个 None 对象,看上去很奇怪,其实这个对象正是为 END_FINALLY 准备的。大家回过头再看 END_FINALLY 的实现,代码清单 11.4 的第 10 行有个 POP,而这个 None 就是为这个 POP 准备的,它仅仅提供了平衡操作数栈的作用。关于 try finally 子句对 return 的影响就分析完了,接下来再看一下如果有多个 Block 时,对 break 和 continue 有什么影响。

11.1.2 break 和 continue

还是先从例子开始,如代码清单 11.6 所示。

代码清单 11.6 test_final.py

```
1  i = 0
2  while i < 10:
3      try:
4          i += 1
5          if i == 5:
6              break
7          print i
8      finally:
9          print "hello"
```

当 i 等于 5 的时候，输出 i 这行语句不会被执行，但是它所对应的那一次输出字符串 hello 的语句，也就是 finally 子句却是可以执行的。这就说明，在处理 SETUP_LOOP 之前，SETUP_FINALLY 已经先起作用了。所以，与 return 相似，对于 break 语句，也可以先将状态设为 IS_BREAK，然后在处理 Block 的逻辑中集中处理，具体实现如代码清单 11.7 所示。

代码清单 11.7　BREAK_LOOP

```
1   void Interpreter::eval_frame() {
2       ...
3       while (_frame->has_more_codes()) {
4           unsigned char op_code = _frame->get_op_code();
5           ...
6           switch (op_code) {
7               ...
8               case ByteCode::BREAK_LOOP:
9                   _int_status = IS_BREAK;
10                  break;
11              ...
12          }
13
14          while (_int_status != IS_OK && _frame->_loop_stack->size() != 0) {
15              b = _frame->_loop_stack->pop();
16              while (STACK_LEVEL() > b->_level) {
17                  POP();
18              }
19
20              if (_int_status == IS_BREAK && b->_type == ByteCode::SETUP_LOOP) {
21                  _frame->_pc = b->_target;;
22                  _int_status = IS_OK;
23              }
24              else if (b->_type == BlyteCode::SETUP_FINALLY) {
25                  if (_int_status == IS_RETURN) {
26                      PUSH(_ret_value);
27                  }
28                  PUSH((HiObject *)(((long)_int_status << 1) | 0x1));
29
30                  _frame->_pc = b->_target;;
31                  _int_status = IS_OK;
32              }
33          }
34
35          // return value.
36          ...
37      }
38  }
```

上述代码中，第 20 行相当于只移动了原来的 BREAK_LOOP 的逻辑到这里，如果发生 break 时，最顶部的那个 Block 是 LoopBlock，那就直接跳出这个 Block 就可以了。但如果遇到 FinallyBlock，就必须将当前状态保存起来，等执行到 END_FINALLY 时再将状态恢复。第 25 行，break 与 return 不同，它不需要保存任何的返回值，所以，只需要执行第 28 行保存当前状态就可以了。这样，就把 BREAK_LOOP 改造完了，本节开始时的例子就能够正确执行了。

continue 的实现与 break 又有所不同，考察以下例子，如代码清单 11.8 所示。

代码清单 11.8　test_final.py

```
1   i = 0
2   while i < 5:
3       try:
4           i += 1
5           if i > 3:
6               continue
7           print i
8       finally:
9           print "hello"
```

回顾第 4 章实现的控制流，continue 语句被翻译成了 JUMP_ABSOLUTE 指令，这让我们难以判断这次跳转是不是一个 continue 语句。为了加以区分，Python 在这里引入了一个新的字节码：CONTINUE_LOOP，它的参数也是一个相对地址，指向了循环的开始。在 try 子句中的 continue 语句都会被翻译成 CONTINUE_LOOP，读者可以通过 show_file 工具自行查看，这里不再展示。

对于虚拟机来说，在遇到 CONTINUE_LOOP 时，本来应该直接跳转到循环开始处，但如果还存在 FinallyBlock 时，就应该把这个跳转目标保存起来。为什么 break 可以不主动保存跳转目标，而 continue 却需要呢？这是因为 break 的跳转目标已经隐式地记录在了 Block 对象中了，Block 对象的"_target"属性记录的是 LoopBlock 结束的位置，但 continue 要跳转的目标是 Block 开始的位置，所以只好再利用栈来保存这个目标。有了以上分析，就可以继续实现 CONTINUE_LOOP 指令了，具体如代码清单 11.9 所示。

代码清单 11.9　CONTINUE_LOOP

```
1   void Interpreter::eval_frame() {
2       ...
3       while (_frame->has_more_codes()) {
4           unsigned char op_code = _frame->get_op_code();
5           ...
6           switch (op_code) {
```

```cpp
7          ...
8              case ByteCode::CONTINUE_LOOP:
9                  _int_status = IS_CONTINUE;
10                 _ret_value = (HiObject *)((long)op_arg);
11                 break;
12         ...
13             case ByteCode::END_FINALLY:
14                 // TODO: restore exceptions
15                 v = POP();
16                 if (((long)v) & 0x1) {
17                     _int_status = (Status)(((long)v) >> 1);
18                     if (_int_status == IS_RETURN)
19                         _ret_value = POP();
20                     else if (_int_status == IS_CONTINUE)
21                         _frame->_pc = (int)((long)(POP()));
22                 }
23             }
24
25             while (_int_status != IS_OK && _frame->_loop_stack->size() != 0) {
26                 b = _frame->_loop_stack->get(_frame->_loop_stack->size() - 1);
27                 if (_int_status == IS_CONTINUE && b->_type == ByteCode::SETUP_LOOP) {
28                     _frame->_pc = (int)((long)_ret_value);
29                     _int_status = IS_OK;
30                     break;
31                 }
32
33                 b = _frame->_loop_stack->pop();
34                 while (STACK_LEVEL() > b->_level) {
35                     POP();
36                 }
37
38                 if (_int_status == IS_BREAK && b->_type == ByteCode::SETUP_LOOP) {
39                     _frame->_pc = b->_target;;
40                     _int_status = IS_OK;
41                 }
42                 else if (b->_type == BlyteCode::SETUP_FINALLY) {
43                     if (_int_status == IS_RETURN ||
44                         _int_status == IS_CONTINUE)
45                         PUSH(_ret_value);
46                 }
```

```
47                PUSH((HiObject *)(((long)_int_status << 1) | 0x1));
48
49                _frame->_pc = b->_target;;
50                _int_status = IS_OK;
51            }
52        }
53
54        // return value.
55        ...
56    }
57 }
```

从大的结构上来说，CONTINUE_LOOP 与 RETURN_VALUE 是很像的。除了状态之外，它们还都需要额外存储其他的信息，RETURN_VALUE 是"_ret_value"这个值，而 CONTINUE_LOOP 则是循环开始的位置。为了方便编程统一处理，如第 10 行所示，在 CONTINUE_LOOP 中也借用了"_ret_value"。

最关键的修改在于第 26~31 行，第 26 行只获取顶上的那个 Block 的引用，而不把它从栈里弹出来，这是因为 CONTINUE_LOOP 并不破坏循环结构，它只是跳到循环开始的地方，进行下一次迭代。如果当前 Block 正好是一个 Loop Block，就直接把 pc 修改到目标位置，把状态改为 OK 即可。

另外，注意第 43 行和第 44 行的修改，前边已经介绍过了，RETURN 和 CONTINUE 一样，都需要额外保存"_ret_value"，只是 RETURN 时，"_ret_value"是真的返回值，而 CONTINUE 时，"_ret_value"则是循环开始的位置。

这样，对 finally 子句的处理就算是完善了。还有，不要忘了在 END_FINALLY 中增加对 IS_CONTINUE 的支持，位于第 20 行和第 21 行。

11.1.3 Exception

在 Python 中，Exception 类代表异常，在 Python 编程中常见的异常类都是它的子类，例如 StopIteration 和 ZeroDivisionError 等。

首先，要在虚拟机中增加 Exception 类型，在本章开始之前，要在虚拟机中增加一种内建类型，只能像整数类型和字符串类型等内建类型那样创建对象类，创建它所对应的 Klass，再维护 Klass 的各种继承关系等，十分繁琐。但本章引入了模块以后，就有了第二种选择，可以在 builtin 模块中定义这些异常类，代码如代码清单 11.10 所示。

代码清单 11.10　定义 Exception

```
1  // [lib/builtin.py]
2  class Exception(object):
3      def __init__(self, *args):
```

```
4            self.info = args
5
6    def __repr__(self):
7        return " ".join(self.info)
8
9 class StopIteration(Exception):
10   pass
```

只用了9行代码,就搭建起了基本的异常对象结构了。可以看到使用Python来开发模块是非常简洁高效的,这也体现出了模块功能的巨大优势。

有了Exception的定义以后,来研究Python中的异常是如何产生的,又是如何影响控制流的。先看下面这个简短的例子,如代码清单11.11所示。

代码清单11.11　test_except.py

```
1 try:
2     raise Exception("something wrong")
3 except Exception, e:
4     print e
```

这个例子的逻辑是主动发起一个异常,然后通过except语句抓住这个异常,并将它赋值给变量e,然后输出这个异常。这个例子涉及一些新的语法,通过查看它的字节码来研究它,显示字节码的结果如代码清单11.12所示。

代码清单11.12　except的字节码

```
1  1       0 SETUP_EXCEPT        16 (to 19)
2
3  2       3 LOAD_NAME            0 (Exception)
4          6 LOAD_CONST           0 ('something wrong')
5          9 CALL_FUNCTION        1
6         12 RAISE_VARARGS        1
7         15 POP_BLOCK
8         16 JUMP_FORWARD        24 (to 43)
9
10  3  >> 19 DUP_TOP
11         20 LOAD_NAME            0 (Exception)
12         23 COMPARE_OP          10 (exception match)
13         26 POP_JUMP_IF_FALSE   42
14         29 POP_TOP
15         30 STORE_NAME           1 (e)
16         33 POP_TOP
17
18  4      34 LOAD_NAME            1 (e)
```

19		37 PRINT_ITEM	
20		38 PRINT_NEWLINE	
21		39 JUMP_FORWARD	1 (to 43)
22	>>	42 END_FINALLY	
23	>>	43 LOAD_CONST	1 (None)
24		46 RETURN_VALUE	

可能超出很多人的意料,短短的四行 Python 代码,竟然生成了这么多的字节码,而且其中还有几条我们不认识或者即使以前实现过,又增加了新的功能。

先看第一个字节码:SETUP_EXCEPT,我们已经遇到过一次 SETUP_FINALLY,可见同一个 try 关键字是翻译成 SETUP_EXCEPT 还是翻译成 SETUP_FINALLY,完全取决于后面跟的是什么子句。正如它的名字所指示的那样,SETUP_EXCEPT 与 SETUP_FINALLY 的动作是一样的,都是创建一个新的 Block,这个 Block 中所对应的语句就是 try 子句中的那些语句,在执行这些语句的过程中,如果出现了异常,就会跳出这个 Block,进入到异常处理的子句中去执行。只需要让它的逻辑与 SETUP_FINALLY 一样就可以了,其代码比较简短,这里不再展示。

源代码里的 raise 语句,对应字节码的第 6 行,也就是 RAISE_VARARGS 字节码。raise 语句的含义是主动发起一个异常,它的用法比较复杂,最多可以带有三个参数,分别是异常的类型,异常的实例,以及 Traceback 对象。例如代码清单 11.13 所示的代码。

代码清单 11.13　raise

1	raise Exception
2	raise Exception("wrong")
3	raise Exception, Exception("wrong")
4	raise Exception, Exception("wrong"), trace_back

以上四种语法是最常见的,第一行只带了异常的类型,第二行只带了异常的实例,第三行同时出现了异常的类型和实例,第四行带有三个参数,其中第三个参数是一个 Traceback 对象,关于 Traceback 对象,下一小节再来介绍,本小节只关注前三种。

在虚拟机里,发生异常的时候,异常的类型、实例和 Traceback 对象,这三者都是需要维护的。在本小节的例子中,只维护前两者也是足够的。基于以上分析,可以这样实现 RAISE_VARARGS 字节码,具体实现如代码清单 11.14 所示。

代码清单 11.14　RAISE_VARARGS

1	void Interpreter::eval_frame() {
2	...
3	while (_frame->has_more_codes()) {
4	unsigned char op_code = _frame->get_op_code();
5	...

```
6              switch (op_code) {
7                  ...
8                  case ByteCode::RAISE_VARARGS:
9                      w = v = u = NULL;
10                     switch (op_arg) {
11                     case 3:
12                         u = POP();
13                     case 2:
14                         v = POP();
15                     case 1:
16                         w = POP();
17                         break;
18                     }
19                     do_raise(w, v, u);
20                     break;
21                 ...
22                 case ByteCode::SETUP_FINALLY:
23                 case ByteCode::SETUP_EXCEPT:
24                 case ByteCode::SETUP_LOOP:
25                     _frame->loop_stack()->add(new Block(
26                         op_code, _frame->get_pc() + op_arg,
27                         STACK_LEVEL()));
28                     break;
29                 ...
30             }
31         }
32     }
33
34 Interpreter::Status Interpreter::do_raise(
35     HiObject* exc, HiObject* val, HiObject* tb) {
36     assert(exc != NULL);
37
38     _int_status = IS_EXCEPTION;
39
40     if (tb == NULL) {
41         tb = new Traceback();
42     }
43
44     if (val != NULL) {
45         _exception_class = exc;
46         _pending_exception = val;
```

```
47              _trace_back = tb;
48              return IS_EXCEPTION;
49          }
50
51          if (exc ->klass() == TypeKlass::get_instance()) {
52              _pending_exception = call_virtual(exc, NULL);
53              _exception_class = exc;
54          }
55          else {
56              _pending_exception = exc;
57              _exception_class = _pending_exception->klass()->type_object();
58          }
59          _trace_back = tb;
60          return IS_EXCEPTION;
61      }
```

首先,在解释器里添加三个域用于记录异常发生时的状态,第一个域是"_exception_class",记录异常的类型;第二个域是"_pending_exception",记录异常的实例;第三个域是"_trace_back",记录异常发生时的栈帧。如果 RAISE_VARARGS 时的参数不够的话,我们就必须自己补足。

第 22~28 行,展示了 SETUP_EXCEPT、SETUP_FINALLY 以及 SETUP_LOOP 的实现是一样的,都是创建一个该种类型的 Block。

第 9~19 行,是 RAISE_VARARGS 的具体实现,对于不同的参数个数,分别加以处理,然后在 do_raise 方法里,对第一个参数加以判断,如果这个参数是异常的实例,那就把它记录在 pending_exception 域,并且将 exception_class 记为该异常的类型对象,如果第一个参数是异常的类例,就通过创建实例的办法,为 pending_exception 创建一个匿名实例。注意第 52 行的写法,执行 call_virtual 的时候,传入的参数如果是一个类型对象,相当于执行了实例化,返回值是这个类型的一个实例。

第 41 行增加了 Traceback 的创建,Traceback 会在下一节实现,这里先跳过。

第 38 行把"_int_status"设成了 IS_EXCEPTION,指示了当前有一个要处理的异常。因此,当结束了 eval_frame 的那个巨大的 switch 之后,进入了非 IS_OK 的状态,就要根据 Block 的情况做一些处理了。

和之前 return 遇到 FinallyBlock 一样,在进入 except 子句之前把当前状态保存起来,当 except 子句执行完以后,再看是不是有必要将异常状态恢复。异常状态是可以被 except 子句处理的,如果处理完了,就不用再恢复了,如果没能成功处理,就需要再将异常恢复交给当前帧的上一帧处理。在 eval_frame 中添加这部分逻辑,代码如下:

```
1   void Interpreter::eval_frame() {
2       ...
3       while (_frame->has_more_codes()) {
4           ...
5           switch (op_code) {
6           } // end of switch block
7
8           while (_int_status != IS_OK && _frame->_loop_stack->size() != 0) {
9               b = _frame->_loop_stack->get(_frame->_loop_stack->size() - 1);
10              // handle continue & Loop Block
11              ...
12
13              // adjust stack
14              ...
15
16              if (_int_status == IS_BREAK && b->_type == ByteCode::SETUP_LOOP) {
17                  _frame->_pc = b->_target;;
18                  _int_status = IS_OK;
19              }
20              else if (b->_type == ByteCode::SETUP_FINALLY ||
21                      (_int_status == IS_EXCEPTION
22                       && b->_type == ByteCode::SETUP_EXCEPT)) {
23                  if (_int_status == IS_EXCEPTION) {
24                      // traceback, value, exception class
25                      PUSH(_trace_back);
26                      PUSH(_pending_exception);
27                      PUSH(_exception_class);
28
29                      _trace_back = NULL;
30                      _pending_exception = NULL;
31                      _exception_class = NULL;
32                  }
33                  else {
34                      if (_int_status == IS_RETURN ||
35                          _int_status == IS_CONTINUE)
36                          PUSH(_ret_value);
37
38                      PUSH((HiObject *)(((long)_int_status << 1) | 0x1));
39                  }
40                  _frame->_pc = b->_target;;
41                  _int_status = IS_OK;
```

```
42                }
43            }
44
45            // return value
46            ...
47        }
48    }
```

这份代码看上去很复杂,因为里面糅杂了各种状态遇到各种不同的 Block 的动作,对应的情况特别多。但其实,要点仅仅在第 21 行和第 23 行。在第 21 行的条件判断中,如果当前的 Block 是 FinallyBlock,只要当前状态不是 OK,就都必须进入 finally 子句去执行,也就是说要把当前的相关状态保存到栈上。如果当前 Block 是 ExceptBlock,那就只对 EXCEPTION 状态起作用,于是,在进入到 23 行时,就对 EXCEPTION 相关的所有状态进行保存。同时,注意第 40 行和 41 行,它们是对整个大的 if 起作用的,就是说,状态相关变量保存完了以后,就要把解释器的状态设成 OK,以便于 except 子句或者 finally 子句继续正常执行。

第 25~27 行是把异常相关域都保存到栈里,这个顺序是不能乱的,因为后面的字节码执行依赖于这个顺序。

回到代码清单 11.12,通过 ExceptionBlock 的 target 属性,就跳到了第 10 行继续执行,这里已经是 except 子句了。DUP_TOP 的作用是将栈顶元素复制一份,由上面的分析知道,栈顶现在存的是异常的类型对象,这主要是为了接下来的对比。考察下面这个例子,代码如下:

```
1   try:
2       raise StopIteration("end of iteration")
3   except ZeroDivisionError, e:
4       print "handled"
5   except Exception, e:
6       print e
```

这个例子的执行结果,是只会输出异常,而不会输出第 4 行的字符串 handled;这是因为实际的异常类型是 StopIteration,与第 3 行的 ZeroDivisionError 不匹配。但因为 StopIteration 是 Exception 的一个子类,所以第 5 行的比较是可以匹配的。这个匹配操作所使用的字节码就是 COMPARE_OP。这个字节码我们已经很熟悉了,大于、小于、in 和 is 等比较操作都是依赖于这个字节码的,不同的比较操作,对应的参数是不同的,异常匹配所对应的字节操作参数是 10。判断异常是否匹配,只需要检查实际发生的异常,其类型是不是目标异常的子类型。可以这样实现 exception match 操作,如代码清单 11.15 所示。

代码清单 11.15　COMPARE_OP

```
1   void Interpreter::eval_frame() {
2       ...
3       while (_frame->has_more_codes()) {
4           unsigned char op_code = _frame->get_op_code();
5           ...
6           switch (op_code) {
7               ...
8               case ByteCode::COMPARE_OP:
9                   w = POP();
10                  v = POP();
11
12                  switch(op_arg) {
13                      ...
14                      case ByteCode::EXC_MATCH:
15                      {
16                          bool found = false;
17                          Klass * k = ((HiTypeObject *)v)->own_klass();
18
19                          if (v == w)
20                              found = true;
21                          else {
22                              for (int i = 0; i < k->mro()->size(); i++) {
23                                  if (v->klass()->mro()->get(i) == w) {
24                                      found = true;
25                                      break;
26                                  }
27                              }
28                          }
29
30                          if (found)
31                              PUSH(Universe::HiTrue);
32                          else
33                              PUSH(Universe::HiFalse);
34
35                          break;
36                      }
37                      ...
38                  }
39                  ...
40              }
41          }
42      }
```

这段代码篇幅很长,但关键点只有一个,那就是第 23 行对实际发生的异常的类型和目标类型进行比较,如果目标类型是实际异常类型的父类,就说明匹配成功了,如果没有找到,就说明匹配失败。

再回到代码清单 11.12 的第 13 行,如果匹配失败,则跳转执行 END_FINALLY 字节码,如果成功就把异常类型出栈(字节码代码清单第 14 行的那个 POP_TOP),把异常赋值给变量 e,把 Traceback 对象出栈(第 16 行的那个 POP_TOP)。打印完成以后,注意第 21 行的那次跳转,目的是为了跳过 END_FINALLY,因为异常在这里已经处理掉了,不需要再次恢复了。

整个异常结构的最后一块拼图,是 END_FINALLY 的实现,要在 END_FINALLY 中增加恢复异常的逻辑,其具体实现如代码清单 11.16 所示。

代码清单 11.16　END_FINALLY

```
1   void Interpreter::eval_frame() {
2       ...
3       while (_frame->has_more_codes()) {
4           unsigned char op_code = _frame->get_op_code();
5           ...
6           switch (op_code) {
7               ...
8               case ByteCode::END_FINALLY:
9                   v = POP();
10                  if (((long)v) & 0x1) {
11                      _int_status = (Status)(((long)v) >> 1);
12                      if (_int_status == IS_RETURN)
13                          _ret_value = POP();
14                      else if (_int_status == IS_CONTINUE)
15                          _frame->_pc = (int)((long)(POP()));
16                  }
17                  else if (v != Universe::HiNone) {
18                      _exception_class = v;
19                      _pending_exception = POP();
20                      _trace_back = POP();
21                      _int_status = IS_EXCEPTION;
22                  }
23                  break;
24                  ...
25              }
26          }
27      }
```

END_FINALLY,已经和它打过好多次交道,这里不再解释,逻辑比较简单,大家只要能够理解它的作用,就能够理解这些代码,这条字节码可以恢复进入 except 子句之前解释器的状态。

终于,我们把异常机制也完善了。大家可以试着运行一下本小节开始的例子,再测试一下异常和 finally 子句的组合是否能够正常执行。

Traceback

现在关注一下 Traceback。Traceback 是指发生异常时,用于记录异常栈信息的一种机制。用一个例子演示一下,如代码清单 11.17 所示。

代码清单 11.17 test_tb.py

```
1  def foo(a):
2      b = a - 1
3      bar(a, b)
4
5  def bar(a, b):
6      raise Exception("something wrong!")
7
8  foo(1)
```

使用 Python 执行这个例子,结果如下所示:

```
1  Traceback (most recent call last):
2    File "test_tb.py", line 8, in <module>
3      foo(1)
4    File "test_tb.py", line 3, in foo
5      bar(a, b)
6    File "test_tb.py", line 6, in bar
7      raise Exception("something wrong!")
8  Exception: something wrong!
```

执行到 bar 函数中的语句时,调用栈是由"__main__"调用了 foo 方法,再由 foo 调用 bar 方法。如果这时发生了异常,并且异常没有被 except 语句处理掉,那么就会使用默认的处理方式,即退回到上一帧。如果已经退到了最后一帧,就输出 Traceback 并退出程序。

先从最基本的结构开始实现,首先要实现 Traceback 类型,可以考虑使用C++实现,也可以使用 Python 实现。

因为 Traceback 要访问栈帧,从栈帧中获取信息,所以使用 C++ 在虚拟机内部实现会更方便一些,代码如下:

```cpp
class StackElementKlass : public Klass {
private:
    StackElementKlass() {}
    static StackElementKlass * _instance;

public:
    static StackElementKlass * get_instance();

    virtual void print(HiObject * x);
    virtual size_t size();
    virtual void oops_do(OopClosure * f, HiObject * obj);
};

class StackElement : public HiObject {
friend StackElementKlass;
private:
    HiString *   _file_name;
    HiString *   _func_name;
    int          _line_no;

public:
    StackElement(HiString * fname, HiString * mname, int lineno);
};

class TracebackKlass : public Klass {
private:
    TracebackKlass() {}
    static TracebackKlass * _instance;

public:
    static TracebackKlass * get_instance();

    virtual void print(HiObject * x);
    virtual size_t size();
    virtual void oops_do(OopClosure * f, HiObject * obj);
};

class Traceback : public HiObject {
friend class TracebackKlass;
private:
    HiList *   _stack_elements;

```

```
43    public:
44        Traceback();
45
46        void record_frame(FrameObject * frame);
47    };
```

与其他继承自 HiObject 的类型相似,Traceback 类型也有自己的 Klass,在 Klass 中增加 GC 接口,实现 print 方法。Traceback 中定义了一个列表"_stack_elements",其中记录着多个 StackElement。而 StackElement 中则存着栈帧的信息。在本小节开始的例子中,已经观察到了 Traceback 的输出是由多帧组成的,把每一帧的信息都存到 StackElement 这个结构中。其中最重要的三个信息就是文件名、函数名和当前行数,可以看到,在 StackElement 中,我们分别加以定义。

其他的地方就不再解释了,创建对象大家应该都已经比较熟悉了。在代码清单 11.14 的第 41 行使用的 Traceback,终于在这里补齐了。

如果解释器的状态不是 OK,且当前栈帧的 loop_stack 为空,也就是没有其他的 Block 了,那么当前的状态一定会是 RETURN 或者 EXCEPTION。所以在原来处理 RETURN 状态的地方增加处理 EXCEPTION 状态的代码如下:

```
1   void Interpreter::eval_frame() {
2       ...
3       while (_frame->has_more_codes()) {
4           ...
5           switch (op_code) {
6           } // end of switch
7
8           // handle EXCEPTION with loop stack is not empty
9           ...
10
11          // has pending exception and no handler found, unwind stack.
12          if (_int_status != IS_OK && _frame->_loop_stack->size() == 0) {
13              if (_int_status == IS_EXCEPTION) {
14                  _ret_value = NULL;
15                  ((Traceback *)_trace_back)->record_frame(_frame);
16              }
17
18              if (_int_status == IS_RETURN)
19                  _int_status = IS_OK;
20
21              if (_frame->is_first_frame() ||
22                  _frame->is_entry_frame())
23                  return;
```

```
24              leave_frame();
25          }
26      }
27  }
```

从第 12 行开始的那个 if 判断,如果能使条件成立,则状态必然会是 RETURN 或者 EXCEPTION 其中之一。因为 BREAK 和 CONTINUE 一定会有 LoopBlock 包裹着,所以 loop_stack 就不可能为空。

第 13~16 行是为 EXCEPTION 状态新增的,把返回值清空,并且将当前栈的信息记录到 Traceback 对象中,接着就在 24 行退栈。

第 15 行使用了 Traceback 的 record_frame 方法来记录当前栈帧。它的具体实现代码如下:

```
1   void Traceback::record_frame(FrameObject * frame) {
2       _stack_elements->append(
3                   new StackElement(
4                       frame->file_name(),
5                       frame->func_name(),
6                       frame->lineno()));
7   }
8
9   HiString * FrameObject::file_name() {
10      return _codes->_file_name;
11  }
12
13  HiString * FrameObject::func_name() {
14      return _codes->_co_name;
15  }
16
17  int FrameObject::lineno() {
18      int pc_offset = 0;
19      int line_no = _codes->_lineno;
20
21      const char * lnotab = _codes->_notable->value();
22      int length = _codes->_notable->length();
23
24      for (int i = 0; i < length; i++) {
25          pc_offset += lnotab[i++];
26          if (pc_offset >= _pc)
27              return line_no;
28
```

```
29                line_no += lnotab[i];
30            }
31
32        return line_no;
33    }
```

"_stack_elements"是一个列表,它的每一个元素都是一个StackElement实例。其中记录了该栈帧所对应的函数名和文件名,最重要的一个信息是行号,也就是说提示我们问题发生在哪一行。

行号的信息也存储在CodeObject中,我们以前还从来没有使用过。栈帧中只保留了pc的信息,它代表的是字节码的位置,而不是源代码的位置。要把字节码位置转换成源代码位置,就要使用CodeObject的lineno和notable来进行转换。

lineno代表了该函数源代码的起始行号,notable则描述了字节码与源文件的行号对应的关系。来看一个具体的例子,代码如下:

```
1    print "hello"
2
3    def foo():
4        a = 1 + 1
5        print a
```

通过show_file工具查看foo方法的字节码,如下所示:

```
1    <dis>
2    4      0 LOAD_CONST        2 (2)
3           3 STORE_FAST        0 (a)
4
5    5      6 LOAD_FAST         0 (a)
6           9 PRINT_ITEM
7          10 PRINT_NEWLINE
8          11 LOAD_CONST        0 (None)
9          14 RETURN_VALUE
10   </dis>
11   <filename>'test_lineno.py'</filename>
12   <name>'foo'</name>
13   <firstlineno>3</firstlineno>
14   <lnotab>00010601</lnotab>
```

注意firstlineno的值是3,这说明foo方法是在第3行开始被定义的。

lnotab每两位是一个独立的数字,每两个数字为一组,代表源代码行号和字节码行号的变化。例如,00010601可以拆分为([00,01],[06,01])这样的结构。字节码的起始偏移是0,而源代码的起始行号是3。[00,01]代表了字节码偏移为"0+0"

的地方对应的源代码是"3+1",也就是 4。第二组,[06,01]代表了字节码偏移为"0+6"的地方对应的源代码是"4+1",也就是 5。就是说,在 lnotab 里,并不是直接把字节码偏移与源代码行号的对应关系记录下来的,而是记录当源代码行号发生变化时,字节码偏移发生了多少变化。

明白了这个公式以后,FrameObject 的 lineno 方法也就清楚了。再回过头来看这个方法的实现,我们每次通过不断地改变 pc 偏移量,并且检查当前的 pc 是否落在两次变化之间,来确定当前的 pc 所对应的源代码行号。

如果在退栈的过程中,一直没有遇到可以处理这个异常的 except 语句,这个异常就会导致栈帧回退到最后一帧。在这里,虚拟机要提供一个默认的实现,即输出这个 traceback,代码如下:

```
1   void Interpreter::run(CodeObject * codes) {
2       _frame = new FrameObject(codes);
3       _frame->locals()->put(ST(name), new HiString("__main__"));
4       eval_frame();
5   
6       if (_int_status == IS_EXCEPTION) {
7           _int_status = IS_OK;
8   
9           _trace_back->print();
10          _pending_exception->print();
11          printf("\n");
12  
13          _trace_back = NULL;
14          _pending_exception = NULL;
15          _exception_class = NULL;
16      }
17  
18      destroy_frame();
19  }
20  
21  void TracebackKlass::print(HiObject * x) {
22      Traceback * tbx = (Traceback *)x;
23  
24      printf("Traceback (most recent call last):\n");
25      for (int i = tbx->_stack_elements->size() - 1; i >= 0; i--) {
26          tbx->_stack_elements->get(i)->print();
27      }
28  }
29
```

```
30    void StackElementKlass::print(HiObject * x) {
31        StackElement * xse = (StackElement *)x;
32        printf("  File \"");
33        xse->_file_name->print();
34        printf("\", line %d,", xse->_line_no);
35        printf(" in ");
36        xse->_func_name->print();
37        printf("\n");
38    }
```

在 run 方法中,如果 eval_frame 结束以后,解释器的状态是 EXCEPTION,那就在这里将它处理掉。具体的动作是把 Traceback 打印出来,将状态改为 OK,并且把所有的异常信息都清空。Traceback 的打印也是比较简单的,只需要把每个栈帧的信息输出即可。

到这里,我们就把与异常相关的所有机制全部实现了。

11.2 自定义迭代器类

Python 中可以通过自定义迭代器类来实现迭代功能。其中包含两个步骤,一是新建一个迭代器对象,二是对这个迭代器对象执行迭代。

我们知道,使用 for 语句的时候,其实对应了两个不同的字节码:GET_ITER 和 FOR_ITER。GET_ITER 的作用是对一个可遍历对象,取得它的迭代器,FOR_ITER 的作用是针对迭代器进行迭代。

Python 也提供了机制让我们可以手动实现这个功能,与 GET_ITER 字节码等价的是 iter 函数,与 FOR_ITER 等价的则是 next 方法。通过例子来说明这个问题,代码如下:

```
1    lst = [1, 2]
2    itor = iter(lst)
3
4    while True:
5        try:
6            print itor.next()
7        except StopIteration, e:
8            break
9
10   for i in lst:
11       print i
```

使用第 10 行和第 11 行的 for 的写法的迭代过程,与第 4~8 行的 while 的写法是完全等价的。只是 for 循环隐藏掉了迭代器，而 while 循环则显式地持有一个迭代器。

在 for 循环中，每一次迭代，虚拟机都会自动调用迭代器的 next 方法得到本次迭代的结果，如果迭代结束了，即最后一次迭代中，next 方法应该产生一个 StopIteration 异常。for 语句会自动处理这个异常（参考对 FOR_ITER 字节码的实现），并结束迭代。而 while 语句则需要通过 try except 语句手动处理，例子里，在处理异常的 except 子句中，使用 break 跳出迭代过程。

通过例子，对 iter 和 next 的作用了解清楚了。接下来，就来实现 iter 函数。iter 函数和 len 函数非常相似，都是一个语言内建的函数，也可以在自定义类中被重载。只要在自定义类中实现了"__iter__"方法，这个类的实例就可以作为 iter 函数的参数来获取它的迭代器。

我们已经有了列表和字典，以及 len 方法的经验了，实现 iter 函数并不是什么困难的事情，代码如下：

```
// [runtime/interpreter.cpp]
Interpreter::Interpreter() {
    ...
    // prepare for import builtin, this should be created first
    _builtins = new ModuleObject(new HiDict());
    _builtins->put(new HiString("iter"),      new FunctionObject(iter));
}

// [runtime/functionObject.cpp]
HiObject * iter(ObjList args) {
    return args->get(0)->iter();
}

// [object/hiObject.cpp]
HiObject * HiObject::iter() {
    return klass()->iter(this);
}

// [object/klass.cpp]
HiObject * Klass::iter(HiObject * x) {
    return find_and_call(x, NULL, ST(iter));
}

HiObject * Klass::next(HiObject * x) {
    return find_and_call(x, NULL, ST(next));
}
```

在所有的机制都已经搭建好的情况下,添加一个内建函数是非常简单的。第2~7行,将字符串iter与内建函数iter关联起来。在第10~12行,是iter方法的具体实现,它只有一行代码,那就是转而调用HiObject的iter方法。而HiObject的iter方法则是在实现FOR_ITER字节码时就已经实现了的。

真正需要注意的是第19~22行,由于Klass是所有内建类型Klass的父类,所以在Klass中定义的虚方法iter可以被子类覆写。例如,ListKlass和DictKlass都重写了iter方法。Klass的实现主要是为了给自定义类型提供默认的实现,也就是查找并调用"__iter__"方法。

在代码的最后,展示了next方法的定义。在FOR_ITER字节码的实现中,调用了next方法,大家可以翻看以前的代码。

在增加了iter方法以后,使用迭代器来实现Fibnacci数列的计算,代码如下:

```
1   class Fib(object):
2       def __init__(self, n):
3           self.n = n
4
5       def __iter__(self):
6           return FibIterator(self.n)
7
8   class FibIterator(object):
9       def __init__(self, n):
10          self.n = n
11          self.a = 1
12          self.b = 1
13          self.cnt = 0
14
15      def next(self):
16          if (self.cnt > self.n):
17              raise StopIteration
18
19          self.cnt += 1
20          t = self.a
21          self.a = self.a + self.b
22          self.b = t
23          return t
24
25  fib = Fib(10)
26  itor = iter(fib)
27
```

```
28  while True:
29      try:
30          print itor.next()
31      except StopIteration, e:
32          break
33
34  for i in fib:
35      print i
```

可以看到,通过在自定义类中提供"__iter__"方法来创建迭代器,在迭代器类中,通过实现 next 方法来进行每次迭代,当迭代结束以后,则通过 raise StopIteration 来结束迭代。运行这个例子,就可以以两种不同的方式打印出 Fibonacci 数列的前 10 项。

11.3 Generator

接下来研究 Python 中的另外一个迭代机制:Generator。本质上,Generator 是一个迭代器,它可以保存函数执行的中间状态,等下一次再被调用时,可以恢复中间状态继续执行。我们把 Generator 的各个技术点拆解开来进行研究,先从 yield 关键字开始。

11.3.1 yield 语句

先从一个具体的例子开始,代码如下:

```
1   def foo():
2       i = 0
3       while i < 10:
4           yield i
5           i += 1
6
7       return
8
9   for i in foo():
10      print i
```

foo 方法看上去和一个普通的函数并没有什么不同,除了第 4 行的 yield 语句。这条语句使得 foo 函数变成了另外一个东西:当调用 foo 的时候,其返回值并不是第 7 行的 return,而是一个 Generator。

按照以前的惯例,我们先来研究这段 Python 代码所对应的字节码。先看 main module 翻译成的字节码,使用 show_file 工具进行查看,如下所示:

```
1       <flags> 0040 </flags>
2       <dis>
3    1     0 LOAD_CONST              0 (<code object foo>)
4          3 MAKE_FUNCTION           0
5          6 STORE_NAME              0 (foo)
6
7    9     9 SETUP_LOOP             22 (to 34)
8         12 LOAD_NAME               0 (foo)
9         15 CALL_FUNCTION           0
10        18 GET_ITER
11    >>  19 FOR_ITER               11 (to 33)
12        22 STORE_NAME              1 (i)
13
14   10    25 LOAD_NAME               1 (i)
15        28 PRINT_ITEM
16        29 PRINT_NEWLINE
17        30 JUMP_ABSOLUTE          19
18    >>  33 POP_BLOCK
```

第 9 行的 CALL_FUNCTION 指令,就是在调用 foo 函数,调用的结果其实就是一个 Generator,它支持 GET_ITER 操作,我们知道 GET_ITER 的作用是为了获得一个可迭代对象的迭代器。也就是说,这条字节码的本意是为了获得 Generator 的迭代器,在虚拟机的真正实现中,把 Generator 和它的迭代器合并在一起了。所以说,对 Generator 执行 GET_ITER 操作,结果是 Generator 本身。接着,再执行 FOR_ITER 就可以在 Generator 上进行迭代操作了。所以这段字节码向我们揭示了这样两个事实:

① foo 函数的调用结果是一个 Generator;
② Generator 支持迭代操作。

虚拟机是如何知道 foo 函数不是一个普通的函数,而是一个可以产生 Generator 的特殊函数呢?继续探究 foo 函数的 CodeObject,如下所示:

```
1       <flags> 0063 </flags>
2       <dis>
3    2     0 LOAD_CONST              1 (0)
4          3 STORE_FAST              0 (i)
5
6    3     6 SETUP_LOOP             31 (to 40)
7    >>    9 LOAD_FAST               0 (i)
8         12 LOAD_CONST              2 (10)
9         15 COMPARE_OP              0 (<)
10        18 POP_JUMP_IF_FALSE      39
```

```
11
12      4      21 LOAD_FAST               0 (i)
13             24 YIELD_VALUE
14             25 POP_TOP
15
16      5      26 LOAD_FAST               0 (i)
17             29 LOAD_CONST              3 (1)
18             32 INPLACE_ADD
19             33 STORE_FAST              0 (i)
20             36 JUMP_ABSOLUTE           9
21       >>    39 POP_BLOCK
22
23      7 >>   40 LOAD_CONST              0 (None)
24             43 RETURN_VALUE
25      </dis>
```

这段字节码的最大玄机是它的 flags 的值，如果一个 CodeObject，它的 flags 与 0x20 做与操作，其值不为 0 的话，那么这个 CodeObject 一旦被调用，其结果就会是一个 Generator。大家可以将 foo 的 flags 与 mainmodule 的 flags 进行对比，就可以看到在 0x20 这一位上的不同了。至于 flags 的其他作用，在讲解函数和方法的时候已经介绍过一些，除此之外，还有一些是没有讲到的，这是由于 Python 虚拟机的历史原因而引入的，此处不再关注。

因此在实现函数调用的时候，要去查看它的 flags，如果发现 0x20 这一位为 1，那么就可以知道它的返回值是一个 Generator。如果发现其不为 1，就知道它是一个普通的函数而已。

另一个特殊的地方是第 13 行的那个 YIELD_VALUE 字节码，它是由 yield 语句翻译过来的。yield 语句的作用是，当在 generator 对象上进行迭代的时候，遇到 yield 语句就把它后面的值当作这一次迭代的结果，并且结束本次迭代。在下一次迭代开始的时候，直接从 yield 下面的那条字节码开始。就如同例子中所示，第一次迭代时，i 的值为 0，所以 yield i 的结果就是 0；第二次迭代时，直接从第 5 行开始继续这次迭代，当再次遇到 yield 指令时，i 的值是 1。

在搞清楚 generator 对象的接口定义和 yield 指令的意义以后，先来实现基本的数据结构：Generator 对象。

11.3.2　Generator 对象

通过更多的例子来研究 Generator 对象的功能，代码如下：

```
1    def func():
2        i = 0
3        while i < 2:
```

```
4        yield i
5        i += 1
6
7    return
8
9   g = func()
10  print g.next()
11  print g.next()
12  print g.next()
```

上述代码的执行结果如下所示：

```
1   0
2   1
3   Traceback (most recent call last):
4     File "test_yield.py", line 26, in <module>
5       print g.next()
6   StopIteration
```

通过例子可以看到，变量 g 代表的就是一个 generator 对象，在这个对象上，可以调用 next 方法，当迭代结束的时候，它也会以 StopIteration 异常结束迭代。回忆上一章实现的迭代器类，generator 对象与一个正确定义了 next 方法的 Python 类的功能是完全相同的。

需要一点技巧的地方在于，如何保存 yield 方法里定义的局部变量呢？比如 foo 方法中的 i，当结束了一次迭代以后，必须将这个值保存下来，下一次迭代的时候还要使用。回忆一下，所有局部变量的值实际上都记录在 FrameObject 中的局部变量表里，所以可以在迭代结束的时候不销毁 FrameObject，供下一次迭代使用。分析到这里，就可以实现 Generator 类了，代码如下：

```
1   class GeneratorKlass : public Klass {
2   private:
3       static GeneratorKlass* instance;
4       GeneratorKlass();
5
6   public:
7       static GeneratorKlass* get_instance();
8
9       virtual HiObject* next(HiObject* obj);
10      virtual HiObject* iter(HiObject* obj);
11
12      virtual size_t size();
13      virtual void oops_do(OopClosure* f, HiObject* obj);
```

```cpp
14      };
15  
16      class Generator : public HiObject {
17      friend class Interpreter;
18      friend class FrameObject;
19      friend class GeneratorKlass;
20  
21      private:
22          FrameObject* _frame;
23  
24      public:
25          Generator(FunctionObject* func, ArrayList<HiObject*>* args, int arg_cnt);
26  
27          FrameObject* frame()              { return _frame; }
28          void set_frame(FrameObject* x)    { _frame = x; }
29      };
```

Generator 依然是一个普通的 Python 内建类型,所以它还是经典的 Klass-Oop 结构。GeneratorKlass 采用单例实现,在其中要实现的最重要的两个虚函数分别是 iter 和 next,分别用于实现 GET_ITER 字节码和 FOR_ITER 字节码。Generator 对象里,有一个成员变量是 FrameObject 的指针,正如之前分析的,它的作用是当迭代结束以后,仍然可以保存局部变量的值。下面是它们的具体实现,代码如下:

```cpp
1   HiObject* GeneratorKlass::iter(HiObject* obj) {
2       return obj;
3   }
4   
5   HiObject* GeneratorKlass::next(HiObject* obj) {
6       assert(obj->klass() == (Klass*) this);
7       Generator* g = (Generator*) obj;
8       return Interpreter::get_instance()->eval_generator(g);
9   }
10  
11  size_t GeneratorKlass::size() {
12      return sizeof(Generator);
13  }
14  
15  void GeneratorKlass::oops_do(OopClosure* f, HiObject* obj) {
16      Generator* g = (Generator*)obj;
17      assert(g->klass() == (Klass*)this);
18  
```

```
19         if (g->frame())
20             g->frame()->oops_do(f);
21     }
22
23  Generator::Generator(FunctionObject* func, ArrayList<HiObject*>* args, int arg_cnt) {
24      _frame = new FrameObject(func, args, arg_cnt);
25      set_klass(GeneratorKlass::get_instance());
26  }
```

size 和 oops_do 方法是支持 GC 的接口,不再详细解释。

GeneratorKlasss 的 iter 方法是把对象原封不动的返回,之前也说过,Generator 对象里将它和它的迭代器合并了。所以,实际上 generator 对象的迭代器就是它自己。

next 方法是用于迭代的,迭代的逻辑比较复杂,所以我们把这个逻辑封装到 Interpreter 的 eval_generator 方法中去处理了。

接下来,扩展一下 CALL_FUNCTION 指令,让它支持 generator,代码如下:

```
1   // [runtime/functionObject.cpp]
2   bool MethodObject::is_yield_function(HiObject* x) {
3       Klass* k = x->klass();
4       if (k != (Klass*)FunctionKlass::get_instance())
5           return false;
6
7       FunctionObject* fo = (FunctionObject*)x;
8       return ((fo->flags() & FunctionObject::CO_GENERATOR) != 0);
9   }
10
11  // [runtime/interpreter.cpp]
12  void Interpreter::build_frame(HiObject* callable, ObjList args, int op_arg) {
13      if (callable->klass() == NativeFunctionKlass::get_instance()) {
14          PUSH(((FunctionObject*)callable)->call(args));
15      }
16      ...
17      else if (MethodObject::is_yield_function(callable)) {
18          Generator* gtor = new Generator((FunctionObject*) callable, args, op_arg);
19          PUSH(gtor);
20          return;
21      }
22      ...
23  }
```

上述代码的关键部分位于第 18 行和第 19 行。如果判断当前的 FunctionObject 是一个带有 yield 标记的 Function 的话,就创建一个 Generator 对象,并且将这个对象放到栈顶。这样，就完成了 generator 对象的创建。然后，再来实现 eval_generator 方法，代码如下：

```
1   HiObject * Interpreter::eval_generator(Generator * g) {
2       Handle handle(g);
3       enter_frame(g->frame());
4       g->frame()->set_entry_frame(true);
5       eval_frame();
6
7       if (_int_status != IS_YIELD) {
8           _int_status = IS_OK;
9           leave_frame();
10          ((Generator *)handle())->set_frame(NULL);
11          return NULL;
12      }
13
14      _int_status = IS_OK;
15      _frame = _frame->sender();
16
17      return _ret_value;
18  }
```

这个方法与 run 方法、run_mod 方法何其相似，不过就是设置好与 generator 相对应的 frame，然后调用 enter_frame 和 eval_frame 来执行其中的 CodeObject 中的逻辑。

区别之处在于，对于 generator，每次进来不必新建一个 frame 对象，而是从 generator 中去获取。当 eval_frame 执行结束以后，也不用销毁这个 frame，这样局部变量就保存在这个 frame 中了。下一次迭代时，也就是 next 方法被调用时，就可以继续使用同一个 frame。

第 4 行也是要注意的地方，把 generator 对应的 frame 设为 entryframe，是为了遇到 return 语句的时候，可以直接返回到这里继续执行。这个 frame 的特殊之处在于，它有两种类型的出口，一种是执行 yield 语句，另一种是 return 或者遇到异常。这两种出口的区别在于，yield 语句退出时，不会销毁 frame，另一种则像其他普通函数一样，需要销毁这个 frame。

最后一个步骤，就是在 eval_frame 中实现 YIELD_VALUE 字节码，具体如代码清单 11.18 所示。

代码清单 11.18 YIELD_VALUE

```
1   void Interpreter::eval_frame() {
2       ...
3       while (_frame->has_more_codes()) {
```

```cpp
4            unsigned char op_code = _frame->get_op_code();
5            ...
6            switch (op_code) {
7                ...
8                case ByteCode::YIELD_VALUE:
9                    // we are assured that we're in the progress
10                   // of evaluating generator.
11                   _int_status = IS_YIELD;
12                   _ret_value = TOP();
13                   return;
14               ...
15           }
16       }
17   }
```

一定要注意的是第 13 行,这里是 return 而不是 break。注释里也写得很清楚,只有在 generator 里才会遇到 YIELD_VALUE 字节码,这时只需要直接从 eval_frame 中结束执行就可以了。

到这里,就可以正确地执行本章开始时的那个例子了。同时,在 builtin 中,还可以添加 xrange 的实现,代码如下:

```python
1    // [lib/builtin.py]
2    def xrange(*alist):
3        start = 0
4        step = 1
5        if len(alist) == 1:
6            end = alist[0]
7        elif len(alist) == 2:
8            start = alist[0]
9            end = alist[1]
10       elif len(alist) == 3:
11           start = alist[0]
12           end = alist[1]
13           step = alist[2]
14
15       if (start < end and step > 0):
16           while start < end:
17               yield start
18               start += step
19       elif (start > end and step < 0):
20           while start > end:
21               yield start
```

```
22                  start += step
23          else:
24              raise StopIteration
25
26      return
```

大家可以将 xrange 的实现与 range 的实现做一下对比，range 是一个普通函数，它的返回值是一个列表，而 xrange 是通过 generator 机制，每次迭代得到一次迭代的结果，并不会有一个中间的列表对象。这就是为什么我们在刚学习 Python 的时候会被告知，迭代时不要使用 range，而要使用 xrange。

到这里，我们的虚拟机对 Python 的语言特性的支持就基本完成了，在这个框架下面，可以尝试增加对文件、网络的支持，这些支持基本上不必修改虚拟机内部的实现，只需要在外部通过模块功能进行添加。

11.4 总　　结

在本书中，我们从零开始实现了一个 Python 虚拟机，采用了和 CPython 完全不同的策略，支持了内建对象、控制流、类和模块、异常迭代等基本结构，为将来扩展虚拟机的功能打下了基础。编程语言虚拟机中还有更多的主题没有涉及，例如分代式垃圾回收和及时编译等。大家可以通过跟踪本书的对应代码工程，来学习更多的内容。

附录 A

Python2 字节码表

字节码	助记符	指令含义
1	POP_TOP	将栈顶对象出栈
2	ROT_TWO	将栈顶的两个对象交换位置,原来栈顶的两个元素如果是 x,y,则变成 y,x
3	ROT_THREE	将栈顶的三个对象交换位置,原来栈顶的两个元素如果是 x,y,z,则变成 y,z,x
4	DUP_TOP	将栈顶元素复制一次
11	UNARY_NEGATIVE	将栈顶元素进行一次取负值操作
20	BINARY_MULTIPLY	将栈顶的两个元素出栈并求积,然后把结果压栈
21	BINARY_DIVIDE	将栈顶的两个元素出栈并求商,然后把结果压栈
22	BINARY_MODULO	将栈顶的两个元素出栈并求模,然后把结果压栈
23	BINARY_ADD	将栈顶的两个元素出栈并求和,然后把结果压栈
24	BINARY_SUBTRACT	将栈顶的两个元素出栈并求差,然后把结果压栈
25	BINARY_SUBSCR	将栈顶的两个元素出栈并做取下标运算。例如栈顶元素是 y,x,该字节码将 x[y]入栈
54	STORE_MAP	将栈顶的两个元素作为一个键值对存入到字典中。例如栈顶元素是 x,y,z,则相当于执行 z[x]=y。其中,z 是字典对象
55	INPLACE_ADD	将栈顶的第一个元素出栈,并把它加到当前栈顶上。实际效果与 BINARY_ADD 一致
56	INPLACE_SUBSTRACT	实际效果与 BINARY_SUBSTRACT 一致
57	INPLACE_MULTIPLY	实际效果与 BINARY_MULTIPLY 一致
58	INPLACE_DIVIDE	实际效果与 BINARY_DIVIDE 一致
59	INPLACE_MODULO	实际效果与 BINARY_MODULO 一致
60	STORE_SUBSCR	下标存储操作。例如栈顶元素是 x,y,z,则将它们全部出栈,并执行 y[x]=z

续表

字节码	助记符	指令含义
61	DELETE_SUBSCR	删除下标操作。例如栈顶元素是 x, y, 将它们全部出栈, 并执行 delete y[x]
68	GET_ITER	获取栈顶对象的迭代器, 并将迭代器入栈
71	PRINT_ITEM	栈顶元素出栈, 并将其输出
72	PRINT_NEWLINE	输出换行符
80	BREAK_LOOP	从循环中跳出
82	LOAD_LOCALS	将局部变量表作为一个对象加载到栈顶
83	RETURN_VALUE	将栈顶元素作为返回值返回给函数的调用者
86	YIELD_VALUE	在 Generator 中将栈顶元素作为当次迭代的结果返回给调用者
87	POP_BLOCK	将 BlockStack 的栈顶元素出栈
88	END_FINALLY	在进入到异常处理语句块时, 需要保存异常状态, 退出 catch 或者 finally 语句块时, 使用该字节码恢复异常
89	BUILD_CLASS	定义类型, 创建 ClassObject
90	STORE_NAME	将栈顶元素出栈, 并赋值给参数所代表的变量
92	UNPACK_SEQUENCE	将列表, 元组等序列对象的元素解压, 例如栈顶元素是列表[x, y, z], 该字节码执行后, 栈上就变成了 x, y, z 三个对象
93	FOR_ITER	对迭代器对象执行一次迭代。如果迭代结果为 None, 或者遇到 StopIteration, 则跳转到参数所指定的字节码处执行
95	STORE_ATTR	为对象设置属性, 参数代表属性在 names 表中的序号, 而对象和值则从栈上获取
97	STORE_GLOBAL	将栈顶元素出栈, 并赋值给参数所代表的全局变量
100	LOAD_CONST	将参数所代表的常量加载到栈顶
101	LOAD_NAME	将参数所代表的变量加载到栈顶
102	BUILD_TUPLE	创建一个元组, 参数代表需要从栈上取多少元素用于创建元组
103	BUILD_LIST	创建一个列表, 参数代表需要从栈上取多少元素用于创建列表
105	BUILD_MAP	创建一个空的字典
106	LOAD_ATTR	获取对象属性, 参数代表属性在 names 表中的序号, 而对象则从栈上获取
107	COMPARE_OP	将栈顶的两个元素出栈, 并且做比较操作, 并把比较的结果存入栈顶
108	IMPORT_NAME	将参数所代表的模块对象加载到栈顶
109	IMPORT_FROM	从栈顶的模块对象中取得子模块, 将子模块对象加载到栈顶
110	JUMP_FORWARD	向前跳转, 参数代表目标相对于当前位置的偏移

续表

字节码	助记符	指令含义
113	JUMP_ABSOLUTE	绝对跳转,参数代表跳转目标的绝对地址
114	POP_JUMP_IF_FALSE	将栈顶元素出栈,并判断是否为 False,如果是,则跳转
115	POP_JUMP_IF_TURE	将栈顶元素出栈,并判断是否为 True,如果是,则跳转
116	LOAD_GLOBAL	将参数所代表的全局变量加载到栈顶
119	CONTINUE_LOOP	在有 finally 语句的情况下,跳转到循环的开始处
120	SETUP_LOOP	新建一个 loopblock
121	SETUP_EXCEPT	新建一个 exceptblock
122	SETUP_FINALLY	新建一个 finallyblock
124	LOAD_FAST	将局部变量加载到栈顶
125	STORE_FAST	将栈顶元素出栈,并且存入到局部变量表中
130	RAISE_VARARGS	手动抛出一个异常
131	CALL_FUNCTION	调用一个函数,函数调用的参数使用栈传递。字节码参数代表函数参数的个数
132	MAKE_FUNCTION	创建一个函数对象,字节码参数代表函数对象的默认值的个数
134	MAKE_CLOSURE	创建闭包对象,字节码参数代表默认值的个数
135	LOAD_CLOSURE	从闭包中加载 free 变量到栈顶
136	LOAD_DEREF	获取 cell 变量,并且解引用,然后加载到栈顶
137	STORE_DEREF	创建 cell 变量
140	CALL_FUNCTION_VAR	带有扩展位置参数的函数调用

附录 B

高级算法

B.1 字符串查找

在第 5 章,我们实现了 String.index 方法。在这个方法里,使用的字符串查找是比较低效的。这里研究一种被称为"KMP 算法"的字符串查找算法。

有些算法,适合从它产生的动机、如何设计与解决问题这样正向地去介绍。但"KMP 算法"真的不适合这样去学。最好的办法是先弄清楚它所用的数据结构是什么,再弄清楚怎么用,最后为什么的问题就会有恍然大悟的感觉。我试着从这个思路再介绍一下。大家只需要记住一点,PMT 是什么。然后自己临时推这个算法也是能推出来的,完全不需要死记硬背。

"KMP 算法"的核心,是一个被称为部分匹配表(Partial Match Table)的数组。我觉得理解 KMP 的最大障碍就是,很多人在看了很多关于 KMP 的文章之后,仍然搞不懂 PMT 中的值代表什么意思。这里抛开所有的枝枝蔓蔓,先来解释一下这个数据到底是什么。

对于字符串"abababca",它的 PMT 如下表所列。

char:	a	b	a	b	a	b	c	a
index:	0	1	2	3	4	5	6	7
value:	0	0	1	2	3	4	0	1

就像例子中所示,如果待匹配的模式字符串有 8 个字符,那么 PMT 就会有 8 个值。如果我现在考查第 8 个值,也就是最后一个值,这意味着我对整个字符串感兴趣。如果现在考查第 7 个字符,那我实际上关心的是前 7 个字符("abababc"),最后一个字符"a"与它完全没有关系。到现在为止,我还没有说 PMT 里的每个值是什么意思,只是特别说明了与这个值有关系的字符串的部分。

这里,我先解释一下字符串的前缀和后缀。如果字符串 A 和 B,存在"A=BS",其中 S 是任意的非空字符串,那就称 B 为 A 的前缀。例如,"Harry"的前缀包括{"H","Ha","Har","Harr"},把所有前缀组成的集合,称为字符串的前缀集合。同样可以定义后缀"A=SB",其中 S 是任意的非空字符串,那就称 B 为 A 的后缀,例如，"Potter"的后缀包括{"otter"，"tter"，"ter"，"er"，"r"}，然后把所有后缀组成的集合，称为字符串的后缀集合。要注意的是，字符串本身并不是自己的后缀。

有了这个定义，就可以说明 PMT 中的值的意义了。PMT 中的值是字符串的前缀集合与后缀集合的交集中最长元素的长度。例如，对于"aba"，它的前缀集合为{"a"，"ab"}，后缀集合为{"ba"，"a"}；两个集合的交集为{"a"}，那么长度最长的元素就是字符串"a"，长度为 1，所以对于"aba"而言，它在 PMT 表中对应的值就是 1。再比如，对于字符串"ababa"，它的前缀集合为{"a"，"ab"，"aba"，"abab"}，它的后缀集合为{"baba"，"aba"，"ba"，"a"}，两个集合的交集为{"a"，"aba"}，其中最长的元素为"aba"，长度为 3。

好了，解释清楚这个表是什么之后，再来看如何使用这个表来加速字符串的查找，以及这样用的道理是什么。如图 B.1 所示，如果在 j 处字符不匹配，那么由于前边所说的 PMT 的性质，主字符串中 i 指针之前的 PMT$[j-1]$位就一定与模式字符串的第 0 位至 PMT$[j-1]$位是相同的。这是因为主字符串在 i 位失配，也就意味着主字符串从"$i-j$"到 i 这一段是与模式字符串的 0 到 j 这一段是完全相同的。而上面也解释了模式字符串从 0 到"$j-1$"，在这个例子中就是"ababab"，其前缀集合与后缀集合的交集的最长元素为"abab"，长度为 4。因此可以断言，主字符串中 i 指针之前的 4 位一定与模式字符串的第 0 位至第 4 位是相同的，即长度为 4 的后缀与前缀相同。这样一来，就可以将这些字符段的比较省略掉。具体的做法是，保持 i 指针不动，然后将 j 指针指向模式字符串的 PMT$[j-1]$位即可。

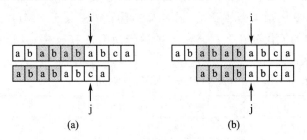

图 B.1　KMP 算法示意图

有了上面的思路，就可以使用 PMT 加速字符串的查找了。我们知道，如果是在 j 位失配，那么影响 j 指针回溯的位置的其实是第"$j-1$"位的 PMT 值，所以为了编程的方便，不直接使用 PMT 数组，而是将 PMT 数组向后偏移一位，新得到的这个数组称为 next 数组。下面给出根据 next 数组进行字符串匹配加速的字符串匹配程序。其中要注意的一个技巧是，在把 PMT 进行向右偏移时，第 0 位的值，将其设成了"-1"，这只是为了编程的方便，并没有其他的意义。在本节的例子中，next 数组如下表所列。

char:	a	b	a	b	a	b	c	a
index:	0	1	2	3	4	5	6	7
pmt:	0	0	1	2	3	4	0	1
next:	−1	0	0	1	2	3	4	0

具体的代码如下:

```
1   int KMP(char * t, char * p)
2   {
3       int i = 0;
4       int j = 0;
5
6       while (i < strlen(t) && j < strlen(p))
7       {
8           if (j == -1 || t[i] == p[j])
9           {
10              i++;
11              j++;
12          }
13          else
14              j = next[j];
15      }
16
17      if (j == strlen(p))
18          return i - j;
19      else
20          return -1;
21  }
```

讲到这里,其实"KMP 算法"的主体就已经讲解完了,唯一的问题就是如何快速地求得 PMT。你会发现,其实 KMP 算法的动机是很简单的,解决的方案也很简单,远没有很多教材和算法书里所讲的那么复杂,只要弄明白 PMT 的意义,其实整个算法都清晰了。

现在,再看一下如何编程快速求得 next 数组。其实,求 next 数组的过程完全可以看成字符串匹配的过程,即以模式字符串为主字符串,以模式字符串的前缀为目标字符串,一旦字符串匹配成功,那么当前的 next 值就是匹配成功的字符串的长度。

具体来说,就是从模式字符串的第一位(注意,不包括第 0 位)开始对自身进行匹配运算。在任一位置,能匹配的最长长度就是当前位置的 next 值,如图 B.2 所示。

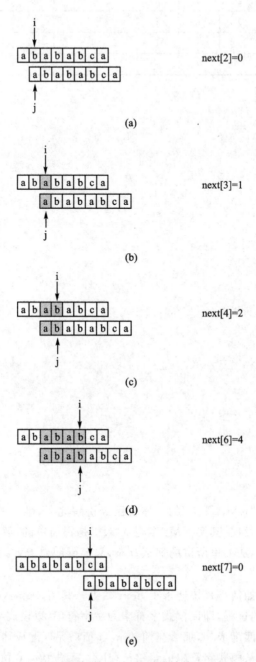

图 B.2 next 数组的计算

求 next 数组值的代码如下：

```
1   void getNext(char * p, int * next)
2   {
3       next[0] = -1;
4       int i = 0, j = -1;
5   
6       while (i < strlen(p))
7       {
8           if (j == -1 || p[i] == p[j])
9           {
10              ++i;
11              ++j;
12              next[i] = j;
13          }
14          else
15              j = next[j];
16      }
17  }
```

至此，"KMP 算法"全部介绍完毕。

B.2 排序算法

B.2.1 快速排序

1. 原理和具体实现

快排的基本原理还是基于分治的思想。所以快排的实现也和所有其他的分治算法一样，包含了分解子问题、解决子问题和将子问题合并这三个步骤。假设待排序数组为 $A[n]$。

分解：将数组 $A[n]$ 划分成两个子数组 $A[1 \cdots k-1]$ 和 $A[k+1 \cdots n]$，使得 $A[1 \cdots k-1]$ 中的每个元素都小于 $A[k]$，而 $A[k+1 \cdots n]$ 中的元素都大于 $A[k]$。

解决子问题：对 $A[1 \cdots k-1]$ 和 $A[k+1 \cdots n]$ 分别调用快排进行排序。

合并：由于两个子数组已经有序，并且这两个子数组都是原地进行的。它们排完序后，整个数组 $A[1 \cdots n]$ 就是已排序的。也就是说，合并这一个步骤是可以省略的。

用程序来表示这一过程，代码如代码清单 B.1 所示。

代码清单 B.1　快速排序

```
1   void quick_sort(int * A, int m, int n)
2   {
3       if (m >= n)
4           return;
5
6       int k = partition(A, m, n);
7       quick_sort(A, m, k-1);
8       quick_sort(A, k+1, n);
9   }
```

现在，问题的关键就变成了如何实现 partition 函数。如果选择"$x=A[n]$"作为主元，并根据它来划分数组，那么 partition 函数的最佳实现代码如下：

```
1   int partition(int * A, int m, int n)
2   {
3       int x = A[n];
4       int i = m - 1;
5
6       for (int j = m; j <= n - 1; j++)
7       {
8           if (A[j] <= x)
9           {
10              i++;
11              int t = A[i];
12              A[i] = A[j];
13              A[j] = t;
14          }
15      }
16
17      int t = A[n];
18      A[n] = A[i+1];
19      A[i+1] = t;
20
21      return i+1;
22  }
```

partition 函数的实现有很多种，这里提供的是相对比较简洁的一个实现，也更容易理解和掌握。实际上，partition 函数的实现是多种多样的。只要能完成，根据某一个特定的元素将数组分成两部分，其中一部分比这个元素小，另外一部分比这个元素大，这个功能就可以了。除了分隔的方法不同之外，特定元素的选取也可能不同。比如,有的实现取"$x=A[m]$",而有的实现则取"$x=A[n]$",甚至有实现会从数组中随机取一个值,这都是可以的。

2. 会使用库函数

学会使用 C 的库函数 qsort 和 STL 的函数 sort。工作中如果不是特别必要,应当尽可能地使用标准库函数;笔试中如果不是考察你写排序算法的话,如果需要排序可以使用 C 语言的库函数 qsort。

qsort 的具体用法,这里不再赘述。如果没有掌握的读者,请自己查询手册或者通过网络搜索。这里只给出一个对结构体数组进行排序的例子,代码如代码清单 B.2 所示。

代码清单 B.2 使用 qsort 对结构体进行排序

```
1   struct point{
2       float x, y;
3   };
4
5   point points[MAX_N];
6
7   int cmp(const void * a, const void * b){
8       struct * p1 = (struct *)a;
9       struct * p2 = (struct *)b;
10
11      if (p1->x < p2->x)
12          return -1;
13      else if (p1->x > p2->x)
14          return 1;
15      else // p1->x == p2->x{
16          if (p1->y < p2->y)
17              return -1;
18          else if (p1->y == p2->y)
19              return 0;
20          else
21              return 1;
22      }
23  }
24
25  qsort(points, MAX_N, sizeof(point), cmp);
```

这是对坐标点先按 X 轴排序,如果 x 坐标相同,则再按 y 坐标排序。

cmp 函数可以任意写,究竟是返回 -1 还是 1,由自己决定。在处理计算几何问题时,经常使用这种方法对一个点集进行排序,排序的方法是以最左下角的点为中心,对其余点进行顺时针排序,这是计算凸包的第一步。方法就是在 cmp 函数里,按照该点与左下角的点所成向量的叉积来决定返回值。

B.2.2 选择排序

选择排序的思路也是一种很容易想到的思路。如果给定一堆无序数据,先从里面找出最大的,将其取出后,再从剩余的数据中找出最大的,持续进行这个步骤就可以完成排序。根据这个思路,马上就能写出选择排序的代码。假设待排序数组为 unsorted,代码如代码清单 B.3 所示。

代码清单 B.3 选择排序

```
1   for (int i = 0; i < MAX_N; i++)
2   {
3       int pos = i;
4       int _max = - INF;
5       for (int j = i; j < MAX_N; j++)
6       {
7           if (unsorted[j] > _max)
8           {
9               _max = unsorted[j];
10              pos = j;
11          }
12      }
13
14      if (pos != i)
15      {
16          unsorted[pos] = unsorted[i];
17          unsorted[i] = _max;
18      }
19  }
```

上面的程序很容易理解,时间复杂度很明显是 $O(n^2)$,而且遇到的第一个最大值会被先取出来,所以选择排序也是一种稳定的排序算法。

现在来看这样一道题。数据 data 里有 N 个互相不等的整数,每个整数离排好序后的位置最多相差 m。其中 $2 \leqslant m \leqslant N$,并且 m 远小于 N。也就是说 data$[i]$ 在这个数组排好序以后的位置,在 $[i-m, i+m]$ 之间。请设计一种排序算法,并说明它的时间复杂度。

这道题其实用选择排序的思路就很容易实现。选择排序的每一趟都是找出整个数组中的最大值,而由题目描述所知,整个数组的最大值位于 $[0, m]$ 之间,所以不必遍历整个数组找到这个最值,只要遍历 $[0, m]$ 这个区间里的整数即可找出最大值。

将这个数与data[0]交换以后,第二轮要找的最大值一定位于[1,m+1]之间,因此,只要遍历[1,m+1]即可找出第二位的最大值。不断循环下去,就可以解决这个问题了。

时间复杂度方面,要遍历大小为 m 的区间 n 次,所以这种算法的时间复杂度为 $O(mn)$。在接下来会介绍一种新的数据结构和排序算法,使用这种数据结构可以将最坏情况下的时间复杂度降为 $O(n\log m)$。

B.2.3 堆排序

1. 定义和性质

这一节要介绍的堆排序算法是一种时间复杂度为 $O(n\log n)$ 的原地排序算法。堆实际上是一种非常灵活的数据结构,可以单独地使用它来解决很多有趣的问题。而且,由于堆的定义本来就有最优的含义,所以它与贪心算法有着天然的联系。

堆这种数据结构本质是一个完全二叉树,如图 B.3 所示,但是通过分析,可以使用数组来实现它。

由于堆本质上是一棵完全二叉树,因此,这里可以直接使用二叉树的相关概念,例如高度等。在实现二叉树的时候,树结点通常这样定义,代码如下:

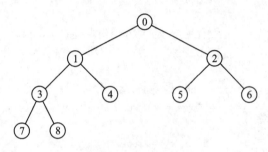

图 B.3 堆的示意图

```
1    struct node{
2        struct node * left, * right, * parent;
3        int data;
4    }
```

就是说,一个结点通常会有左、右子树结点指针和父结点指针。但在完全二叉树中,是可以省略掉这三个指针的,因为完全二叉树的结点编号都是有规律的。给定某一个结点,假设它的下标为 i,那么它的左子树结点的下标就是 $2i+1$,右子树结点的下标就是 $2i+2$,它的父结点为 $(i-1)/2$。这样,就可以省去这些指针,直接将堆中的结点存储在数组中。

堆又分为最大堆和最小堆。堆的性质非常简单,如果是最大堆,对于每个结点,都有结点的值大于两个孩子结点的值。如果是最小堆,那么对于每个结点,都有结点的值小于孩子结点的值。由此,可以得到一个推论,那就是最大堆的根结点,必然是堆中的最大值,同理,最小堆的根结点,也必然是堆中的最小值。

2. 建 堆

对于一个堆,如果除了堆顶元素不满足结点大于孩子结点的条件,它的两个子树已经是符合条件的最大堆,我们很容易就可以将其再维护成一个符合条件的最大堆。将堆顶元素与两个孩子结点中最大的那个进行交换,然后再对互换的子树递归地进行维护,具体代码如下:

```
1   void max_heapify(int * A, int length, int root)
2   {
3       if (root >= length)
4           return;
5
6       int largest = root;
7       int left = root * 2 + 1;
8       int right = root * 2 + 2;
9
10      if (left < length && A[largest] < A[left])
11          largest = left;
12
13      if (right < length && A[largest] < A[right])
14          largest = right;
15
16      if (largest != root)
17      {
18          int t = A[root];
19          A[root] = A[largest];
20          A[largest] = t;
21
22          max_heapify(A, length, largest);
23      }
24  }
```

如图 B.4 所示,除了堆顶元素不满足最大堆的条件外,根结点的两棵子树已经分别是两个最大堆。使这个堆规范化的过程实际上就是堆顶元素 13 不断地向下降的过程。

有了规范化最大堆的函数以后,就可以轻松地把一个无序数组规范化成一个堆。首先,如果堆中只含有一个元素,那么它必然是一个规范的最大堆,也就是说,如果把一个数组表示成完全二叉树,那么树上的每一个叶子结点都是一个规范的最大堆。这样,可以不断地自底向上规范化子堆,直到整个堆已经全部规范化。建堆的过程代码如下:

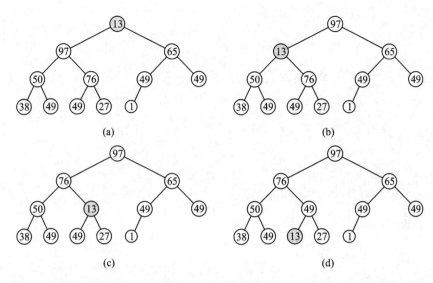

图 B.4 规范化最大堆

```
1   void build_up_heap(int * A, int length)
2   {
3       if (length <= 1)
4           return;
5
6       int n = (length - 2) / 2;
7
8       while (n >= 0)
9       {
10          max_heapify(A, length, n);
11          n--;
12      }
13  }
```

3. 堆排序

使用堆这种数据结构,就可以轻松地实现堆排序了。堆排序的本质还是选择排序,也就是每个步骤都从未排序元素中选择值最大的那个元素,将这个过程不断地重复下去,直到所有的值都被选择。而我们知道,对于一个已经规范化的最大堆,堆顶元素是所有元素的最大值。所以,堆排序算法已经呼之欲出了。

每次都从最大堆中取出它的堆顶元素,对堆中的剩余元素,重新进行最大堆的维护,维护后堆顶元素仍然是所有未排序元素中最大的那个。重复以上操作即可完成堆排序。

这里要说的是,取出堆顶元素有一个技巧,那就是可以将堆的最后一个元素与堆顶元素互换来实现。这样,每次取出最大值后,堆的大小都会减一,再对新的堆进行规范化操作即可,具体代码如下:

```
1   void heap_sort(int * A, int length)
2   {
3       build_up_heap(A, length);
4   
5       for (int i = length - 1; i > 0; i--)
6       {
7           int t = A[0];
8           A[0] = A[i];
9           A[i] = t;
10  
11          max_heapify(A, i, 0);
12      }
13  }
```

堆排序的过程,如图 B.5 所示。

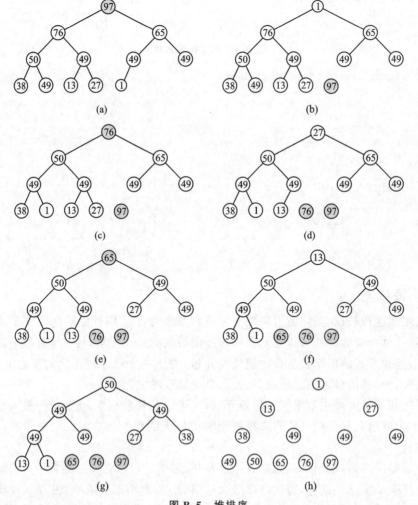

图 B.5 堆排序